彩图 1-1 ⊔河砧
的密植苹果园

彩图 1-2 综合精细管理的优
质苹果

彩图 1-3 综合优质管理的
苹果树

彩图 2-1 华玉

彩图 2-2 首红

彩图 1-3 超红

彩图 2-4
红乔纳金（套袋果）

彩图 2-5 玉华早富

彩图 2-6 天红1号

彩图 2-7 天红2号

彩图 2-

彩图 2- ） 寒富

彩图 2-10 斗南

彩图 2-11
王林（套袋的包装果）

彩图 2-12 信浓黄金

彩图 3-1
山坡、丘陵地果园一角

彩图 3-2
漂洗过的海棠种子

彩图 3-3 种沙均匀混合

彩图 3-4 种沙混匀后装箱

彩图 3-5
插入秸秆捆通气

彩图 3-6
种子埋入沟中贮藏

彩图 3-7
海棠幼苗期的中耕管理

彩图 3-8
海棠苗秋季生长状

彩图 3-9 苹果单芽腹接

彩图 3-10
苹果嫁接后绑扎

彩图 3-11 苹果苗木生长状

彩图 3-12
幼树的高接换头嫁接

彩图 3-13
挖沟盖草苫假植苗木

彩图 3-14
矮砧苹果栽植密度

彩图 3-15 苗木栽植

彩图 3-16
栽植后覆盖地膜

彩图 3-17
栽植后苗木定干

彩图 3-18
栽植后苗木套袋

彩图 4-1
栽植后第2年生长状

彩图 4-2
"三优"苹果2年生开花状

彩图 4-3
栽植后第3年树体结构

彩图 4-4
"三优"苹果初果期结果状

彩图 4-5
"三优"苹果盛果期结果状

彩图 4-6
矮砧密植篱架栽培的幼树

彩图 4-7
苹果幼树拿枝开角

彩图 4-8
矮砧苹果冬季修剪前

彩图 4-9
矮砧苹果冬季修剪后

彩图 4-10
"三优"苹果4年生结果状

彩图 4-11
矮砧密植苹果园的生草栽培

彩图 5-1　中耕的苹果园

彩图 5-2
行间生草的苹果园

彩图 5-3
苹果园内机械刈草

彩图 5-4
苹果园覆盖麦秸

彩图 5-5
苹果园覆盖石子

彩图 5-6　苹果园覆盖地膜

彩图 5-7
苹果园使用除草剂后的效果

彩图 5-8
苹果幼树晚秋株间挖沟施肥

彩图 5-9 苹果幼树早秋行间
一侧开沟施肥

彩图 5-10 苹果幼树早秋
行间两侧开沟施肥

彩图 5-11
苹果幼树早春旋穴施肥

彩图 5-12
幼树两侧的开沟追肥

彩图 5-13
成龄树的开沟追肥

彩图 5-14
树下撒施式追肥

彩图 5-15
单行双管滴灌模式

彩图 5-16 树盘灌水法

彩图 6-1
自由纺锤形结果状

彩图 6-2
细长纺锤形结果状

彩图 6-3
小冠开心形结果状

彩图 6-4
单轴延伸结果状

彩图 6-5
修剪锯口上粘贴塑料薄膜

彩图 6-6
芽上方刻伤，促进芽萌发

彩图 6-7　夏季扭梢的小枝

彩图 6-8
抒枝（拿枝软化）

彩图 6-9
拉枝开角生长状

彩图 6-10　矮砧密植树拉
枝开角状（落叶后状态）

彩图 6-11
利用开枝器开张枝条

彩图 6-12
简易拉枝开角方法

彩图 6-13
苹果树主干上的环剥

彩图 6-14
苹果树主干上的环割

彩图 7-1
适宜采集花粉的铃铛花时期

彩图 7-2　人工授粉

彩图 7-3　干粉授粉器授粉

彩图 7-4　蜜蜂授粉

彩图 7-5　果园内的壁蜂蜂巢

彩图 7-6　壁蜂授粉

彩图 7-7　人工疏果

彩图 7-8　全树果实套纸袋状　　　　彩图 7-9　果实套膜袋状　　　　彩图 7-10　人工套袋（纸袋）

彩图 7-11　果实摘除
外层纸袋后　　　　彩图 7-12　刚刚摘去纸袋
的果实　　　　彩图 7-13　摘除纸袋后
着色的果实

彩图 7-14　套纸袋果（左）
与不套袋果（右）果面比较　　　　彩图 7-15　剪除叶片防止
叶片遮光　　　　彩图 7-16　全株摘叶状

彩图 7-17
苹果树下铺设反光膜　　　　彩图 7-18　果面贴字效果　　　　彩图 8-1
幼树枝干冻害状(全株)

彩图 8-2
幼树枝干冻害状（局部）　　　　彩图 8-3
幼树根颈部冻害状　　　　彩图 8-4
整个花序严重受冻害状

彩图 8-5　树干涂白

彩图 8-6　剪锯口保护

彩图 8-7　树干基部培土

彩图 8-8　苹果幼树园培
月牙土埂并覆膜

彩图 8-9　雹灾对枝干的为害

彩图 8-10　果实受雹灾为害状

彩图 8-11　花序冻死状

彩图 8-12　受霜冻为害的幼果

彩图 8-13　未愈合环剥口
处的两头桥接

彩图 8-14　多重嫁接

彩图 8-15　一头接

彩图 8-16　寄根接

彩图 9-1
苹果的瓦楞纸箱包装

彩图 9-2
包装盒上设有透明窗框

彩图 9-3
每个苹果上均贴有标签

彩图 9-4
每个苹果上均套有泡沫网套

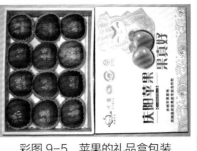

彩图 9-5　苹果的礼品盒包装

彩图 10-1　盛世年华

彩图 10-2　平安吉祥

彩图 10-3　老当益壮

彩图 10-4　和谐

彩图 10-5　盆栽的乙女苹果

彩图 10-6　人工辅助盆栽
苹果授粉

彩图 10-7　苹果盆景
在室内延长观赏期

彩图 11-1　皮层与木质
部间的黄白色菌丝层

彩图 11-2　病菌菌丝呈
扇状向外扩展

彩图 11-3　根朽病病树
发芽迟、开花晚

彩图 11-4 病树基部表面
产生有紫色菌丝膜

彩图 11-5 病根表面的
紫色菌索

彩图 11-6 病树茎基部表面
产生有半球形紫色菌核

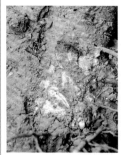
彩图 11-7 病根表面
的白色菌索及菌丝膜

彩图 11-8 圆斑根腐病
在小根上的坏死斑

彩图 11-9 圆斑根腐病
导致的嫩梢青枯状

彩图 11-10 主干上的
溃疡型新鲜腐烂病病斑

彩图 11-11 在枝杈处
开始发生的溃疡型腐烂
病病斑

彩图 11-12 从修剪伤口周围
开始发生的溃疡型腐烂病病斑

彩图 11-13 溃疡型腐
烂病病斑的病组织呈红
褐色腐烂

彩图 11-14 腐烂病病斑表皮
下开始产生小黑点

彩图 11-15 腐烂病病斑
表面散生有许多小黑点

彩图 11-16　腐烂病病斑的小
黑点表面开始产生黄色丝状物

彩图 11-17　腐烂病病
斑表面的橘黄色丝状物

彩图 11-18　腐烂病导
致的大枝枯死

彩图 11-19　腐烂病导
致的果园毁灭

彩图 11-20　腐烂病的
枝枯型病斑

彩图 11-21　枝枯型病
斑导致的小枝枯死

彩图 11-22　腐烂病在果实上
的为害状

彩图 11-23　苹果树
枝干表面的落皮层

彩图 11-24　腐烂病
病斑刮治后的状况

彩图 11-25　腐烂病病
斑的包泥法治疗

彩图 11-26　包泥法治愈后
的腐烂病病斑

彩图 11-27　腐烂病
病斑的割治法治疗

彩图 11-28　腐烂病
病斑刮治后表面涂药

彩图 11-29　利用根蘖苗
多根桥接（脚接）

彩图 11-30　桥接后的树
势恢复状况

彩图 11-31
冬前树干涂白

彩图 11-32　溃疡型干腐
病病斑的发生初期

彩图 11-33　溃疡型干
腐病病斑表面产生裂缝

彩图 11-34　溃疡型干腐病
病斑表面翘起的油皮状栓皮

彩图 11-35　小枝表面
的许多溃疡型病斑

彩图 11-36　条斑型
干腐病病斑

彩图 11-37　枝枯型
干腐病病斑

彩图 11-38　干腐病导致
的轮纹状烂果

彩图 11-39　木腐病导致
枝干木质部腐朽

彩图 11-40　木腐病伤口处的膏药状病菌结构

彩图 11-41　木腐病伤口处的贝壳状病菌结构

彩图 11-42　木腐病伤口处的马蹄状病菌结构

彩图 11-43　银叶病的叶片呈银灰色（左），与健叶比较（右）

彩图 11-44　银叶病死树枝干表面产生的病菌结构

彩图 11-45　呈瘤状突起的一年生轮纹病病斑

彩图 11-46　小枝条上的轮纹病病斑

彩图 11-47　边缘开裂翘起的一年生轮纹病病斑

彩图 11-48　轮纹病病斑表面散生出许多小黑点

彩图 11-49　多年生的轮纹病病斑

彩图 11-50　许多轮纹病病斑导致枝干表面粗糙

彩图 11-51　轮纹病导致的果园毁灭

彩图 11-52 枝干轮纹病病斑的刮治状况

彩图 11-53 轮纹烂果病的初期病斑

彩图 11-54 轮纹烂果病的典型病斑

彩图 11-55 黄色品种上的轮纹烂果病病斑

彩图 11-56 红色品种上的轮纹烂果病病斑

彩图 11-57 轮纹烂果病病斑表面的散生小黑点

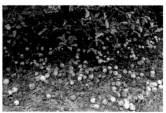

彩图 11-58 轮纹烂果病导致的满地落果

彩图 11-59 套塑膜袋的苹果

彩图 11-60 套纸袋的苹果

彩图 11-61 炭疽病的初期病斑,坏死斑点周围有红色晕圈

彩图 11-62 病斑表面产生呈轮纹状排列的小黑点

彩图 11-63 炭疽病病斑表面产生粉红色黏液

彩图 11-64 褐腐病病果表面散生许多灰白色霉丛

彩图 11-65 褐腐病病果表面的霉丛呈近轮纹状排列

彩图 11-66 霉心型病果

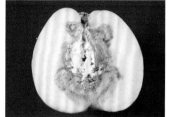

彩图 11-67　心腐型病果

彩图 11-68　心腐型病果
造成的果实表面病斑

彩图 11-69　心腐型病果
剖面病斑

彩图 11-70　套袋果斑点病
在萼洼的初期病斑

彩图 11-71　套袋果斑点病
在萼洼的典型病斑

彩图 11-72　发生在梗洼的
套袋果斑点病

彩图 11-73　黑点型病斑
（粉红聚端孢霉）

彩图 11-74　红点型病斑
（交链孢霉）

彩图 11-75　褐斑型病斑
（点枝顶孢）

彩图 11-76　疫腐病在膨大
期果实上的症状

彩图 11-77　疫腐病在近
成熟期果实上的症状

彩图 11-78　疫腐病病斑表面
产生白色绵毛状物

彩图 11-79　疫腐病导
致的近死亡病树（右）

彩图 11-80　链格孢黑腐病
的典型病斑

彩图 11-81　链格孢黑腐病病斑
剖面，果肉呈黑褐色腐烂

彩图 11-82　红粉病的典型
病果症状

彩图 11-83
蝇粪病的典型症状

彩图 11-84
霉污病的典型病斑

彩图 11-85
霉污病病斑沿流水方向分布

彩图 11-86　蝇粪病与霉污
病混合发生的病果

彩图 11-87　花腐病为害花柄
及叶片的中早期症状

彩图 11-88　花腐病为害幼果，
有褐色黏液溢出

彩图 11-89　花腐病发生后期，
蔓延至嫩枝上的褐色坏死斑

彩图 11-90
幼果上的泡斑病症状

彩图 11-91　近成熟果上
的泡斑病症状

彩图 11-92　青霉烂果病导致
果实呈淡褐色至褐色腐烂

彩图 11-93　病斑表面后期产
生灰白色至灰绿色霉状物

彩图 11-94　褐斑病造成叶片
大量早期脱落

彩图 11-95
褐斑病的针芒型病斑

彩图 11-96
褐斑病的同心轮纹型病斑

彩图 11-97
褐斑病的混合型病斑

彩图 11-98
褐斑病在果实上的症状

彩图 11-99 褐斑病从树冠
中下部枝条上开始发生

彩图 11-100 褐斑病早期
落叶后，导致二次发芽

彩图 11-101 波尔多液在
叶片上的污染药斑

彩图 11-102 斑点落叶病
在叶片上的初期病斑

彩图 11-103 典型斑点落
叶病病斑，具有同心轮纹

彩图 11-104 黄叶病病
叶上易发生斑点落叶病

彩图 11-105
斑点落叶病在叶柄上的病斑

彩图 11-106 斑点落叶病导
致枝条叶片大部分脱落

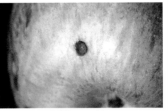

彩图 11-107
斑点落叶病在果实上的病斑

彩图 11-108
病斑表面具有不规则同心轮纹

彩图 11-109 病斑表面产生
黑褐色至黑色霉状物

彩图 11-110
圆斑病在叶片上的为害症状

彩图 11-111 炭疽叶枯病的
前期病斑

彩图 11-112
炭疽叶枯病的后期病斑

彩图 11-113
受害叶片易变黄脱落

彩图 11-114 炭疽叶枯病在
果实上的为害状

彩图 11-115
病芽萌发形成的病梢

彩图 11-116 一个枝条上具有
多个病芽形成的病梢

彩图 11-117 嫩梢表面后期
产生出黑色毛刺状物

彩图 11-118 展开叶片受
害，发病初期的白色粉斑

彩图 11-119 展开叶片受害
后期，表面布满白粉状物

彩图 11-120 花器受害症状
（病花芽萌发形成）

彩图 11-121 锈病发生初
期，叶背组织肿胀

彩图 11-122 叶片病斑正面
产生橘黄色小点

彩图 11-123 病斑正面的
橘黄色小点变成黑色

彩图 11-124 叶片背面的
黄褐色毛状物

彩图 11-125 病果表面产生
的橘黄色肿胀病斑

彩图 11-126　果实病斑表面
产生的小黑点

彩图 11-127　锈病在转主寄
主桧柏上的冬孢子角

彩图 11-128　黑星病在叶片
正面的病斑

彩图 11-129　黑星病在叶片
背面的病斑

彩图 11-130　黑星病为害
幼果的病斑

彩图 11-131　黑星病为害膨
大后果实，病斑表面龟裂状

彩图 11-132
白星病在叶片上的为害状

彩图 11-133
花叶病的轻型花叶症状

彩图 11-134
开花期重型花叶的表现

彩图 11-135
黄色网纹型的花叶病

彩图 11-136
环斑型的花叶病

彩图 11-137　典型锈果型症状
（五条锈色条纹与心室相对应）

彩图 11-138　套袋富士苹果
的锈果型症状

彩图 11-139　锈果型严重病
果后期发生龟裂

彩图 11-140
典型花脸型病果

彩图 11-141
锈果病的混合型病果

彩图 11-142
锈果病的绿点型病果

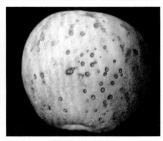

彩图 11-143
缺钙症的痘斑型症状

彩图 11-144
缺钙症的苦痘型症状

彩图 11-145
缺钙症的糖蜜型症状

彩图 11-146 缺钙症的糖蜜型
病果内部病斑

彩图 11-147
缺钙症的水纹型症状

彩图 11-148
缺钙症的裂纹型症状

彩图 11-149 一个病果上具
有痘斑型和水纹型两种病斑

彩图 11-150 轻型（绿色网
纹型）黄叶病病叶

彩图 11-151 严重病叶，叶
片褪绿成黄白色

彩图 11-152 严重病叶，叶
缘开始焦枯

彩图 11-153
小叶病的典型症状

彩图 11-154
缩果病的果面干斑型症状

彩图 11-155 缩果病的果肉
木栓型病果，表面凹凸不平

彩图 11-156　病果果肉内的
褐色海绵状坏死组

彩图 11-157
幼果上的轻度受害状

彩图 11-158
幼果胴部的环状果锈斑

彩图 11-159
日灼病发生初期

彩图 11-160
日灼病发生中早期

彩图 11-161　日灼病发生中
期，外有红色晕圈

彩图 11-162　日灼病发生后
期，病斑表面腐生有黑色霉

彩图 11-163
裂果症的典型表现

彩图 11-164
衰老发绵的轻型病果表面

彩图 11-165
衰老发绵的重型病果表面

彩图 11-166　石硫合剂的萌
芽期药害，叶片呈柳叶状

彩图 11-167
叶片背面叶毛变褐色坏死

彩图 11-168　代森锰锌药害，
叶片上的枯死斑

彩图 11-169　百草枯药害，
药点处形成枯死斑

彩图 11-170
新梢叶片及花蕾枯死

彩图 11-171 多效唑药害，
叶片呈丛生状

彩图 11-172 幼果表面
的果锈状药害

彩图 11-173 红富士
苹果的果锈状药害

彩图 11-174 金冠苹果
的果锈状药害

彩图 11-175 波尔多液
在果实上的斑点状药害

彩图 11-176 百草枯在
果实上的坏死斑及裂口

彩图 11-177 药害造成的死树

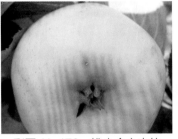

彩图 11-178 桃小食心虫的
蛀果孔（白点处）

彩图 11-179 桃小食心虫在
苹果内的为害状

彩图 11-180 桃小食心虫的
脱果孔及被害果表面症状

彩图 11-181
桃小食心虫的幼虫

彩图 11-182 在果园内悬挂
桃小食心虫性引诱剂

彩图 11-183 梨小食心虫
蛀果孔处的虫粪

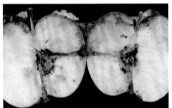

彩图 11-184 梨小食心虫
为害果实的剖面

彩图 11-185
梨小食心虫的成虫

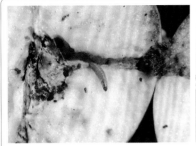
彩图 11-186
梨小食心虫的幼虫

彩图 11-187
苹果园内的频振式诱虫灯

彩图 11-188
苹果蠹蛾的蛀果为害状

彩图 11-189
苹果蠹蛾的成虫

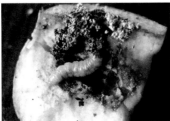
彩图 11-190
苹果蠹蛾的老熟幼虫

彩图 11-191
树干老翘皮下的苹果蠹蛾蛹

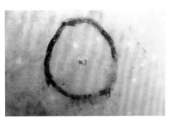
彩图 11-192
果面上的苹果蠹蛾卵

彩图 11-193
棉铃虫钻蛀为害的幼果

彩图 11-194
棉铃虫的成虫

彩图 11-195　正在为害苹果
幼果的棉铃虫幼虫

彩图 11-196
苹果绵蚜在锯口处的为害状

彩图 11-197　苹果绵蚜在环
剥口处的为害状

彩图 11-198
苹果绵蚜在嫩枝上的为害状

彩图 11-199
苹果绵蚜在果实上的为害状

彩图 11-200
在嫩枝上为害的苹果绵蚜

彩图 11-201　绣线菊蚜在嫩梢上的为害状

彩图 11-202　绣线菊蚜在幼果上为害

彩图 11-203　绣线菊蚜的无翅雌蚜

彩图 11-204　苹果瘤蚜的为害状

彩图 11-205　苹果瘤蚜的无翅蚜

彩图 11-206　红蜘蛛为害果实，导致受害处成黑褐色坏死腐烂

彩图 11-207　山楂叶螨的严重为害状

彩图 11-208　苹果全爪螨的较重为害状

彩图 11-209　二斑叶螨的结网为害状

彩图 11-210　山楂叶螨（冬型）

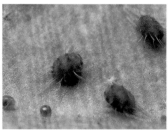

彩图 11-211　苹果全爪螨

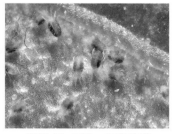

彩图 11-212　二斑叶螨

彩图 11-213　枝干上越冬的苹果全爪螨卵

彩图 11-214　绿盲蝽在嫩叶上的为害状

彩图 11-215　绿盲蝽在幼果上的为害状

彩图 11-216　绿盲蝽的成虫

彩图 11-217　绿盲蝽的若虫

彩图 11-218　受梨网蝽为害的苹果叶片正面

彩图 11-219　受梨网蝽为害的苹果叶片背面

彩图 11-220　梨网蝽的成虫

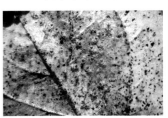

彩图 11-221　梨网蝽的若虫

彩图 11-222
金纹细蛾的为害虫斑

彩图 11-223
金纹细蛾的成虫

彩图 11-224
金纹细蛾的幼虫

彩图 11-225　金纹细蛾的蛹

彩图 11-226
金纹细蛾性引诱剂诱捕器

彩图 11-227
苹果金象卷叶为害的虫苞

彩图 11-228　苹果金象的成虫

彩图 11-229
苹果金象的幼虫

彩图 11-230
梨星毛虫缀叶为害成饺子状

彩图 11-231
梨星毛虫的成虫

彩图 11-232
梨星毛虫的幼虫

彩图 11-233
卷叶蛾吐丝缀叶为害状

彩图 11-234
卷叶蛾在幼果上的为害状

彩图 11-235
苹小卷叶蛾的成虫

彩图 11-236
苹小卷叶蛾的幼虫

彩图 11-237
黄斑卷叶蛾的夏型成虫

彩图 11-238　黄斑卷叶蛾的幼虫
及其在卷叶内啃食叶肉的为害状

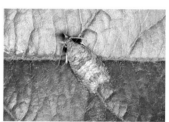
彩图 11-239
顶梢卷叶蛾的成虫

彩图 11-240
顶梢卷叶蛾的幼虫

彩图 11-241　黄刺蛾低龄幼
虫啃食叶片为害状

彩图 11-242　刺蛾类大龄幼
虫将叶片食成缺刻状

彩图 11-243　黄刺蛾的成虫

彩图 11-244
黄刺蛾的老龄幼虫

彩图 11-245　扁刺蛾的幼虫

彩图 11-246
褐边绿刺蛾的成虫

彩图 11-247
褐边绿刺蛾的幼虫

彩图 11-248　低龄幼虫群集
为害，将叶片啃成筛网状

彩图 11-249　天幕毛虫大龄
幼虫将叶片蚕食成缺刻状

彩图 11-250　美国白蛾低龄
幼虫结网为害的叶片，后期成
褐色干枯状

彩图 11-251　金毛虫的幼虫

彩图 11-252　苹掌舟蛾的
低龄幼虫及群集为害状

彩图 11-253
苹掌舟蛾的高龄幼虫

彩图 11-254
天幕毛虫的大龄幼虫

彩图 11-255
天幕毛虫的卵块

彩图 11-256
美国白蛾的雌成虫

彩图 11-257
美国白蛾的大龄幼虫

彩图 11-258　在苹果萼洼
为害的康氏粉蚧雌成虫

彩图 11-259
梨圆蚧在苹果上的为害状

彩图 11-260　梨圆蚧的雌成虫

彩图 11-261 在苹果小枝上
为害的朝鲜球坚蚧

彩图 11-262
朝鲜球坚蚧的卵

彩图 11-263 草履蚧群集在
树干翘皮下为害

彩图 11-264
草履蚧若虫在小枝上为害

彩图 11-265
草履蚧的雌成虫

彩图 11-266 树干上捆绑塑
料裙，防止草履蚧上树

彩图 11-267
金龟子啃食为害的花蕾

彩图 11-268
黑绒鳃金龟的成虫

彩图 11-269
苹毛丽金龟的成虫

彩图 11-270
小青花金龟的成虫

彩图 11-271 苹果枝天牛在
小枝内的为害状

彩图 11-272
苹果枝天牛的幼虫

彩图 11-273 蚱蝉产
卵为害造成的枯死枝梢

彩图 11-274
蚱蝉的成虫

彩图 11-275
蚱蝉产在嫩枝内的卵粒

苹果

高效栽培与病虫害看图防治 第二版

王江柱 解金斗 等编著

化学工业出版社

·北京·

本书在第一版的基础上，结合近几年的苹果科研成果和大量生产实践经验修订而成。全书系统介绍了苹果生产现状及发展趋势、优良品种、高产优质果园的建立、矮砧密植栽培模式、土肥水管理、整形修剪、促花促果、防灾护树、果实采收和分级包装、苹果盆栽与盆景、主要病虫害防控技术、苹果病虫害防控常用有效药剂等内容，特别是病虫害诊断部分，选取了275幅原色生态彩图相配合，更加便于读者甄别与确诊。

全书通俗易懂、技术操作简便易行，非常适合于农业生产与农技推广人员、苹果种植专业户与合作社、农资经营人员及果树、植保专业的广大师生、苹果科研人员等参考使用。

图书在版编目（CIP）数据

苹果高效栽培与病虫害看图防治/王江柱等编著. —2版.

北京：化学工业出版社，2018.10

ISBN 978-7-122-32922-6

Ⅰ. ①苹… Ⅱ. ①王… Ⅲ. ①苹果-果树园艺-图解②苹果-病虫害防治-图解 Ⅳ. ①S661.1-64②S436.611-64

中国版本图书馆 CIP 数据核字（2018）第 199233 号

责任编辑：刘 军 冉海滢　　　　　　　　　　装帧设计：关 飞

责任校对：边 涛

出版发行：化学工业出版社（北京市东城区青年湖南街 13 号　邮政编码 100011）

印　　刷：北京京华铭诚工贸有限公司

装　　订：三河市瞰发装订厂

710mm×1000mm　1/16　印张 16¾　彩插 14　字数 325 千字　2019 年 1 月北京第 2 版第 1 次印刷

购书咨询：010-64518888　　　　　　　　售后服务：010-64518899

网　　址：http://www.cip.com.cn

凡购买本书，如有缺损质量问题，本社销售中心负责调换。

定　　价：58.00 元

本书编著人员名单

王江柱　　解金斗　　王鹏宝

周宏宇　　郭桂仙　　姜训刚

苹果是全球广泛栽培的两大落叶果树之一，我国则是世界上苹果种植面积最大和产量最高的国家，两者均占据了全球的半壁江山。据统计，2016 年我国苹果种植面积达 3490 多万亩（1 亩＝666.7 米^2），共有 25 个省、市及自治区生产苹果，从区域分布上看主要集中在环渤海湾（山东、河北、辽宁等）、西北黄土高原（陕西、甘肃、山西、宁夏等）和黄河故道（河南、江苏、安徽等）三大产区及西南高地（四川、云南、贵州）和新疆两个特色产区，其中种植面积超过百万亩的有 7 个省份（陕西、甘肃、山东、河南、河北、山西、辽宁）。环渤海湾和西北黄土高原两大产区不仅是我国的两大苹果优势产区，也是世界上最大的苹果适宜生产区。

虽然我国已经成为全球最大的苹果生产国，鲜食消费量和加工消费量也在逐年增长，苹果出口也位居世界前列，也正在从苹果生产大国向苹果生产强国迈进，但是与先进的苹果生产国家相比还存在很大差距，仍亟需普及先进生产技术，特别是生产中还存在许多亟待提高和解决的一些问题，如苗木与品种的选择与科学搭配、高产优质苹果园的建设、适宜机械化作业的省力化栽培模式与配套整形修剪技术、土肥水的科学管理、病虫害的全程综合防控技术与优质无害化农药选用等。

为了推进我国苹果生产由数量型向质量型、效益型的全面突破，最终实现由苹果生产大国发展为苹果产业强国的奋斗目标，应充分发挥"科学技术就是生产力"的带动作用，大力推广以提高苹果质量为主的科学配套技术措施，综合利用新技术、新模式，增强苹果产业的市场竞争力，实现农民增收、农业增效、农村经济繁荣发展。化学工业出版社曾在 2011 年组织编写并出版了《苹果高效栽培与病虫害看图防治》一书，深受广大读者认可与欢迎。但是，随着农业科学技术的不断发展、创新与提高，苹果优质高效栽培的许多技术也取得了长足发展与进步。为了将新技术、新成果尽快推广应用到苹果生产中、尽早转化为生产力，在广大读者的建议与要求下，决定对该书的第一版进行修订。

本次修订继续秉承"苹果高效栽培与生产优质无害化苹果、推进苹果产业发展"的宗旨，根据目前苹果生产中的实际状况，结合近些年的科研成果和作者的大量生产实践经验，从苹果生产现状及发展趋势、优良品种介绍、高产优质果园的建立、矮砧密植栽培模式、土肥水管理、整形修剪、促花促果、防灾护树、果实采收和分级包装、苹果盆栽与盆景、主要病虫害防控技术及苹果病虫害防控常用有效药剂等方面，分十二个章节进行了重点阐述。与第一版相比，增加了"苹果盆栽与盆景""苹果病虫害防控常用有效药剂"两章。由于增加了"苹果病虫害防控常用有效药剂"章节，所以在"主要病虫害防控技术"章节中的有效药剂大部分只推荐了药剂名称，并未再对含量、剂型及使用倍数进行赘述。本书文字叙述力求通俗易懂，技术操作尽量简便，并适当配合彩色照片辅助说明。全书共计穿插彩色图片395幅（比第一版增加了139幅），使许多技术更加直观简单、容易掌握；特别是病虫害诊断部分，合计精选了275幅（比第一版增加了81幅）生态彩图相配合，让读者一目了然，使病虫害种类更加便于甄别与确诊。

　　本书中推荐的农药与肥料的使用浓度或使用量，可能会因苹果品种、生长时期、栽培类型及地域生态环境条件的不同而有一定的差异，所以仅供参考。在实际应用过程中，请以所购买产品的使用说明书为准，或在当地技术人员指导下进行使用。

　　在本书编写和修订过程中，得到了河北农业大学科教兴农中心的大力支持，在此表示诚挚的感谢！

　　本次修订虽然对部分内容进行了完善、补充及修正，但由于作者的工作与研究范围、生产实践经验及所积累的技术资料还有许多局限，书中不足之处在所难免。因此，恳请各位同仁及广大读者予以批评指正，以便今后不断修改、完善，在此深致谢意！

编著者

2018 年 7 月

<<< 第一版前言 >>>

　　我国苹果栽培总面积和总产量分别占世界苹果栽培总面积和总产量的 41.09％和 42.88％，已成为世界第一苹果生产大国。鲜食苹果及其加工制品的出口量、出口值均占各水果之首，并呈现持续增长的趋势。苹果产业是我国农村经济的支柱产业之一，在农业产业结构调整、增加农民收入及出口创汇等方面发挥了重要作用。

　　随着我国经济的快速增长，人民生活水平的不断提高，消费观念和饮食结构不断转变，以及我国苹果市场逐渐国际化，市场对苹果的内在品质、外观质量以及包装精美度等要求越来越高，给苹果产业的发展带来了前所未有的机遇和挑战。苹果生产可以说是一种劳动密集型产业，我国的劳动力充裕，具有一定的竞争优势，但目前的生产状况是，我国的苹果内在品质与国外差距不大，而外观质量、包装质量与国外有较大差距，而且我国苹果栽培相对比较分散，规模小，单产低；栽培模式、技术水平及推广等方面还有许多问题。面对国际市场的激烈竞争，虽然我国是世界上第一苹果生产大国，但优质果率仅为 30％，高档果率不足 10％，而美国、日本等国苹果的优质果率达到 70％，可供出口的高档果占 50％左右。因此，为了实现我国苹果生产由数量型向质量型、效益型的根本转变，最终实现我国由苹果生产大国转向苹果产业强国的目标，必须发挥科技带头作用，大力推广以提高质量为主的配套技术措施，综合采用新技术、新模式，提高苹果生产的科技含量，增强苹果产品的市场竞争力，使农业增效，农民增收，促进农村经济的繁荣发展。

　　本书是结合编著者在苹果上的科研成果，总结多年来深入基层进行技术推广和培训工作的收获和体会，针对生产中存在的实际问题，以大力普及推广苹果优质丰产新技术、新成果，提高果农素质和管理水平为目的，以品种选择、适地适栽、培肥地力、果园种草、节水灌溉、矮砧密植、乔砧密植改造、适宜丰产树形、套袋增质、包装增效、病虫害综合防治和农药安全使用等关键实用技术为内容编著而成的，力求通俗易懂、便于操作。特别是在病虫害诊断部分，编著者精心配置了 194 张原色生态彩图，使病虫害种类更加易于甄别与确诊。本书可供果树专业师生、广大果树技术人员、果树专业户作技术培训教材和在实际生产中参阅，希望本书能为苹果产业的发展、广大果农脱贫致富贡献一份力量。

本书中推荐的农药、肥料的使用浓度或使用量，会因苹果品种、生长时期及地域生态环境条件的不同而有一定的变化，故仅供参考。在实际应用过程中，以所购买产品的使用说明书为准，或在当地技术人员指导下进行使用。

在编写过程中，参考了前人的研究成果和已出版发行的书刊，并得到了河北农业大学科教兴农中心领导和专家教授的大力支持，在此表示衷心感谢，并向主要参考文献的作者表示深深的谢意。

由于编著者的研究工作、生产实践经验及所积累的技术资料还十分有限，书中内容如有疏漏和不足之处，恳请各位同仁及广大读者予以批评指正，在此深表谢意！

编著者

2011 年 4 月

‹‹‹ 目 录 ›››

第三章　高产优质果园的建立　/ 38

第四章　矮砧密植栽培模式　/ 6l

第五章　土肥水管理　/ 69

第六章　整形修剪　/ 85

第七章　促花促果　/ 121

第八章　防灾护树 / 135

第九章　果实采收和分级包装 / 145

第十章　苹果盆栽与盆景 / 153

第十一章　主要病虫害防控技术 / 172

第十二章　苹果病虫害防控常用有效药剂　/ 225

《《《 第一章 》》》
苹果生产现状及发展趋势

第一节 世界苹果主产国生产现状及发展趋势

全世界有 80 多个国家种植生产苹果，但仅有 10 个左右的主产国年产量超过 100 万吨。按 2008 年年产量排序分别为中国 2980 余万吨、美国 390 余万吨、土耳其 250 余万吨、意大利 220 余万吨、法国 210 余万吨、波兰 210 余万吨、德国 140 余万吨、俄罗斯 140 余万吨、智利 100 余万吨、阿根廷 100 余万吨。上述十个国家的苹果年产量构成了全世界苹果总产量的 90% 左右。目前，全球苹果主产国的生产现状及发展趋势如下。

（1）美国 美国的苹果年产量近 400 万吨，是主要的苹果出口国之一。出口量 50 万吨以上，约为总产量的 13%；每年用于加工的约 130 万吨左右，约为总产量的 35%。华盛顿州为美国苹果第一主产区，苹果种植面积约占全美国苹果种植总面积的 40%，产量约占 52%，出口量为本州产量的 25% 以上。该州气候比较温和，生长季较长，适宜晚熟品种如富士系和粉红女士的生长，产量高，品质好。纽约和密歇根州为美国第二和第三大苹果产区，产量各占全美的 10% 左右。

在华盛顿州的新建苹果园中，约有 50% 以上使用矮化砧木（M9），栽植密度为 1700～2400 株/公顷（113～160 株/亩）。单行栽植，圆锥形树形，树高 3 米左右，采用短截和疏枝的修剪方法，平均产量 35000～60000 千克/公顷。

美国苹果的主栽品种在 20 世纪 90 年代以元帅系和金冠为主，华盛顿州的元帅系苹果曾占全美苹果产量的 70%，目前因富士、嘎拉及布瑞本等品种的推广，元帅系所占比例下降到了约 35%；另外，一些新品种如卡梅奥、粉红女士、密脆等也有一定的栽培面积。

（2）法国 法国的苹果产业比较发达，年产量大于 200 万吨，年出口量 70 万吨以上，仅有少部分用于加工。法国北部的卢瓦尔河谷是其一个重要产区；法国南部地区生长期较长，适合晚熟品种如粉红女士等品种的栽植。

法国苹果目前全部选用矮化砧木（M9），栽植密度较高，达 2500～3500 株/公顷，果园均具备灌溉条件。苹果树栽植后的前三年轻剪长放，三年后主要为复壮修剪，形成树高 3～3.5 米左右的圆锥形。整形方式是中轴形、疏层形、细长纺锤形等整形技术的结合，亦称之为"高纺锤形"。栽植后第二年平均产量为 10000～30000 千克/公顷，第三年可达 25000～40000 千克/公顷，四年以后增至 50000～60000 千克/公顷（6670～8000 斤/亩），甚至更高。

法国的主栽品种金冠约占 40%、嘎拉占 15%、布瑞本占 10%、澳洲青苹占 9%。同时也栽培一些新品种如卡梅奥、粉红女士、蜜脆和爵士等。

(3) 德国 德国的苹果种植面积约 7 万多公顷，年产量 100 万吨左右。自产的大部分苹果用于加工，鲜食苹果依靠进口。德国很多地区都栽植苹果，其主产区为博登湖地区。该地区气候相对冷凉、潮湿，是早、中熟苹果的著名生产基地，但不适宜栽培果实发育期较长的品种，如红富士、粉红女士等。目前德国的主栽品种有布瑞本、嘎拉、艾尔斯塔等。

德国大部分果园采用单行高密栽植，栽植密度 2800～3500 株/公顷（186.6～233 株/亩），选用矮化砧（M9）苗木，通过短截和疏剪复壮整形，将树冠维持在 2～2.5 米的高度，平均产量为 35000～40000 千克/公顷（4670～5330 斤/亩）。

(4) 意大利 意大利是苹果生产大国，苹果种植面积 6.5 万公顷左右，年产量约为 200 万吨。年出口量 65 万吨以上，是苹果主要出口国之一，但苹果加工业规模相对较小。苹果主产区主要有两个，一个是拥有地中海气候、生长季较长的波河，一个是该国北部山谷地带的南蒂罗尔及特兰托，该区域拥有适宜的气温和相对较长的生长季节。

意大利具有先进的管理水平，所有果园都具备灌溉条件。通常选择两年生的优质、强壮且分枝较多的矮化砧（M9）苗木栽植，栽植密度为 3300～4000 株/公顷（220～267 株/亩）。树形修剪成细长圆锥形，树冠高度保持在 3～3.5 米。幼树期前三年轻剪，以后通过疏剪进行周期性的主枝转换和更新复壮，亦称之为"高纺锤形"。成龄树一般每公顷年产优质苹果 50000 千克（每亩 6670 斤），地理条件优越、管理水平高的果园年产量常超过 60000 千克/公顷（每亩 8000 斤）。

意大利的主栽苹果品种：黄元帅占苹果总产量的 20%，乔纳金占 2% 且有下降趋势；红星系占 20%、嘎拉占 10%～12%、富士占 2%～3%、澳洲青苹占 2%、粉红女士占 1%～1.5% 但有增加趋势。

(5) 波兰 波兰是苹果产业大国，年产量约为 200 万吨，其中约 60% 用于加工，鲜果进口量较少。主要的苹果产区位于北纬 50°，生长季较短、气候寒冷，生长季长的品种在这里很难成熟。该地区冬季严寒，易导致果树死亡，夏天又因果园得不到有效灌溉而极易造成干旱，是导致产量较低的主要原因之一。

波兰的大部分果园都使用矮化或乔化砧木，栽植密度为 1000～1250 株/公顷（66.6～83 株/亩）。近年来开始引进矮化砧（M9）苗木，栽植密度提高到 1800～2500 株/公顷（120～166 株/亩）。苹果树体被修剪调整成 2～3 米高的圆锥形。原来的普通苹果年产量仅为 15000～25000 千克/公顷（2000～3330 斤/亩），而改进的高密度果园年产量可达到 30000～40000 千克/公顷（4000～5333 斤/亩），果品质量也得到进一步改善。

波兰苹果品种丰富多样，较老的品种如旭、考特兰德、拉宝、艾达红、斯帕坦等，虽然现在已经很少种植，但仍然是构成该国苹果产量的重要组成部分。新栽植的品种以金冠、乔纳金、艾尔斯塔和嘎拉为主，其中金冠、乔纳金的产量已占有非常重要的地位。

（6）智利 智利是南半球最大的苹果生产基地，年产量约 100 万吨，年出口量 60 万吨左右，占其产量的 55％以上，另有 38 万吨用于加工，为其产量的 30％以上，是一个以出口为主的国家。在南纬 34°～38°安第斯山脉的西部，有一条南北走向盛产苹果的长形山谷，这里生长季节较长，气候干热，冬季气温较温和，且有足够的低温，大部分地区的苹果树均能正常生长和结果。

目前，多数智利果农采用先进的高密栽培管理技术。利用 M9 和 M26 矮化砧苗木，栽植密度达到 1350～1950 株/公顷（90～130 株/亩）；或利用半矮化砧（MM106）苗木，中等密度，中心主干直立，树体高约 4 米，基部宽约 2 米。年平均产量为 45000～60000 千克/公顷（6000～8000 斤/亩）。

（7）巴西 巴西的苹果年产量约为 85 万吨，其中 10％用于出口、25％用于加工。南纬 27°～28°的南部高原地带（海拔高度约 1000 米）为苹果主产区，属于亚热带型气候，夏季多雨，冬季大部分时期低温持续不足（使用休眠促进剂），有极长的生长季节。

目前巴西新栽植苹果园普遍采用矮化砧（M9）高密栽植，栽植密度达 1950～2550 株/公顷（130～170 株/亩），修剪方法为采用短截和疏枝控制树体生长，树体高度为 3～3.5 米，基部宽度 1.5 米。年平均产量为 22500～33750 千克/公顷（3000～4500 斤/亩）。

（8）日本 日本的苹果总产量虽然不足 100 万吨，但年产量相对比较稳定。其苹果以内销为主，出口量很少，主要出口国家和地区是泰国和中国的台湾、香港。日本国内市场对苹果品质要求很高，中、低档果品多不能进入鲜果市场而进行加工销售。所以，该国的苹果果实品质优良，精品果率均在 80％以上。日本的现有栽培制度为乔化栽培和矮密栽培共存。乔化栽培的株行距较大，一般株距为 7～10米、行距为 8～10 米，树形大多为二主枝开心形。密植栽培均采用矮化砧木，树形为细长纺锤形。

日本的苹果育种工作发展迅速，促使苹果品种结构发生了很大变化。目前，日本栽培的主要品种有富士系、津轻系、王林、乔纳金、元帅系等。其中富士系占

50.6%、津轻占 13.8%、王林占 9%、乔纳金占 8.6%。

第二节　我国苹果生产现状

　　苹果是世界四大水果之一。2015 年全球苹果栽培面积、产量及单产分别为 520.68 万公顷、8622.26 万吨和 16559.40 千克/公顷，总面积仅次于葡萄（712.65 万公顷）和香蕉（544.67 万公顷），位居第三；总产量仅次于香蕉（11523.96 万吨），位居第二；单产仅次于香蕉（21157.90 千克/公顷）、柑橘（18372.20 千克/公顷）和梨（16827.30 千克/公顷），位居第四。中国是世界第一大苹果生产国，栽培面积和产量分别占世界总面积和总产量的 44.72% 和 49.12%，居世界首位。我国有 20 多个省市生产苹果，产量最大的主要分布在两个地区，一个是位于北纬 36°~37° 的环渤海湾产区，另一个是位于北纬 34°、海拔 1000 米左右的西北黄土高原产区。但我国的大部分果园面积、规模都非常小，一般只有 0.2~0.3 公顷。

一、苹果生产现状

　　(1) 面积和产量　据农业部统计，2015 年全国苹果栽培面积和产量分别为 231.83 万公顷和 4261.34 万吨，占全国水果总面积和总产量的 18.17% 和 24.38%，面积和产量均居水果生产的首位。与 2014 年相比，2015 年苹果面积和产量分别增加 2.11 万公顷和 169.02 万吨，同比增长了 0.92% 和 4.13%。其中，产量增幅前十位的省（自治区）依次为：陕西（49.29 万吨）、甘肃（31.51 万吨）、河北（20.85 万吨）、山西（13.96 万吨）、河南（7.91 万吨）、四川（2.96 万吨）、黑龙江（2.73 万吨）、云南（2.64 万吨）、内蒙古（1.06 万吨）、贵州（0.88 万吨）。

　　(2) 生产分布　我国苹果生产分布很广，现已形成环渤海湾、西北黄土高原、黄河故道和西南冷凉高地等四大苹果主产区。据 2015 年统计，环渤海湾产区包括辽宁、山东、河北、北京、天津等省市，苹果栽培面积占全国苹果栽培总面积的 25.24%；该地区栽培历史悠久，是我国苹果栽培最早的区域，生态条件优越，栽培技术水平高，果品产量高，品质好。近年来，由山西、陕西、甘肃、宁夏、青海等地组成的西北黄土高原产区，苹果生产发展速度较快，其面积占全国的 50.65%；该地区集中连片、规模宏大、一望无际，自然条件得天独厚，生产的苹果色泽艳丽、果肉硬度大、细脆味浓、颇耐贮存，具有与苹果生产先进国家相竞争的生态优势和规模优势。黄河故道产区包括豫东、鲁西南、苏北和皖北，面积占全国的 17.71%；该地区高温高湿、病虫害较多、果实品质欠佳，但由于气候温暖、果实生长期长，果个大，糖分高，加强栽培管理仍然可获得较高的经济效益。西南冷凉高地产区主要包括云、贵、川高海拔地区，面积占全国的 4.18%；该区域果园较分散,主要分布在海拔 1000~2600 米的山地,产量有限,交通不便,多数形不成优势产业,但由于海拔高、气候冷凉、日照长、紫外线多,所生产苹果果面光洁、着色艳丽、品质相当好,所以也有一定的开发前景。

我国苹果产区按省份划分主要集中在陕西、甘肃、山东、河南、河北、山西和辽宁。据统计,2015 年,七大苹果主产省份苹果栽培面积合计为 200.89 万公顷,占全国苹果栽培面积的 86.65%;产量合计为 3790.17 万吨,占全国苹果总产量的 88.94%。陕西省为全国产量最高(1037.30 万吨,占全国的 24.34%)的省份,同时也是全国栽培面积最大(69.51 万公顷,占全国的 29.98%)的省份(表 1-1)。

表 1-1　2015 年我国苹果主产区栽培面积及产量

	全国	陕西	山东	甘肃	河北	河南	辽宁	山西	七省合计
面积 /万公顷	231.83	69.51	29.97	28.48	24.26	17.02	16.10	15.55	200.89
面积比例 /%		29.98	12.93	12.29	10.47	7.34	6.95	6.71	86.65
产量 /万吨	4261.34	1037.30	928.43	328.59	366.58	449.65	248.41	431.21	3790.17
产量比例 /%		24.34	21.79	7.71	8.60	10.55	5.83	10.11	88.94

(3) 单产水平　2015 年,世界苹果平均单位面积产量为 16559.40 千克/公顷。在世界苹果主产国中,奥地利的苹果单位面积产量最高,为 90360.52 千克/公顷,居世界第一位;其他排名前十位的国家依次为瑞士、利比亚、新西兰、智利、斯洛文尼亚、意大利、荷兰、比利时和法国,其单位面积产量均在 39639.70 千克/公顷以上。中国的苹果单位面积产量为 18301.40 千克/公顷,居世界第 26 位,虽然高于世界平均水平,但与世界先进国家相比还有很大差距。

改革开放以来,我国苹果生产的发展历经了两个快速增长期和一个调整期。1985~1989 年间,我国苹果栽培面积从 86.54 万公顷上升到 168.99 万公顷,增长了 95.3%;其次,1991~1996 年间,苹果栽培面积从 166.16 万公顷上升到 298.69 万公顷,增长了 79.8%。从 1997 年开始,我国苹果生产进入调整阶段。该阶段的基本特征是果园面积持续减少,总产量基本稳定,平均单产明显提高。据统计,1991 年苹果产量平均每公顷仅为 2732.6 千克,而 1996 年增长至 5709.0 千克/公顷。2004 年我国苹果栽培面积减少到 187.67 万公顷,比 1996 年栽培面积减少了 37.2%,但总产量增长了 26.2%。2008 年全国平均单产为 14981.73 千克/公顷,比上年(14201.19 千克/公顷)增长了 5.50%。2015 年全国平均单产为 18301.40 千克/公顷,比上年(17737.25 千克/公顷)增长了 3.18%。苹果单产呈逐年增长的趋势。山东省和山西省单产水平较高,其单产分别为 30978.65 千克/公顷和 27730.55 千克/公顷;安徽、河南、江苏、新疆和四川的单产分别为

27181.16 千克/公顷、26418.92 千克/公顷、18676.01 千克/公顷、18102.20 千克/公顷和 16520.22 千克/公顷，尽管与苹果生产先进国家 90360.52 千克/公顷的单产水平尚有很大差距，但我国苹果生产水平的提高已是一个不争的事实。据统计，2015 年七个苹果主产省份的苹果单产分别为全国苹果单产的 169.27％、151.52％、148.52％、144.35％、102.05％、98.91％和 90.27％（表 1-2）。

表 1-2　2015 年我国部分苹果产区单产统计（千克/公顷）

全 国	山 东	山 西	安 徽	河 南	江 苏	新 疆	四 川
18301.40	30978.65	27730.55	27181.16	26418.92	18676.01	18102.20	16520.22
占全国比例/%	169.27	151.52	148.52	144.35	102.05	98.91	90.27

(4) 果品质量　近年来，我国大力推广疏花疏果、昆虫＋人工辅助授粉、果实套袋以及摘叶转果、铺反光膜、有害生物综合防控等技术措施，大幅度提高了果品安全质量水平。但与先进国家相比，苹果质量水平仍有较大差距，如美国、日本、新西兰等国的优质果率高达 70％～80％，高档果率也在 35％～50％。此外，还存在果形不端正、着色差、风味淡、不耐贮运等果实品质等方面的缺陷。

2003 年农业部在充分调研的基础上，制定了《苹果优势区域发展规划》。为了充分发挥区域比较优势，提高我国苹果产业的整体水平，把环渤海湾产区和西北黄土高原产区作为我国苹果发展的优势区域重点建设，以期形成我国苹果生产的核心区域及产业带。其中环渤海湾产区重点区域包括山东的胶东半岛和泰沂山区、辽宁的辽西和辽南地区以及河北的秦皇岛地区和太行山区。该地区栽培历史悠久，是我国苹果栽培最早的区域，生态条件优越，栽培技术水平高，果品产量高，品质好。西北黄土高原产区包括陕西的渭北地区、山西的晋中和晋南地区、河南的三门峡地区以及甘肃的陇东地区。该地区是我国苹果发展最快的地区，光照充足，冬无严寒，夏无酷暑，昼夜温差大，符合最适宜苹果生长的 6 项生态条件，果实着色好，只是许多果园缺乏灌溉条件，影响了果实的大小和产量。此外，黄河故道地区也是20 世纪 60 年代发展起来的苹果主要产区，土地平坦，土壤肥沃，海拔较低，夏季高温、多雨，苹果生长比较旺，产量高，果实个大，但是质量较差。通过采用矮化砧嫁接适宜品种栽培，不仅可有效控制树势，改善光照条件，还可提高鲜食苹果的品质，以便发挥其地区的优势。目前，我国苹果主产区优质果率已达到 35％～50％，不同产区之间有较大差异，部分优质示范园的优质果率已达 85％以上，但达到出口标准的高档果率仅为 5％～8％。

二、苹果栽培特点

(1) 气候特点　我国苹果产区分布很广，各地自然条件有很大的差异，但共同的气候特点是：春季干旱、少雨，夏季高温、多雨，雨热同季。苹果的春梢生长不足，夏、秋梢生长过旺，并且，此时正值花芽分化期，枝梢的旺盛生长影响了花芽分化的数量和质量。因此，如何控制树势和枝条旺长，调节枝梢生长的节奏，促进高质量的花芽形成，成为我国苹果栽培技术的重要议题。在栽培管理上，要根据苹果的生长结果习性和气候特点制定相应的管理技术措施，控制好树势和年周期中的生长节奏，在形成充足花芽的基础上，应用精细的花果管理技术，提高单位面积产量和果品质量，提高苹果栽培的经济效益。

（2）土壤特点 我国果树的发展多在山地和沙地，土壤比较瘠薄，有机质含量较低，苹果树因营养缺乏或不平衡引起的生理性病害比较普遍，影响果品产量和质量的提高。因此，在苹果的施肥和土壤管理上，应以提高土壤有机质含量为中心，合理施肥和平衡施用不同营养元素，以提高苹果树的营养水平，增强树势。

（3）栽培体系 我国主要应用乔砧密植的栽培技术体系，苹果的树势和树冠很难得到有效控制，树体结构和群体结构不合理，果园郁闭现象时有发生，不仅树冠内的通风透光条件差，影响了果品产量和质量，而且栽培管理技术复杂、费工，提高了生产成本。因此，对现有果园的树形和树体改造，成为亟待解决的问题。新建果园应该改变观念，应用适应当地自然条件的优良矮化砧木和优良品种，采用相应的优良栽培技术，形成新的栽培技术体系，力求简化管理技术，减少用工费用，降低成本，实现技术规范化、标准化，提高产量和质量，增强果品在市场上的竞争力。

（4）土壤管理制度 我国多沿用传统的清耕制土壤管理制度，除草作业已成为果园的主要用工项目，也是果园用工大项。今后应该改用生草制，不仅可以减少用工，而且有利于改善果园环境，提高土壤有机质含量。

（5）水资源缺乏 我国主要苹果产区降雨分布不均，为了提高果品产量和质量，需要灌水。目前生产上还是以大水漫灌为主，造成水资源的浪费。今后需要大力推广抗旱栽培和节水灌溉技术。

三、新技术应用

（1）品种结构 20世纪80年代由农业部组织的全国12省（直辖市）红富士苹果引种示范协作组，树立了我国苹果品种引进的成功典范，从根本上改变了我国苹果的品种构成。目前富士系品种已经成为我国重要的主栽品种和大宗出口品种。2004年富士系品种在苹果品种构成中已经占61.3%。为了满足市场和消费者的需求，相继引进了新红星、乔纳金、嘎拉、王林、澳洲青萍、粉红女士、太平洋玫瑰、斗南等新品种或品系，极大地丰富了市场供应，改变了我国苹果品种老化和单一的局面。目前，我国的苹果约有50%是红富士，元帅系占10%左右，金冠占6%左右，嘎拉和红将军（早熟红富士）等品种的发展速度也正在加快。

（2）栽植密度 我国苹果种植经历了由大冠稀植到小冠密植的重要变革，在促进苹果提早结果、提高早期产量和尽早收回投资等方面起到了重要作用。目前，一般栽植密度为乔砧每亩种植60株左右，矮化中间砧每亩栽植80～111株、甚至达

200 株以上。伴随栽植密度的变化，整形修剪方式也随之进行了大的调整。根据不同生态类型和管理水平，各地总结出了一整套适宜当地条件的配套栽培技术，涌现出了一批高产、优质和高效益的典型园区，在一定程度上带动了周边苹果生产的发展，起到了良好的示范作用（彩图 1-1）。

(3) 树体改造　早期苹果乔砧密植所普遍采用的小冠疏层形、自由纺锤形等树形，进入盛果期后，树势控制难度增加，果园郁闭问题十分突出，严重影响果实的品质，甚至导致果实结果部位外移，产量也随之下降。鉴于此，一些成龄果园进行了大树树体改造，重点实施了"抬高树干、落头开心、疏枝开角、调整大枝数量和布局"的树体改造措施，在生产上取得了明显的效果。随后各地根据当地的生态条件和管理水平，探索并制定了适宜的大树改造方案，对生产上栽植过密或管理不当的乔砧密植园进行了大规模的改造。实践证明，实行大树改造对延长其经济结果年限、稳定产量和提高品质都是必须之举。

(4) 提质增效　随着苹果产量的增加，果品市场的供需关系发生了变化，许多地区相继出现了卖果难的现象。为了满足顾客消费水平日益提高的需求和进一步拓展国际市场，提高果品质量逐渐成为苹果生产者生存的需要。因此，以花果精细管理和增施有机肥为主的提质增效技术被广泛应用，如疏花、疏果、人工授粉、果实套袋及摘叶、铺反光膜、平衡施肥等技术。通过多年的研究与技术示范，苹果果品质量有了明显提高，部分示范园区优质果率达到 80％以上（彩图 1-2）。

(5) 产、加、销环节明显提高　苹果生产已经打破了单纯鲜食一统天下的局面，随着我国苹果产量的高速增长，苹果加工取得了长足发展。苹果加工量和贮藏保鲜能力也有了明显增强，采后机械化清洗、打蜡、分级、包装能力超过 100 万吨，有力地促进了苹果出口。

第三节　我国苹果生产发展趋势

一、乔砧密植向矮砧密植转变

近三十多年来，世界苹果栽培制度发生了深刻变化，矮砧密植已经成为世界苹果栽培发展的主要栽培模式。欧美国家利用 10～20 年时间，完成了从乔砧稀植栽培到矮砧密植栽培的转变，目前矮砧密植栽培比重达到 90％以上。我国从 20 世纪 80 年代以后开展矮砧密植栽培试验、示范和推广，但至今矮砧密植栽培比重只有 5％左右。今后 5～10 年，我国苹果处于大规模更新换代的关键时期，要紧紧抓住这一良好的历史机遇，通过实施老果园更新换代工程，在新建果园推广苹果矮砧集约高效栽培技术模式，以国家现代苹果产业技术体系为载体，以苹果综合生产制度为核心，稳步推进苹果栽培制度的变革，逐步实现由乔砧密植栽培向宽行矮砧密植集约高效栽培的转变，加快推动我国苹果栽培制度的变革和现代生产制度的建立，实现我国苹果生产的省工、省力、集约、高效和标准化生产。

苹果矮化密植栽培是栽培技术体系的变革。技术体系的组成，应包括选用优良品种和砧木，采用相应各项栽培技术集成。如栽植密度、整形修剪、施肥制度、土壤管理制度、病虫害防控、机械应用、花果管理等。优良的栽培技术体系，要考虑在当地自然条件下，不同砧穗组合对苹果树体生长势影响，采用配套的综合栽培技术，调节好营养生长和生殖生长的关系，以便达到优质、丰产、高效益的目的。苹果树生长势是不同砧穗组合在一定的自然条件和栽培技术措施下的反映，在栽培技术体系中，最突出的是选用砧穗组合、栽植密度和整形修剪技术。

近些年来，我国苹果栽培有了突飞猛进的发展，栽培技术也发生了很大的变化，其显著特征是由稀植变为以密植为主，这是一个非常重要的变革。单位面积株数增多，单位面积枝条数量增长快，而且小冠形可以简化树体结构，减轻修剪，幼树树冠扩大生长快，可以较早地采用一系列促花措施。与稀植栽培相比，提早了结果期，提高了早期产量，因此，密植是必要的。但是，密植带来的树冠大小与营养面积的矛盾，如果不能得到很好的解决，树冠郁闭，内膛光照不足，也会影响花芽分化和果实着色，进而影响果品产量和质量，也给生产管理带来了不便和困难，增加了技术难度和用工费用，提高了苹果生产成本。因此，密植栽培必须以树体矮化为基础，这是苹果矮化密植成功的关键。

为了使苹果树体矮化，必须采用矮化砧木、短枝型品种和矮化栽培技术 3 种途径。我国苹果生产以前主要应用乔砧密植的栽培技术体系，即应用乔化砧木和普通型品种，单纯应用控冠、促花技术来实现早期丰产，增加果园的早期效益。为了在一个相对小的空间内安排一个生长势强旺的树体，必须采用一整套的控冠技术措施，逐步形成了一套以高度复杂和劳动密集为特征的栽培技术体系。技术的高度复杂意味着技术成本高，推广转化难，使我国苹果总体生产水平依然滞留在"工匠"水准，对专家和技术员有极强的依赖性；而高度密集的劳动力投入，不仅极大地增加了生产成本，也限制了苹果生产的规模化经营。据调查，目前苹果栽培技术体系中劳动力用工占总投资的 35%～48%，劳动成本的增加和劳动力的日益短缺将明显降低苹果生产的比较效益。苹果乔砧密植在幼树期间，虽能显示出栽植密度增加的早果效应；但是随着树龄的增大，乔砧密植暴露出的问题日渐突出。

苹果密植栽培成功的关键是有效地控制树势，使树体矮化、树冠小型化，应用矮化砧木致矮是理想的措施。世界各主要苹果生产国，几乎都在应用矮化砧木作为苹果矮化的手段，形成了矮化密植的栽培技术体系。矮砧苹果成形快，形成花芽容易，结果早；树势缓和、易控制，对于修剪反应不敏感，便于培养理想的树体结构和群体结构；行间和树冠内通风透光良好，果实在树冠中分布均匀，不仅单位面积产量高，而且果品质量高、着色好；树冠矮小，田间管理方便、省工，技术简化，容易实现标准化管理；生产周期短，便于品种更新；经济寿命相对长，总体效益高。因此，应用矮化砧木，是果树现代化的重要部分，也是我国苹果发展的趋势。

因此，开展苹果矮化砧木资源利用的研究，引进、培育适合不同生态类型的矮化砧木，尽快推广苹果矮化密植栽培，将有利于从根本上改变目前我国苹果生产的现状，逐步实现集约化栽培、规模化经营，使我国苹果生产跃上一个新台阶。河北农业大学历经20多年探索和研究苹果"三优栽培技术体系"，已经取得了良好的成效，大幅度简化了各项管理技术，明显降低了管理用工，适宜大面积推广应用。

二、无公害优质生产

随着我国苹果生产的快速发展，苹果产量已居世界首位，市场供应充足。但问题是中、低档苹果所占比例过大，相对过剩，甚至有时出现卖果难的现象；而优质果相对较少，不能满足国内外销售的需要。苹果生产已由追求产量的数量型向提高质量的效益型方向发展，在优质果品生产中，首先要求生产安全、无污染的无公害果品，一些地方已建立市场准入制度，不符合标准的果品将在销售上受到限制。特别是在对外贸易竞争中，进口国提出了一定的果品农药残留标准。欧盟要求产品从生产前到生产、销售全过程，都必须符合环保技术标准要求，对生态环境及人类健康均无损害。因此，借鉴国内、外已有技术成果和生产经验，结合无公害绿色苹果基地、出口苹果基地建设项目，结合我国的生态环境状况，我国制定了"中国特色"的苹果生产全程质量控制体系，并进行大规模基地示范和生产推广。

1. 注重环境

生产无公害苹果，必须在清洁的农业生态环境中用洁净的生产技术和方式。我国是一个发展中国家，环保水平还比较低，果品的生产、加工过程及包装、贮运等诸多方面仍有不利于环保的因素。在苹果生产上，使用违禁农药、过量农药、除草剂、化肥用量过多或施用未经发酵的畜禽粪便等，都会污染土壤和水源。

2. 病虫害防控

苹果生长发育过程中，遭受病虫为害是不可避免的，有效控制病虫害是苹果栽培技术的主要组成部分。如何减少化学农药的施用量，减少对果品和环境的污染，并能保证果品的产量和质量，是今后苹果栽培发展的重要方向。

（1）加强病虫害预测预报　提倡使用性引诱剂预测预报，提倡预防为主，适时防控，减少化学药剂的使用。

（2）保护和利用天敌　按防控标准选用选择性农药，减少使用有机广谱性、长效性农药，减少杀伤天敌，维持自然界的天敌控制水平。在行间间作有益植物或生草，改善生态环境，保持生态多样性，为天敌提供转换寄主、繁殖和越冬场所及增添食料。人工繁殖天敌，引入果园。

（3）改善农业生态　注意保护和改善生态环境，使生态环境多样化，以达到稳定生态、控制病虫害的目的。合理的树种、品种布局，避免有共同病虫害的间作物和相邻树种。保持品种多样性，以避免病害的大流行和害虫大发生。充分利用各种抗虫性和抗病性。结合冬季和夏季修剪除去病枝、病叶，清扫果园、刮树皮消灭越冬病虫。结合疏花疏果，疏除病虫果。果实套袋，防病防虫。加强土、肥、水管理，合理负载，提高树体抗病、耐害和补偿能力。

3. 科学使用化学农药

目前利用化学农药防控病虫害还是必要的。科学使用农药需注意如下几点。

(1) 禁用违禁农药　必须遵照执行农业部已颁发的禁止使用的农药种类和品种的规定。

(2) 使用选择性农药品种　对症使用对人畜安全、不伤害天敌、对环境无污染、对目标病虫有高效的农药品种。苹果园常用的选择性农药品种有：昆虫生长调节剂类，如 25％灭幼脲悬浮剂、25％除虫脲可湿性粉剂等；微生物制剂类，如 8000 单位/毫克苏云金杆菌可湿性粉剂、10％嘧啶核苷类抗菌素可湿性粉剂、3％多抗霉素可湿性粉剂、1.8％阿维菌素乳油等；选择性杀螨剂类，如 240 克/升螺螨酯悬浮剂、110 克/升乙螨唑悬浮剂、5％噻螨酮可湿性粉剂等；选择性杀蚜、蚧类，如 10％吡虫啉可湿性粉剂、20％啶虫脒可溶性粉剂、22％氟啶虫胺腈悬浮剂等。许多高效优质药剂已在生产上推广应用。

(3) 使用时期　对害虫和天敌的种群进行监测，按照防控指标，在天敌与害虫比例不够高或害虫数量达到经济受害水平时使用选择性农药。在果树休眠期或在春季害虫出蛰期，天敌尚未活动时用药，对天敌和环境都比较安全。

(4) 降低使用浓度　在有效浓度范周内，不随意提高使用浓度，有利于保护天敌。

(5) 合理混用农药　杀虫剂与杀螨剂、杀菌剂合理混用，可减少用药次数，兼控同时发生的病虫害，但不能随意将作用机理和防控对象相同的药剂混用，更不能将多种不能混合的农药随便混用。

(6) 轮换使用农药　把杀虫、防病机理不同的农药轮换使用，可以有效地控制或延缓病虫产生抗药性。

4. 肥料的科学施用

无公害果园的施肥，以有机肥为主，化肥为辅，保持或增加土壤肥力及土壤微生物活性，所施用的肥料不应对果园环境和果实品质产生不良影响。

(1) 有机肥的施用　有机肥包括粪肥、饼肥、作物秸秆肥、堆肥、沼气肥、绿肥、城市垃圾等，其中含有大量生物物质、动植物残体、排泄物及其他生物废物。有机肥除为果树提供营养外，还能提高土壤有机质含量，增强保水能力，有利于土壤微生物活动，可增强树势、改善果实品质。但是，有些有机肥施用前需要先作无害化处理，以免对环境造成不良影响。目前粪肥是果园有机肥的主要来源，但由于种种原因，往往未经发酵，直接施入果园，不仅影响环境，而且肥效也不能及时发挥。粪肥无害化处理的主要方法是堆积发酵，利用发酵过程中的高温，杀死病原菌、害虫和虫卵，使有机物分解，提高肥效。处理过程中，可以加入 EM 菌，促进粪肥的熟化。将粪肥和作物秸秆混合，堆积发酵，做成堆肥，效果更好。此外，城市垃圾也需进行无害化处理。

(2) 化肥的施用 目前的问题是化肥施用过多，在土壤中残留过多，甚至污染水源。有些地方有机肥的肥源不足，以化肥为主；有的则施用种类单一，以氮肥为主，营养不平衡。合理施用化肥的原则是减少化肥施用量，与有机肥配合施用，有机氮与无机氮之比以 1：1 为宜；根据当地土壤情况平衡施肥，除氮肥外，适当施用磷、钾、钙肥等，一般苹果结果树 $N：P_2O_5：K_2O$ 比例为 1：0.5：1。有条件的地方，最好进行营养诊断，有针对性地按需施肥；注意中微量元素的补充，以黄土为母质的土壤，偏碱性，苹果树常出现缺乏钙、铁、锌、硼等元素的生理性病害；适当根外追肥，叶面喷肥用量小，果树利用及时，可作为土壤施肥的补充。大量元素、中微量元素均可施用，而中微量元素的补充更加有效。

三、提高果实品质

我国苹果果品质量的主要问题是外观品质差，影响了苹果的商品率。很多果品达不到国内外市场的要求，出现优质果紧俏，而中、低档果滞销的现象。发展以提高果品质量为中心的生产模式，是提高苹果生产效益的主要途径。市场要求果实大小整齐、全面着色、色泽鲜艳、果面洁净。对颜色的要求，有的偏向深红，有的偏向鲜红。外观品质存在的问题有着色不良，全树着色不一致，单个果实果面着色面积小，只有部分有颜色，着色浅或着色暗、不鲜艳；果形不端正，果实偏斜；果面粗糙，缺乏光泽，有锈斑、斑点、微裂、裂口、皱皮；大小不整齐。内在果实品质要求风味甜酸适口，质地细脆，有品种特有的香气。存在的问题是甜度不够，果肉过硬、不脆，或容易变绵。

1. 影响果实品质的因素

(1) 品种 苹果果实的品质决定于苹果品种特性。但是，自然条件和栽培技术，影响品种特性的表达，有些自然条件的影响可以通过栽培技术来调节，有的则不易调节。自然条件的影响是各个影响因素的综合作用，但具体分析还要从单因素开始。

(2) 温度 生长积温在北部冷凉地区影响较大。生长期太短，积温不够，晚熟品种不能正常成熟，或糖度积累不够；有些苹果品种受低温影响，幼树不能安全越冬，结果树有时花芽受冻，有的受晚霜伤害。夏季高温，影响果实正常发育，阳面受到阳光直接照射，使果面局部失水，引起日灼；有的引起果皮伤害，水分变化时产生裂纹、皱面等。一年中气温≥35℃的天数，常作为生态适应区划指标的临界值。世界上先进的苹果生产国家，常在高温伤害频繁出现的苹果地区，利用喷灌进行冷凉灌溉，能有效减少果实日灼。日温差的大小对果实糖分的积累和着色有明显的影响，山地果园着色优于平原地区，温差大是重要原因之一。

（3）**光照** 阳光是果树同化作用能量的来源。光照不足，影响营养积累，果实糖分降低，着色不良。因此，光照是优质果生产栽培应重点考虑的问题。光照强度与当地的纬度、海拔高度、坡向、晴天日数、天空云量等因素有密切关系。而树冠内部的光照相对强度则与整形修剪有直接关系。

（4）**土壤** 土壤环境对果树根系生长有重要影响，其中有机质含量是重要因子。丰富的有机质，使土壤保水性增强、对营养元素消长起缓冲作用，有利于微生物活动降解有机物，供给果树根系吸收，也有利于矿质元素的吸收。土壤有机质含量常被看作土壤肥力的指标。在栽培过程中，通过施肥、行间生草等，来提高土壤有机质含量。

（5）**水分** 过分干旱会影响果实的生长，造成果实偏小、果皮厚、果肉硬、果汁少。在果实迅速生长期，应适当灌水。我国苹果重要产区，夏季多雨，排水也须重视，采收前土壤水分剧烈变化会引起裂果。

2. 苹果优质果品生产技术要点

苹果果品质量受到许多因素的综合影响，因此，优质苹果生产需要采用综合配套技术。各地生态条件不同，其技术重点也有差异。优质苹果生产的技术要点分为八个方面。

（1）**适地适栽** 栽培区域化包括三个方面的内容。第一是生产地区的区划。在生态最适宜区和适宜区，着重生产用于供应外销、国内高档市场的优质果；生态条件较差的地区，可以生产大众消费的中档果品，或加工原料果品。有目标地组织苹果生产，有针对性地采用相应的栽培技术，可以降低生产成本。例如生产加工原料果品时，不需套袋，适当多留果，减少喷药次数。第二是品种区划。在不同地区，适宜栽植的苹果品种亦有差异。例如乔纳金苹果在较冷凉地区，果实着色好、风味浓，能表现该品种的优良特性。第三是栽培技术区划。同一苹果品种在不同地区的生长势和花芽形成难易有很大差异，优质果品生产的技术重点也应有所不同。

（2）**砧木** 砧木不仅影响生长势和树冠的大小，也对果实的大小、着色、风味有明显的影响。例如嫁接在 SH 系上的红富士苹果，着色鲜艳、含糖量高、稍有酸味、甜酸适口、风味浓郁、肉质脆、硬度大。

（3）**维持健壮而中庸的树势** 树势过旺，会影响果实着色。树势中庸，可使树体营养积累充足，果实着色好。日本在红富士苹果生产中，由套袋转向无袋栽培的重要措施就是维持中庸树势。技术上要从苹果树的合理施肥、合理负载、控制生长、促进树体营养积累等方面着手。

（4）**整形修剪** 着重解决树势和树膛内部通风透光问题。要选择适当的树形及整形技术，以便有良好的群体结构和树体结构。群体结构中相邻两行或两株的树冠实际间隔、单位面积枝叶量、叶面积系数，树体结构中树冠高度，骨干枝数量、大小、级次、排列方式、叶幕层的厚度和分布、枝叶密度等，都是整形修剪中应考虑的因素。红色苹果品种的着色，需要一定的光照强度，相对光强≤40%时，不能生产优质苹果，而红富士苹果果实着色，要求果实有阳光的直接照射，生产优质果对光照的要求更高。为了树冠有良好的光照条件，要求根据品种、砧木组合的生长势，可控制的树冠大小，决定合理的栽植密度，并选择适当的树形和整形技术。生产上常用的乔砧密植，盛果期以后果园郁闭比较常见，可采用间伐和树体改造的方法，来解决光照问题。提高树干、落头开心，减少骨干枝的数量、级次、层数，将树冠的叶幕层总厚度降低，变纺锤形为高干开心形。矮化砧苹果栽培应采用圆柱形、细长纺锤形，控制树冠的冠幅，保持行间树冠间距。实践证明，"三优栽培技术体系"可以有效地控制树冠大小，解决树冠内部的光照，盛果期果园行间仍有 1 米左右的间距，树冠内膛和下层也能获得优质全红果。

(5) 土壤管理 以提高土壤肥力和有机质含量为中心，施肥以有机肥为主，注意氮、磷、钾的施用比例，使营养元素平衡，同时，适当施用中微量元素。

(6) 花果管理 适当控制产量，适时疏花、疏果，并进行选择性留果。红富士苹果选留着生在长果枝或多年生短果枝上的果实，使其在生长过程中不受阻碍，能够形成下垂果，以减少偏斜果实的比例。疏除畸形果、病虫果。幼果期及时套纸袋，以促进转色期着色，提高果面光洁度，也可减少果面的农药残留。果实着色期疏除过密枝条，适当摘除影响果实见光的叶片，地面铺设反光膜，改善树冠内膛光照条件，促进果实全面着色（彩图 1-3）。

(7) 适期采收 应使果实达到采收成熟度，表现出品种的优良品质时再采收。

(8) 及时防控病虫害 掌握病虫发生规律，做好预测预报，科学采用无公害、综合防控措施，控制影响苹果生长、果实发育的病虫害，提高果品质量。

第二章

优良品种介绍

　　我国是世界第一苹果生产大国，近年来苹果栽培总面积和总产量均稳居世界首位。我国从国外引进和国内选育的苹果品种（品系）有700多个，但实际应用到生产中的品种（品系）仅有10多个。选择品种时不能有求新求异的盲从心理，要把新品种和好品种区分开来，不要认为凡是新品种就一定好，越是没有听说过的就越感兴趣，不结合实际地盲目发展，可能会导致严重的损失。建园时果农一定要以市场为导向，以效益为中心，立足当前，着眼长远，结合当地自然条件，因地制宜地发展适合国内外市场需求的优良品种。

第一节　早熟品种

一、麦艳

　　美国育成的优良早熟品种，1984年引入我国。

　　果实平均单果重130克左右；全面着鲜红色或深红色，鲜艳美观。在河南郑州地区6月5日果实即可采收上市，是目前最早熟品种之一。

　　该品种结果早，3年生树亩产可达500千克。抗早期落叶病性强，果实病害轻。

二、K-12

　　中国农业科学院郑州果树研究所从国外引进的品系。

　　果实近圆形，平均单果重225克，果形指数0.88；底色绿黄，全面鲜红色，果面光洁，果肉乳白色，肉质细、松脆、汁多，酸甜适度，风味浓，有香气，可溶性固形物含量 13.0%，品质上等。果实 6 月底成熟，室温下可贮存 10～15 天。

该品种贮藏性较好，基本上无采前落果现象，是目前早熟品种中综合性状较好的新品系，比藤木 1 号早一周左右成熟，果个、颜色明显优于藤木 1 号，可作为红色、大果型、早熟品种大力推广种植。

三、K-10

中国农业科学院郑州果树研究所从国外引进的品系。

果实圆锥形，平均单果重 200 克以上，果形指数 0.85；底色绿黄，全面淡红色，有条纹，果面光洁，有光泽，外观美；果肉淡黄色，肉质细、稍韧、汁多，酸甜适度，风味浓，有香气，可溶性固形物含量 13.1%，品质上等。7 月下旬成熟，室温下贮存一个月肉质仍脆，货架期寿命长。

该品种树体紧凑，是目前早熟品种中风味最浓、最耐贮藏的新品系，风味酸甜味浓，品质极优，基本无采前落果现象。

四、早捷

美国育成的优良早熟品种，1984 年引入我国。

果实扁圆形，果个均匀，平均单果重 140～180 克；果实底色黄绿，果面着鲜红晕，果肉乳白色，汁液多，品质上等。果实在河南郑州地区 6 月中旬采收，成熟期不一致，可分批采收上市销售。

该品种树势健壮，枝条粗壮，叶片较大，有腋花芽结果习性。初果期以腋花芽结果为主，以后转为以短果枝结果为主，高接树第二年即能结果。

五、贝拉

美国育成的优良早熟品种，1979 年引入我国。

果形稍扁，平均单果重 150 克左右；果实底色淡黄绿色，完全成熟可全面着色，果面有一薄层灰白色果粉，品质中、上等。果实在河南郑州地区 6 月下旬成熟，是美国、法国、加拿大等国推广的早熟品种之一。

该品种树势中庸，成花容易，结果较早，3 年生树即可开花结果。坐果能力中等。

六、泰山早霞

山东农业大学选育出的新品种，2007 年通过山东省科技厅组织的专家鉴定。

果实宽圆锥形，萼洼浅，梗洼较深，平均单果重 238 克，最大果重 260 克；纵径 6～6.5 厘米，横径 6.5～7.5 厘米，果形指数 0.93，高桩端正；果面光洁，底色淡黄，果面着均匀鲜红彩条，着色优者整个果面为鲜红色，极美观；果肉白色，肉质细嫩，可溶性糖含量 12.77%，可滴定酸含量 0.6%，其中蔗糖含量为

3.66％，明显高于辽伏、贝拉等品种，糖酸比21.2：1，酸甜适口。在山东泰安地区4月中旬开花，6月25日前后成熟，果实发育期70～75天，比贝拉和早捷晚熟2～3天，比萌和藤牧1号早熟10～15天。适应性好，果实基本无病虫害，在我国北方苹果产区均可种植。

该品种幼树长势较旺，成龄树树势中庸，树姿开张，萌芽高，成枝力较强。一年生枝红褐色，节间较短，茸毛较多。叶片深绿色，叶缘钝锯齿。花蕾红色，花瓣重叠，粉红色，长圆形。具有腋花芽结果能力，表现出较强的早果性和丰产性。

七、萌

又名嘎富。亲本为嘎拉×富士，是日本和新西兰合作育成的优良早熟品种。

果实圆锥形，果个较大，平均单果重200克左右；果面底色黄绿，全面着鲜红色或深红色，鲜艳美观；果肉白色，肉质致密，硬度适中，汁液多，具香气，风味酸甜适中或微酸，可溶性固形物含量13％～14％，品质上等。果实在山东青岛7月中下旬成熟，自然贮存期8～10天，冷藏条件下可存数月。

该品种树势中庸或较旺，树姿半开张，萌芽力、成枝力均强，短果枝多，有腋花芽结果习性，结果早，丰产性好，3年生树开花株率100％，高接树第二年即能结果。自然结果能力较强，无采前落果现象。

八、藤木1号

又名南部魁。美国育成的优良早熟品种，1986年引入我国。

果实圆形或短圆锥形，常有棱，平均单果重210克左右，最大果320克；果面底色黄绿，全面着鲜红色条纹，光洁亮丽，无锈斑，果点小而稀，蜡质多；果肉乳白色，质地松脆，汁液多，风味酸甜适度，香味浓，品质上等，可溶性固形物含量13％以上。在陕西延安地区果实发育期100天，7月下旬成熟，较耐贮存，自然条件下可贮存10～15天。

该品种树势中庸，树姿较开张，萌芽率高，成枝力中等。以短果枝结果为主，腋花芽较多，3年生树开始结果，高接树第二年即可结果。自花授粉坐果率高，花序坐果率达90％以上。有采前落果现象，最好进行分批采收。

适应性、抗逆性均较强，未发现日灼、霉心病和苦痘病等病害，以中度密植较好，与秦冠、元帅系皆可授粉。注意疏花、疏果，成熟期不一致，应分批采收，避免鸟禽危害和落果造成损失。

九、美国8号

美国品种。经河北、山东苹果产区栽培观察，认为该品种是优良早熟品种。

果实近圆形或短圆锥形，果形端正，高桩，商品性好，果个大而均匀，平均单果重200克以上，最大果350克；果面光洁细腻，果点大而稀；果皮底色黄白，充分成熟着鲜红色霞晕，着色面积达 90% 以上，色泽艳丽；果肉黄白，肉质松脆多汁，风味酸甜适口，芳香味浓，可溶性固形物含量 14%，品质优良。果实发育期 115 天左右，在山东产区 8 月上旬成熟。室温条件下可贮存 20 天左右。

该品种树体生长旺盛，结果后树体逐渐中庸，树姿直立，萌芽率中等，成枝力强，初果期以腋花芽结果为主，以后渐转为以中短果枝为主。早果性好，坐果率高，高接树第二年可开花结果。自花结实率低，采收过晚果实易沙化，应注意授粉品种配置和适时采收。

十、珊夏

又名桑萨、赞作、山沙。是新西兰和日本合作用嘎拉×茜杂交培育而成，可作为早期品种的搭配品种适度发展。

果实近圆形或圆锥形，果实较大平均单果重 230 克，最大果重 300 克，果型端正，大小整齐；果面底色黄绿，阳面浓桃红色，阴面桃红色，着色面积达 95% 以上，有条纹；果肉黄白色，肉质细脆，汁液多，有香味，酸甜适口，可溶性固形物含量 13%，品质上等。常温下可贮存 15～20 天，冷藏可贮至 11～12 月份。果实在山东海阳市 8 月中旬成熟，果实发育期 110 天左右。

该品种树势中庸偏弱，树姿较开张，萌芽率、成枝率均强，结果早，丰产，以短果枝结果为主，腋花芽结果和果枝连续结果能力强，自花结果率中等。采收前期果实较轻，采收期果个增大快，糖分增加迅速，为提高果实品质，可适当晚些采收。

十一、信浓红

日本用津轻×贝拉杂交培育而成。

果实圆锥形，高桩端正，果实较大，平均果重 200 克，最大果重 280 克；果面底色黄绿，着色面积在 95% 左右，红色至浓红色；果肉淡黄色，松脆多汁，有香味，酸甜可口，可溶性固形物含量 14%，品质上等。在山东青岛 7 月上旬开始着色，7 月下旬采收上市，常温下可贮存 15～20 天。

该品种树势强健，树姿半开张，枝条粗壮，萌芽率强，成枝率中等，长、中、短果枝和腋花芽均可结果。易成花，早结果性好，高接树第二年可开花结果。自然授粉结果率高，采前落果轻。

十二、富红早嘎

西北农林科技大学韩明玉教授主持的农业部 948 苹果项目，与富平流曲果树品种研究会共同选育而成，2007 年通过了陕西省品种审定。

该品种为嘎拉的最早熟芽变，成熟期极早，比嘎拉早熟 15～20 天，比美国 8 号早熟 4～5 天，在陕西富平 7 月下旬成熟。颜色好，着色早，7 月中旬着色；成熟期一致，果实比嘎拉贮藏延长 15～20 天，常温下可放 1 个月左右；果个大，平均单果重 195.4 克；丰产，短枝性状明显，抗病性强，耐贮运；果实风味好，含酸量高，甜酸适口，香味浓，质地脆；极易结果，栽后 2 年挂果，丰产，容易管理；抗病性强。该品种是一个综合性状优良的早熟品种。

十三、红盖露

为皇家嘎拉浓红色早熟芽变。

果实圆锥形，果形高桩，果个均匀，平均单果重 190 克，最大 250 克；果皮光滑有光泽，有蜡质，果实底色黄绿，果面着浓红色，条纹红，成熟后果面全红，色泽艳丽，果面无锈斑，着色早，7 月上旬着色，是嘎拉系中着色最早、色泽最浓的品种；果肉黄白色，甜酸可口，质地脆而硬，汁液多，有香气，果实可溶性固形物含量 14.61％。在陕西渭北成熟期为 8 月上旬，成熟期一致，无采前落果现象。果实耐贮藏，常温下可放 25 天不发绵，普通冷库可贮藏 4 个月。抗性和适应性强，耐瘠薄，易管理。抗病抗虫性强，树势强健，树姿较开张，萌芽率高，成枝力强。极易成花和结果，丰产，单产高于皇家嘎拉。

十四、华玉

藤木 1 号×嘎拉，郑州果树研究所选育，已通过河南省品种审定。

成熟期在藤木 1 号与嘎啦之间，与美国 8 号成熟期接近；肉质与风味明显优于同期成熟的美国 8 号苹果；该品种枝条生长健壮，无明显的枝干和果实病害；果实坐果率高，采前落果轻，丰产性好（彩图 2-1）。

第二节　中晚熟品种

一、太平洋嘎啦

果实较大，平均单果重 212 克，果实圆至椭圆形，高桩；果面光洁，全红果比例 65％以上，条红，着色整齐，浓红艳丽；果肉乳黄色，细脆爽口，汁多味甜，微香，品质上等。

该品种的最大特点是成熟期比普通嘎啦提前 10 天左右，一般在 8 月上中旬；不裂果，无采前落果现象；丰产稳产；采后 1 个月不发绵，耐贮性明显好于其他嘎啦品种。

二、皇家嘎拉

又名红嘎拉、新嘎拉，是新西兰从普通嘎拉中发现的红色芽变。

果实近圆锥形，稍有五棱，果个中等大小，平均单果重 150~200 克，最大单果重 280 克；果面平滑无锈，洁净有光泽，果点小、不太明显；果皮底色绿黄，可全面着鲜色霞，并有明显的浓红色断续条纹，富有光泽，外观艳丽；内质致密而脆，汁液多，风味微酸偏甜，香气浓，可溶性固形物含量 13% 左右，品质上等。果实发育期 120 天左右，在河北保定地区 8 月下旬果实成熟。室温条件下可贮存 30 天左右，货架期长于美国 8 号。

该品种树势强健，树姿开张，萌芽率高，成枝率强，分枝角度较大。幼树以长枝和腋花芽结果为主，盛果期主要以短果枝和腋花芽结果，早果性和丰产性均强。苗木栽植后 3 年见果，高接树翌年即可大量开花结果。

三、丽嘎拉

属于皇家嘎拉优系。果个比嘎拉大，平均单果重 200 克，色泽鲜红，十分艳丽，果点白色较大。树势强健，萌芽率高，成枝力强。结果早，丰产性好，口感香甜酥脆。果实 8 月上旬着色，成熟期比皇家嘎拉早 7 天左右，较耐贮运，抗逆性强，综合性状好。

四、烟嘎1号、烟嘎2号

山东省烟台市果树站从新嘎拉园中选出的优良单系。

果实较大，平均单果重 220 克，果个均匀；底色黄白，果面鲜红色，色泽艳丽，全红果率高，果面光滑，外观好于新嘎拉，着色快，树膛和下部果实均能较好着色，着色期比皇家嘎拉早 7 天左右；果肉乳黄色，肉质近似皇家嘎拉，可溶性固形物含量稍高于皇家嘎拉，达 14% 以上。果实 8 月下旬成熟。

这两个芽变品种幼树生长旺盛，扩冠快，树姿开张，高接大树第二年结果，第三年丰产，丰产性超过皇家嘎拉。其他综合性状均与皇家嘎拉相同。

五、摩里斯

又称摩力士，美国品种，以金冠×（红花皮×克鲁斯）杂交培育而成。

果实圆形或短圆锥形，果顶五棱明显，平均单果重 200~300 克，最大果达 500 克；果面光洁，底色黄绿，全面披红霞及不明显的绿色条汶；果肉松脆，乳黄色，汁液多，甜酸适口，有香味，可溶性固形物含量 13% 左右，品质上等。果实 7 月下旬开始着色，8 月中下旬采收上市。不耐久贮，常温下可贮 30 天左右。

该品种树势中庸，树姿半开张，萌芽力强，成枝力中等。长、中、短果枝均易结果，结果早，丰产性强，苗木栽植后 2~3 年即可结果，采前落果轻。

六、早红

该品种于 2006 年通过了河南省林木品种审定委员会审定。

果实近圆锥形，平均单果重 223 克，商品果率高；果实 7 月下旬着色，底色绿黄，全面或多半着鲜红色，果面光洁、有光泽，果点较小、中多、较明显；果肉淡黄色，肉质细、松脆、汁多，风味酸甜适度、有香味，可溶性固形物含量 12.8%，品质上等。该品种在郑州地区，3 月中旬花芽萌动，4 月 9～14 日盛花，8 月上旬果实成熟，自然坐果率较高，成熟期一致，基本没有采前落果。果实采收后，在一般室温条件下可贮藏 7～15 天，在冷藏条件下贮藏 30 天后仍能保持其松脆的肉质，其果实综合品质超过美国 8 号和嘎拉。

该品种苗期生长旺盛，易抽生副梢。幼树生长势较强，成形快，枝条粗壮，节间较短；进入结果期后树姿较开张，随着树龄增长长势逐渐趋中等，易形成短果枝，树体趋向紧凑。干性强，树势开张，树冠中等。萌芽力强，成枝力中等，短截后可发出 2～4 个枝。

七、红津轻

日本品种，是从津轻中选出的坂田津轻、袭朵津轻、秋香、芳明等着色更好的芽变系品种，习惯上统称为红津轻。

果实圆形或近圆形，果个大而整齐，平均单果重 200 克左右；果面底色黄绿，着色初期为不明显的红色条纹，后为全面红色，着色期比普通津轻早 20 天左右；果肉黄白色，致密多汁，硬度较大，风味香甜微酸，可溶性固形物含量 15% 以上，品质上等。果实在河北北部地区 9 月上旬成熟，不耐久贮，在常温条件下只能贮存 1 个月左右，冷库条件下可贮 2～3 个月。

该品种树势强健，幼树生长旺盛，有直立倾向，萌芽率高，成枝力强，初果期长果枝和腋花芽结果较多，进入盛果期后短果枝结果为主。进入结果期较早，定植后 3 年开始结果。坐果率中等，采前落果较重，栽培时应注意防止落果和分批适时采收。

八、清明

日本品种，由金冠×富士杂交培育而成。

果实圆至长圆形，平均单果重 260 克；果面光洁，底色黄绿，全面着鲜红色，无果锈，蜡质中多，美丽有光泽；果肉黄白色，致密多汁，松脆爽口，可溶性固形物含量 16% 左右，品质上等。果实在河北保定地区 9 月中下旬成熟，较耐贮存，常温下可贮存 30 天以上。

该品种树势中庸，树姿较开张，萌芽率高，成枝力中等，以中、短果枝结果为主，腋花芽结果能力强。早果性和丰产性均强，大树高接后翌年即可大量开花结果。

九、元帅系

由元帅品种变异而来的品种（系）的统称。据有关资料报道，目前已发现的元帅系芽变品种已多达 120 个，而栽培较多的元帅品种主要有以下两种。

(1) 首红　美国品种，属红星的芽变。因其色艳、味美、高产和典型的短枝性状而被公认为元帅系的最优品种。

果实椭圆形，果个较大，高桩，果顶五棱突起明显，平均单果重 200 克；果面底色黄绿，全面深红并有隐显条纹，色泽艳丽，着色能力优于元帅系其他品种，一般盛花后 100 天即显红色条纹，130 天全面着浓红晕；果点小，不明显，蜡质多，果皮厚韧；果肉初采时绿白色，稍贮后变黄白色，肉质细脆，汁液多，风味酸甜，香味浓，可溶性固形物含量 13％以上，品质上等。果实在河北保定地区 9 月中下旬成熟，室温条件下可贮存一个月。

该品种树形紧凑，树体中等大小，树冠为普通型的 75％，短枝性状显著。幼树树姿直立，长势中庸，萌芽率高，成枝力弱，均以短果枝结果为主，早果性强，一般栽后 3 年开始结果，适于密植栽培（彩图 2-2）。

(2) 超红　美国品种，是红星的芽变，短枝型品种。

果实圆锥形，果顶五棱突出，果个中大，平均果重 180 克；果面底色黄绿，初上色时着红晕，以后渐显鲜艳的桃红色，色泽光彩夺目，稍晚采收，色调也不显晦暗；汁液多，风味酸甜，有香味，可溶性固形物含量 13％以上，品质上等。果实在河北保定地区 9 月中下旬成熟，室温条件下可贮存一个月左右。

该品种幼树生长势较强，分枝角度小，树姿直立，多呈抱头状，萌芽率高，成枝力较弱，以短果枝结果为主，有腋花芽结果习性。早果性强，栽植 3 年后开始结果，较丰产，花序坐果率中等。适于密植栽培（彩图 2-3）。

十、晋霞

该品种（代号 91-13-38）是山西省农科院果树研究所用富士×津轻杂交育成的中熟苹果新品种。

果实圆锥形，平均单果重 230 克，最大单果重 280 克；果面底色淡黄色，果面光洁、艳丽，着鲜红色条纹；果皮较薄，果肉黄白色，肉质细、致密、松脆，汁液多，酸甜适口，有香气，可溶性固形物含量 13.69％以上，品质上等。果实于 9 月中旬成熟。

该品种树势较强，分枝角度大，树姿开张。萌芽率高，成枝力中等，果台枝连续结果力强。采前落果轻，丰产、稳产，较抗白粉病、腐烂病。

十一、红乔纳金

美国品种，是以金冠×红玉杂交培育而成的乔纳金的浓红型芽变新品种。

果实圆形或圆锥形，平均单果重 300 克左右；果面底色黄绿，着全面鲜红色、又不甚明显的红色条纹；果点小而稀，不明显，蜡质多，果面光滑有光泽，果皮较薄而韧；果肉淡黄色，肉质中粗，松脆多汁，甜酸适口，稍有香味，可溶性固形物含量 14%，风味独特，生食品质上等。果实在河北保定地区 10 上旬成熟，采收稍迟，果面易产生油状蜡质，果农称之为"返油"，易沾灰尘，但不影响食用品质；耐贮性较强，在室温条件下可贮存 1 个月左右，在冷藏条件下可贮至翌年的 3～4 月份。此品种除可生食外，还可用于加工和制汁。

该品种为三倍体品种，生长势强，树冠高大，树姿较开张，萌芽率较高，成枝力强，枝梢较软或较长，以短果枝结果为主，腋花芽结果较多。开始结果早，丰产性好，苗木定植后 3 年即可开始结果。该品种花粉无发芽能力，不能作授粉品种，栽植时应配置两个二倍体品种为授粉品种（彩图 2-4）。

十二、GS-58 优系

新西兰品种，由嘎拉×华丽杂交培育而成。该品种成熟恰值中秋、国庆双节之前，销售前景较好，被认为是具有发展前途的中熟短枝品种。

果实圆柱形，果型端正整齐，高桩，果个大，平均单果重 240 克，最大单果重 350 克；果面底色黄绿，全面着鲜红色，光华艳丽，无锈，外观极美。果肉黄色，细脆味甜，汁液多，香味甚浓，可溶性固形物含量 14% 以上，品质上等。果实于 9 月上旬开始着色，一周后达全红，成熟期在 9 月中下旬。无采前落果现象。耐贮性强，常温下可贮存 3～4 月。

该品种树势中庸，树冠偏小，分枝角度大，树姿开张。短枝性状明显，萌芽率高，成枝力强，幼树以腋花芽结果为主，盛果期以中、短果枝结果为主，果台枝连续结果力强。开花结果早，丰产性好，栽植后第三年即可大量开花结果。大树高接后，第二年平均亩产 700 千克以上。自然成花好，不需环剥、环割手术，无大小年现象。

十三、红王将

又名红将军，是日本从早生富士中选育出的着色系枝变品种。品质、贮藏性与红富士相同，成熟期比红富士早 1 个月。

果实近圆形，果形端正，偏斜果少，果个大而均匀，平均单果重 250～300 克；果面底色黄绿，着色可全面鲜红或被鲜红色彩霞，果点小，果面洁净无锈，美观艳丽；果肉黄白色，肉质细脆，汁液多，酸甜适度，稍有香气，贮藏后香气浓，可溶性固形物含量 13.5%～15.9%，品质上等。果实发育期 150 天，在河北保定 9 月下旬成熟，自然条件下可贮存至春节。

该品种树势强健，树姿开张。萌芽力较高，成枝力强。初果期树以长果枝结果为主，一年生旺枝腋花芽较多。随着树龄增大，逐渐转为以短果枝结果为主。成花较易，结果较早，丰产性强。幼树期应轻剪长放，促发分枝，促其尽早进入结果期。

十四、华红

由中国农业科学院果树研究所育成，亲本为金冠×惠。

果实长圆形，平均单果重 250 克；果皮底色黄绿，被鲜红色彩霞或全面鲜红色，稍有暗红条纹，果面光滑，蜡质较厚，果点小，美观艳丽；果肉淡黄色，肉质细、松脆，汁液多，味酸甜，有香气。可溶性固形物含量 15％～16％，品质上等。在河北保定 9 月下旬至 10 月上旬成熟。

该品种幼树生长旺盛，枝条直立；盛果期树姿开张，树势转向中庸；树冠半圆形，较小，可适当密植。萌芽力较高，成枝力强。成花较易，结果较早，丰产性强。幼树期修剪应以轻剪长放为主，促发分枝，盛果期大树以回缩更新为主。树体抗寒性强，较抗腐烂病、轮纹病，适应性强。采前不宜落果，丰产稳产。无自花结实能力，栽植时需配置授粉树进行异花授粉才能确保高产。

十五、华冠

由中国农业科学院郑州果树研究所育成，亲本为金冠×富士。

果实圆锥形，平均单果重 180 克；果皮底色黄绿，多半着鲜红色，果肉淡黄色，汁液多，风味甜，微酸，可溶性固形物含量 14％，品质极佳。在河南 9 月下旬成熟。室温条件下贮藏至翌年 4 月肉质仍细脆，风味如初。

该品种树势强健，幼树生长快，易成形。盛果期树姿开张。萌芽率中等，成枝力较低。幼树以腋花芽结果为主，随着树龄的增大，逐渐转为以中、短果枝结果为主。果台枝连续结果能力强，坐果率高（应加强疏花疏果），早果性强，幼树期可多次强摘心，促发分枝，尽快形成树冠。

十六、短枝华冠

是中国农业科学院郑州果树研究所从华冠中选出的芽变新品种。

果实近圆形，平均单果重 237 克；果面洁净无锈；果皮底色绿黄，多半着鲜红色，着色程度好于普通华冠；果柄短而粗，整齐度较好；果肉淡黄色，肉质致密，脆而汁液多，风味甜酸适宜。可溶性固形物含量 13.4％，品质极佳。在河南郑州地区 9 月下旬成熟。室温条件下贮藏至翌年 4 月肉质仍细脆，风味如初。

该品种树势中庸，树姿开张，干性强于普通华冠，短果枝（多为 5 厘米左右）结果比例高（占 60％以上）。栽植时可采用小冠疏层形或细长纺锤形树形。应加强幼树期肥水管理，注意培养生长势健壮的中心领导干。成花容易，坐果率高，早果性强，应严格疏花疏果。

十七、金红

又名吉红、公主岭 123，由吉林农业科学研究所以金冠×红太平杂交选育而成的中型苹果品种。

果实卵圆形，两端平截，果实大小整齐，平均单果重 70 克左右；果实底色黄色，有鲜红色条纹，鲜艳美观；果肉黄色，肉质细腻，汁液中多，具香气，风味酸甜适中或微酸，品质上等。

该品种树势中庸或较旺，树姿半开张，萌芽力、成枝力均强，短果枝多，有腋花芽结果习性，结果早，丰产性好，3 年生树开花株率 80％以上。高接树第二年即能结果。自然结果能力较强，无采前落果现象。抗寒性强，是寒冷地区中早熟苹果的首选品种。

十八、秋光

韩国品种，果实近圆形，果形指数 0.89，平均单果重 210 克，最重 650 克；果面鲜红色，光洁亮丽，底色蜡黄；果肉乳黄色，细脆多汁，香甜爽口，品质极优，果实 7 月中旬开始着色，8 月上旬成熟，生育期 110 天左右。常温下可存放 30 天。

该品种幼树生长旺盛，拉枝后渐中庸，短枝性状明显，成形早，早果早丰，第二年即有大量腋花芽形成，第三年开花株率 100％，第四年进入初丰产期，最高株产 25.3 千克，平均株产 19.7 千克，折合亩产 1450 千克，第五年亩产达 2420 千克。秋光苹果抗逆性强，早熟，无轮纹病、炭疽病发生。

十九、玉华早富

从日本弘前富士中选育出的中熟富士品种。

9 月中上旬成熟，大型果，单果重 350～450 克；色泽艳丽，果面呈条状浓红，果形高桩，果实近圆形，着条纹状鲜红色，果个与富士相当，整齐度、优果率好于富士；果肉细脆多汁，品质上等，可溶性固型物含量 15％左右，口感与晚熟富士相同，较耐贮运（彩图 2-5）。

二十、蜜脆

美国新品种，是目前美国市场上果实售价最高的苹果品种。2001 年引入我国。

果实圆锥形，果实特大，平均单果重 330 克，最大 500 克；果点小、密，果皮薄，光滑有光泽，有蜡质，果实底色黄色，果面着鲜红色，条纹红，成熟后果面全红，色泽艳丽；果肉乳白色，果心小，微酸，甜酸可口，有蜂蜜味，质地极脆但不硬，汁液特多，香气浓郁，口感特别好。在陕西渭北果实成熟期为 8 月底至 9 月上旬。果实极耐贮藏，常温下可放 3 个月，普通冷库可贮藏 7～8 个月，贮后风味更好。抗旱抗寒性强，但不耐瘠薄。抗病抗虫性强，但果实易缺钙，贮藏期易发生苦痘病。

该品种树势中庸，树姿开张，叶肥厚，不平展。萌芽率高，成枝力中等。枝条粗短，中短枝比例高，秋梢很少，生长量小。以中短枝结果为主，壮枝易成花芽，成花均匀，丰产，单产高于新红星，连续结果能力强。

二十一、天汪 1 号

1980 年发现于天水，2003 年通过审定。

果实圆锥形，端正，五棱突起明显；果面底色黄绿，全面鲜红至浓红色，色相片红；中大果，平均单果重 210 克，最大 415 克；果肉黄白，略带绿色，肉质细而致密，汁多味香甜，可溶性固形物含量 11.9%～14.1%。9 月中旬成熟，无明显大小年现象。

红星苹果的短枝型芽变，树势较强，树姿直立或半开张，树体较矮小。冠内长枝少而粗壮，短枝多而密生，萌芽率高，成枝力弱。

二十二、信浓甘

又名信浓甜、砂糖苹果，是 1978 年日本长野县果树试验场用富士作母本与津轻杂交选育而成的优良品种。

该品种果实较大、圆形，果形端正，大小均匀，果形指数 0.86～0.88，平均单果重 300～350 克；果面光滑，浓红色，有条纹，有蜡质层和光泽，果点大而稀少，但不明显；果肉黄白色，肉质酥脆爽口，果汁多，风味浓甜，有香味，品质极上，果心小，可食率高，可溶性固形物含量 14%～15%。成熟期比红富士早 30 天左右，满足中秋和国庆双节上市，属中熟品种。极耐贮运，在普通冷库可贮存至翌年 6 月。

该品种树势强健，树姿半开张。萌芽率高，成枝力强，初果期以中、短枝结果为主，盛果期以短果枝结果为主，连续结果能力强。花序自然坐果率 90% 以上，花朵坐果率 65% 左右，采前落果较轻，无裂果现象。自花结实率高，花粉量大。定植后 3 年开始结果，5 年进入丰产期，丰产、稳产。

第三节　晚熟品种

一、长富 2

是日本长野县从普通富士苹果中选育出的着色系芽变晚熟品种。

果实圆形或近圆形，端正，果个大而均匀，平均单果重220～300克；果面底色黄绿，着密集鲜红条纹，着色较容易，梗洼、萼洼处均可着色，树冠中下部果实也能着色；果面光滑，蜡质多。果皮较薄、果肉浅黄白色，肉质细脆，汁液多，可溶性固形物含量14%～17%，品质上等。果实发育期180天，在河北保定地区10月下旬成熟，极耐贮存，货架期寿命长。

该品种生长势强，幼树树姿直立，树冠扩展快、高大。结果树树姿开张，枝条分枝角度大，生长健壮。萌芽力与成枝力均强。初果期以长、中果枝和腋花芽结果为主，但腋花芽坐果率低。盛果期以短果枝结果为主，花序坐果率高，果台枝连续结果能力差，但丰产性很强。

二、2001富士

是日本从富士苹果中选育的着色系芽变晚熟品种。

果实圆形或近圆形，高桩，端正，果形指数0.820～0.880，平均单果重220克，最大果重400克以上，大小整齐；果面平滑、有光泽，蜡质多，果粉少，无锈，底色黄绿，被有鲜红色条纹，色泽艳丽，果点中大、明显；果肉黄白色，肉质细而致密，脆韧，汁液多，酸甜适口，有元帅系苹果的芳香，可溶性固形物含量18%～18.5%，品质上或极上。果实发育期180天，在河北保定地区10月下旬成熟，极耐贮存，货架期寿命长。

该品种树势健壮，生长直立，萌芽率高，成枝力低，以短果枝结果为主，有腋花芽结果习性。结果早，丰产性好，栽后第三年开花株率达75%，高接大树第二年即可开花结果。

三、天红1号

由河北农业大学园艺学院苹果课题组历经十余年选出的红富士优系。

果实圆形至近长圆形，果形指数0.860～0.916（高桩），果个大而均匀，平均单果重246～309克，果形端正；着色容易，浓红艳丽，色相条片红，着色指数达95%以上；果面光滑，蜡质多；果皮较薄、果点淡黄色；肉质细腻酥脆，汁液多，可溶性固形物含量14.89%～15.9%，香气浓，有特殊香气，风味纯正，品质上等，果实综合性状优于烟富3号。果实发育期180天，在河北保定地区10月下旬成熟，极耐贮存，货架期寿命长（彩图2-6）。

该品种树势中庸，角度开张，萌芽率高，成枝力强，成花容易，花枝率高，连续结果能力强，结果早，丰产性好。树相与长富2号相似，是红富士苹果商品化生产基地建设时更新换代的首选苹果品种之一。

四、天红2号

由河北农业大学园艺学院苹果课题组历经十余年选出的红富士优系。

果实圆形至近长圆形，果形指数 0.906～0.910（高桩），果形端正，克服了某些短枝类型果实偏扁的弊端，果个大而均匀，平均单果重 262～301 克；果实着色容易，浓红艳丽，色相条片红，着色指数达 95％以上；果面光滑，蜡质多；果皮较薄；果肉淡黄色，肉质细腻酥脆，汁液多，可溶性固形物含量 14.6％～15.2％，香气浓，有特殊香气，风味纯正，品质上等，果实综合性状优于烟富 6 号、礼泉短富。果实发育期 180 天，在河北保定地区 10 月下旬成熟，极耐贮存，货架期寿命长（彩图 2-7）。

该品种树势中庸，节间短，角度开张，成枝力低，萌芽率强，树体矮化，树冠枝展为天红 1 号的 2/3 左右，为明显的短枝类型。成花极容易，花枝率高，连续结果能力强，丰产稳产。树相与长富 2 号相似，是红富士苹果矮化密植栽培商品化生产基地建设时首选品种之一。

五、烟富 3 号

山东省烟台果树研究所从长富 2 号中选出的优系品种，是烟台果树研究所选出的 6 个优系红富士（烟富 1～6 号）中综合性状最好的一个。

该品种果实大，平均单果重 245～314 克；果实圆至长圆形，果形端正；树冠上下、内外着色均好，片红，全红果比例 78％～80％，色泽浓红艳丽，光泽美观；果肉淡黄色，肉质爽脆，汁液多，风味香甜，可溶性固形物含量 14.8％～15.4％（彩图 2-8）。

该品种 10 月下旬成熟，结果早，丰产稳产，适应性强。套纸袋的果实摘袋后 5～7 天即达满红，尤其在秋季高温、昼夜温差小时，比其他富士品种有明显的着色优势。栽植密度和适宜砧木同长富 2 号。

六、短枝型富士

是指从富士和红富士中选出的短枝型芽（枝）变系。

(1) 烟富 6 号　由山东省惠民县从惠民短枝富士中选出的优良品种。果实圆形或近长圆形，果型端正，果形指数 0.86～0.90，果桩明显高于原品系惠民短枝富士；果个大，平均单果重 253～271 克；果皮较厚，较抗碰压；果面光洁，着色容易，色深浓红，10 月 20 日全红果率达 80％～86％；果肉淡黄色，肉质致密硬脆，汁液多，味甜，可溶性固形物含量 15％以上，品质优良，果实 10 月下旬成熟，耐贮性强。

(2) 礼泉短富　是陕西省礼泉县发现的富士系列株变。果实短圆锥形，果个大，平均单果重 270 克；果实底色黄绿，果面鲜红色，果皮光滑，蜡质层厚，无锈斑；果肉黄白色，肉质致密细脆，汁液多，酸甜适口，有香气，可溶性固形物含量 17％；果心小，果质极上。果实在陕西礼泉县 10 月中下旬成熟，耐贮性较强。

（3）**海珠短富** 是山西省晋中市发现的长富2号短枝型芽变品种。果实短圆锥形，端正，高桩，几乎无歪斜果；果个大而均匀，平均单果重320克，最大果达370克；底色黄白，果实着色艳丽，被鲜红色条纹，自然条件下即可达全红，果点中大，果面光洁无锈；果肉黄白色，细脆多汁，酸甜适度，有香气，可溶性固形物含量达16%以上，品质极上。果实在山西晋中市10月中下旬成熟。

（4）**福岛短富** 由日本福岛县果树试验场选出。果实圆形，果形指数0.85，平均单果重231克，最大果达494克；果梗粗壮，果皮薄，果面光洁，蜡质和果粉较多；果实底色黄白，着色艳丽，果面色相片红，果点中大，果面无锈；果肉黄白色，肉质脆，致密、多汁，酸甜适度，稍有芳香，可溶性固形物含量达15.6%以上，品质极上。果实在河北保定市10月中下旬成熟，耐贮性好，可贮到翌年5月。

（5）**宫崎短富** 由日本选出，在我国苹果产区已引种栽培。果实圆形或近圆形，果形指数0.90，平均单果重175克，最大果重295克；果皮光滑，较薄、韧，果面光洁，着色容易，被有深红色长宽条纹；果肉黄白色，肉质细脆，较致密，软硬适中，汁液中多，酸甜有香味，可溶性固形物含量13%以上。果实10月下旬成熟，在半地下窖中贮藏可贮至翌年5月，贮后香味浓郁，品质极上。

以上短枝型富士各个品种的生物学特性基本相似，其主要特点是：树势健壮，树姿半开张，树冠紧凑，树体矮小，比一般普通红富士小1/4～1/3；枝条粗壮，节间短，短枝性状明显，萌芽率高，成枝力低；以短果枝结果为主，有腋花芽结果习性；成花易，结果早，坐果率高，丰产、稳产，一般定植后2～3年即可大量开花。

七、寒富

由沈阳农业大学李怀玉教授用东光×富士杂交选育而成。

果实短圆锥形，果形端正，平均单果重250克以上，最大果重达900克；果面底色淡黄，全面着鲜艳红色，果点小，果面光洁无锈，果皮较薄；果肉淡黄色，肉质酥脆，汁液多，香气浓，甜酸适口，可溶性固形物含量15%左右，耐贮性强，品质上等。果实成熟较国光、富士早（彩图2-9）。

该品种树冠紧凑，枝条节间短，短枝形状明显。有腋花芽结果习性，早果性强，适于密植栽培，丰产性强，高接大树当年成花，第二年开始结果。抗寒性明显超过国光等大果型苹果品种，是寒冷地区栽培的首选大果型品种。

八、斗南

是日本青森县从麻黑7号实生苗木中选育出的优质晚熟品种。

果实圆锥形，平均单果重280克，最大果重340克；果面底色淡黄，全面着鲜红色，果点小，果面光洁无锈，外观艳丽；果顶较平，有条不明显的棱起，果皮较薄；果肉乳黄色，肉质细脆，汁液多，香气浓，甜酸适口，可溶性固形物含量

15%左右，品质上等。果实发育期 165 天，在河北保定地区 10 月中旬成熟，耐贮性较 2001 富士稍差（彩图 2-10）。

该品种树势强旺，枝条粗壮，萌芽率高，成枝力强。中、短枝及腋花芽均能结果，结果早，丰产性强，高接大树当年成花，第二年开始结果，采前落果现象极轻。

九、王林

日本品种，是从金冠与印度混植园中选出的耐贮性、果面光滑度均优于金冠的优良晚熟绿色品种，俗称"林中之王"。

果实长圆锥形，平均单果重 200 克左右；果皮黄绿色，果点密，光滑；果肉黄白色，致密而脆，汁液多，酸甜适度，香味浓，可溶性固形物含量 13%以上，品质优良。果实发育期 160 天左右，在河北保定地区 10 月中旬成熟。耐贮性强，在半地下土窖中可贮至翌年 4 月（彩图 2-11）。

该品种树势强健，树姿直立，萌芽率中等，成枝力强，中、长果枝均有结果能力，以中、短果枝结果较多，有腋花芽结果习性。花序坐果率中等，果台枝连续结果能力差，采前落果现象较轻。结果早，较丰产，一般栽植后 3 年即可开花结果。

十、望山红

由辽宁省果树研究所从长富 2 号（别名红富士）的早熟浓红型芽变中选育而成。

果实近于圆形，单果重 260 克，果型指数 0.87；果面底色黄绿，着生鲜红色条纹，果皮光洁无锈；果肉淡黄色，肉质酥脆，风味酸甜，果汁较多，微香爽口，品质上等，可溶性固形物含量 15.3%。10 月中旬成熟（比长富 2 号早熟 15 天），果实发育期约 160 天。

该品种树势强健，顶端优势明显，树体健壮，树姿开张，树冠半圆形。萌芽率 52%，短枝率 82%。幼树以中、长果枝结果为主，盛果期以中、短果枝结果为主。苗木栽植后 4~5 年开始结果，6~7 年开始进入盛果期，采前落果少。2004 年专家鉴定认为达到国内同类品种领先水平，经多年试栽与示范表现良好，具有广阔的开发推广前景。

十一、昌红

是河北省农林科学院昌黎果树研究所 1990 年在昌黎河南庄村发现的一株岩富10 号的芽变品种，2002 年 11 月通过河北省林木品种审定委员会审定。

果实于 9 月下旬采收时，平均单果重 217.5 克，最大可达 550 克，果形指数0.88；颜色鲜艳，着色率可达 85%以上；果肉细密，多汁爽口，可溶性固形物含量 15.3％。10 月底与红富士同期采收时，"昌红"的果面鲜艳，着色率高达 90％以上，平均单果重 287 克，果形指数 0.88；果肉金黄色，肉质细脆多汁，甜酸爽口，可溶性固形物含量 17.5％以上，品质明显优于其他红富士。在河北省昌黎地区 4 月 26 日盛花，8 月 26 日果实开始着色，比其他红富士早 35 天，9 月下旬到 10 月下旬均可采收，在普通冷库中贮藏 180 天烂果率 2％以下。

该品种幼树生长势较强，进入结果后树势中庸，树姿开张。一般管理条件下，栽植 3 年后开始结果，4 年生树株产可达 15～20 千克，5～6 年生树即可进入盛果期，平均单产宜控制在 37500～45000 千克/公顷（2500～3000 千克/亩）。

十二、绯霞

由山西省农科院果树研究所用红玉×丹霞杂交育成的优良晚熟新品种。

果实短圆锥形或圆形，平均单果重 185 克，最大果重达 229 克；果实底色为浅黄色，披鲜红色条纹，果面平滑光洁、艳丽，果皮较薄，果柄较短；果肉乳黄色，肉质致密，汁液多，风味酸甜适度，香味浓，品质上等，可与红富士苹果相媲美，果实可溶性固形物含量 14.93％。在山西省晋中地区果实 10 月上旬成熟。

该品种树势较强，萌芽率高，成枝力中等，果台枝连续结果能力强，丰产、稳产，无采前落果现象。较抗腐烂病、早期落叶病和轮纹病等。在苹果适栽区均可栽培。

十三、华金

由中国农科院兴城果树所 1980 年用金矮生×好矮生杂交培育而成的中晚熟、淡黄绿色苹果新品种，2003 年 9 月通过辽宁省种子管理局组织的专家鉴定并获得苹果新品种登记。

果实阔圆锥形，果形端正，单果平均 250 克；淡绿黄色，果面光滑无锈，果点中大、中多，果粉少，蜡质较厚，有肋状突起，外观美；果梗较长，梗洼中深、中广，无锈；萼片较小而直立，萼洼浅而中广；果皮较厚，果心中大；果肉乳白色，肉质细而松脆，汁液多，风味甜酸，有香气，品质上等，可溶性固形物含量 14.4％。果实较耐贮藏，贮藏期间无皱皮。采前落果轻，丰产、稳产性强。在辽宁省兴城地区 4 月上中旬萌芽，5 月上旬开花，9 月下旬果实成熟，11 月上中旬落叶，果实发育期约 140 天。

该品种成枝力较强，一般剪口下可萌发出 2～3 个长枝。幼树以中短果枝结果为主，果台副梢连续结果能力较强。抗寒、抗病能力较强。

十四、华富

是中国农科院兴城果树研究所选育而成的苹果新品种，2003 年通过辽宁省农作物品种审定委员会审定并命名。

果实近圆形，平均单果重236.5克；果实底色为淡黄色，着条纹状红色，果面平滑光洁；果梗长，平均长3.15厘米，梗洼和萼洼深；果皮较厚，果心小；果肉黄色（对照品种长富2号果肉为黄白色），肉质硬脆（对照品种长富2号肉质松脆）、中细，汁液多，风味酸甜适度，有淡香，品质上等或极上等；果实可溶性固形物含量16.5%～17.4%。在辽宁省兴城地区，4月初萌芽，5月初开花，9月中下旬果实开始着色，10月下旬成熟，与对照品种长富2号基本同期成熟，果实发育期157天。极耐贮藏，在普通冷库可贮至翌年5月。

该品种树姿半开张，树冠半圆形。结果树的枝、干比较光滑，苹果粗皮病发病较轻，而同树龄对照品种长富2号结果树的枝、干粗糙，苹果粗皮病发病较重。华富以山定子作砧木，在辽宁省兴城市栽培多年未发生冻害，每年生长结果正常，对照品种长富2号树（砧木也是山定子）有的年份受冻严重，甚至几乎绝产。

十五、凯蜜欧

美国新品种。

果实圆锥形，高桩，果形指数0.96，果实大，横径80～85毫米，平均单果重300克；果点小、稀，果皮薄，果实底色黄绿色，果面着鲜红色，条纹红，成熟后果面全红，色泽艳丽；果梗细长，萼洼处有五棱突起；果肉黄色，味甜，质地脆，汁液多，香气浓郁，口感极好，果实可溶性固形物含量为15%。在陕西渭北果实成熟期为10月上旬，比富士早15天左右。果实极耐贮藏，常温下可放2～3个月品质不变，普通冷库可贮藏6个月以上。抗性和适应性强，耐瘠薄，易管理。抗病抗虫性强，是目前苹果品种中最抗病虫害的品种之一。

该品种树势强健，树姿较开张，萌芽率高，成枝力强。枝条粗壮，易成花、结果，丰产，单产高于红富士，连续结果能力强，比富士易管理。

十六、新世界

原产于日本。

该品种树势稍微直立，树冠紧凑，花粉量多，抗斑点落叶病和白粉病。果实长圆形，个大，单重300～350克；呈浓红色，着色全面；果实肉质良好，可滴定酸含量0.3%，糖度15～16度，果汁多，富有香气。普通贮藏和冷藏性较好，自然贮藏30天，冷藏可达150天。10月下旬成熟。

十七、大红荣

日本弘前市的工藤清一先生2001年选育，2005年登记。

未希的自然杂交种，大型果，平均单果重约400～600克，浓红色，圆形；果柄短而牢固，遇大风也难以吹落；糖度大约13%～14%，酸味少。果实出口到中国很受欢迎，每个苹果卖价高达人民币 180 元。10 月下旬成熟。

十八、红安卡

长野县藤牧秀夫氏从富士实生树中选出，2002 年引入我国。

在日本长野县 10 月中下旬成熟，比富士早 10 天。该品种果实近圆形或圆锥形，单果重 270 克，最大果重 310 克；果实全红，果面平滑，无锈，果点小、少，无果粉；果肉黄白色，肉质松脆、中粗，汁多、味甜、微香，品质上佳，可溶性固形物含量 15.4%。在冷藏条件下可贮至翌年 5 月上旬。

该品种树姿开张，树势中庸，萌芽率 27.3%，成枝力弱，短枝率 19.9%。以中长果枝结果为主，有腋花芽结果习性，连续结果能力强。

十九、信浓黄金

日本长野县果树试验场在 1983 年开始用金冠和津轻杂交配育，1995 年完成培养，1999 年登记。

果皮黄绿色；果肉黄色，清香爽脆，酸甜适口，糖度可高达 16 度，口感好、多汁。没有蜜果病，成熟期在 10 月底至 11 月初，耐贮藏（彩图 2-12）。

信浓黄金、信浓甘与秋映并称为"长野苹果三兄弟"，是日本长野县近年来培育的新优品种。

二十、瑞雪

西北农林科技大学杂交选育的晚熟黄色苹果新品种，亲本为秦富 1 号×粉红女士。

果形端正、无棱、高桩，果实底色黄绿、无盖色，阳面偶有少量红晕，果点小、中多、白色，果面洁净、无果锈，外观极好，明显优于金冠、王林。果实肉质细脆、多汁，果肉近白色，有特殊香气，平均单果重 296 克，果实硬度 8.84 千克/厘米^2，可滴定酸含量 0.30%，可溶性固形物含量达 16.0%。

树势中庸偏旺，树姿直立，树形为分枝型，干性较强。主干灰褐色，多年生枝赤褐色，皮孔中多、卵形、稍突出。一年生枝直立，枝条粗壮，浅褐色，梢部茸毛中多，节间极短，具有短枝性状，枝质硬，皮孔小、卵形、突出。叶芽三角形，贴附，茸毛多；花芽心脏形，肥大饱满；叶片纺锤形、色深绿、有光泽，大而中厚，百叶重 103 克，叶长 9.7 厘米、宽 6.4 厘米，长宽比为 1.52，叶姿直立，叶柄长 3.1 厘米，较粗。花蕾粉红色，花瓣卵圆形、白色，花冠中大。

主要表现出以下特点：一是枝条节间短，树冠紧凑，具短枝型特性，早果、丰产性强，定植或幼树高接次年成花，第 3 年结果，第 4 年平均亩产 1500 千克左右；二是果实高桩、果个大，果面洁净，外观质量明显优于金冠和王林；三是果肉细、硬脆，具特殊香味，品质极佳；四是耐贮藏，常温下果实可贮藏 5 个月。

第四节　加工品种

苹果作为我国北方的主要水果品种之一，年产量位居世界前列，但大部分苹果还是用作鲜食，且卖价平平、效益低廉，加工量只有 5% 左右，远远低于西方国家 40% 的比例。缺乏专用加工苹果品种，是制约我国苹果加工业发展的首要因素。将苹果进行深加工，既可以增值，也可以减缓因为贮藏保鲜而付出的财力和人力，又能大大满足当前市场对苹果深加工产品的需求，市场前景极好。因此，苹果加工品种的栽培，对于我国农业产业结构调整和加工业的发展，都将起到极大的推动作用。

加工专用品种的特点是：适应性广、抗病性强、管理粗放、早果性强、产量高、出汁率高，所制的果汁或果酒品质优良，完全可以弥补国内目前苹果加工原料低酸或低单宁的缺点。制汁新品种有较高的科技含量，酿酒品种有甜、甜苦、苦、酸 4 大类，尤其是单宁含量高的特点，对勾兑鲜食品种极为有利。

我国浓缩苹果汁的出口量从 1999～2000 年的 14.2 万吨（不足世界贸易量的 20%），增加到 2004～2005 年榨季的 77.4 万吨、2006～2007 年榨季的 104.27 万吨，占全球市场份额的 63%，中国作为世界苹果浓缩汁生产大国的地位，已无可替代。由于当前我国的浓缩苹果汁以出口为主，要满足国际果汁市场的需要，提高苹果浓缩汁的酸度，就要使用酸度值高的优质专用酸苹果作为加工原料。然而，长期以来，我国各苹果主产区大力推广糖度高、酸度低的品种，缺乏用于加工浓缩苹果汁的高酸度专用苹果。浓缩苹果汁加工企业只好以鲜食果中的低档果、残次果作为果汁加工原料，产出的浓缩苹果汁因与国际市场需求错位，仅因酸度偏低一项，每吨平均售价降低达 80～100 美元。在认识到这一问题后我国从国外引进了一批苹果果汁加工品种，这些品种完全具备适应性广、抗病性强、管理粗放、产量高、出汁率高、果汁或果酒品质优良等主要特点。尤其可以弥补目前国内苹果加工原料低酸、低单宁、少芳香的缺点，适于在山坡、丘陵薄地上大规模建园。主要品种简介如下。

一、鲜食加工兼用品种

（1）晨阳　是加拿大培育的鲜食、加工兼用型早熟新品种，由陕西省果树研究所引入暂定名晨阳。

果实圆锥形，高桩，果个大，平均单果重 310 克；果面鲜红色，全红果率达 60% 以上，着色面积达 75% 以上的占 90%；果肉细脆，汁液多，甜酸爽口，可溶性固形物含量 12% 左右。果实在陕西关中地区 6 月下旬至 7 月上旬成熟，比嘎拉早熟 20 天，贮存性好于嘎拉，是较好的鲜食、加工兼用型早熟新品种。

该品种树势健壮，萌芽率高，成枝力中等，以中、短果枝结果为主，有腋花芽结果习性。结果早，丰产性好，大树高接第二年即可开花结果。无采前落果现象，但采收过晚易变绵而影响贮运。

（2）澳洲青苹 原产澳大利亚，因其果皮青绿，故称青苹，是世界著名的绿色品种，澳大利亚、新西兰及欧美各国榨取高酸度浓缩苹果果汁的重要加工品种。平均单果重 170 克左右，长圆或卵圆形，果皮光滑，绿色，肉质较粗，脆硬，含糖量中等，苹果酸含量 9 克/升。10 月中下旬成熟，耐贮藏，可作为兼用品种适量发展。

（3）邦扎 红玉实生种。树势壮旺，腋花芽比例高，早实性强，9 月下旬成熟，稳产，极丰产。抗病性强，无红玉斑点病。果实中大，扁圆，平均单果重 150～200 克，果面光亮，着红色条纹。果肉黄白色，硬脆，风味似红玉，酸甜适口，耐贮藏，可鲜食，酸度较大，兼做加工。

（4）瑞丹 法国品种。平均单果重 100～120 克，果面黄绿色带条红，8 月下旬至 9 月上旬成熟，耐贮运。结果早，丰产性强，无大小年，树势中庸，枝条半下垂，抗病性强。出汁率高达 70%～75%。果汁含糖量 102～134 克/升，制汁品质极佳。

（5）瑞林 法国新品种。平均单果重 80～120 克，果面绿色带条红，8 月中下旬可采收，耐贮运。结果早，丰产性强，树势中庸，枝条半下垂，抗病性强。出汁率 70%～75%。果汁含糖量 102～134 克/升，含酸量 5～7 克/升，制汁优良，亦可鲜食。

（6）上林 法国新品种。平均单果重 120～150 克，果面黄色，9 月上中旬开始成熟。丰产性强，树势旺，树姿半直立，抗黑星病性强。出汁率 70%～75%。果汁含糖量 112～145 克/升，含酸量 6～8 克/升，适于制汁和制果泥。

（7）格罗斯 德国品种。果个大，平均单果重 230 克；果实呈圆形，高桩，五棱突起；果面底色黄绿，色泽浓红，果梗较短；果肉绿色，肉质松脆，汁液中多，酸味浓重，滴定酸含量为 0.71%，可溶性固形物含量 13%，出汁率为 71%。10 月中旬果实成熟。该品种栽种和管理简单易行，抗寒、抗病能力强，是一个品性卓越的加工、鲜食兼用高酸苹果良种。

（8）粉红女士 又名粉红佳人、粉红丽人。澳大利亚品种，由威廉姆斯小姐×红冠杂交育成，是优良的鲜食、加工兼用型品种。

果实近圆形，果个大，平均单果重 220 克；果实底色黄绿，果全面粉红色或鲜红色，果面洁净，无锈斑，果粉少，蜡质多，外观极美；果肉刚采时乳白色，硬脆多汁，酸味较重，贮后转为淡黄色，酸甜适口，香味浓，风味佳，可溶性固形物含量 16% 左右。果实发育期 200 天左右，在河北保定地区 11 月上旬成熟。极耐贮运，在室温下可贮至翌年 5 月。

该品种树势强健，树姿直立，萌芽率高，成枝力强，以短果枝结果为主，有腋花芽结果习性。极易成花，结果早，丰产稳产，大树高接后当年成花株率100％。

二、制汁专用品种

(1) 瑞连娜 法国新品种。平均单果重70～100克，果实底色淡黄，果面稍带红晕。10月下旬完熟，耐贮性良好。树势中庸较强，树姿半直立。丰产性强，早实性好，抗病性较强。出汁率65％～70％。果汁含糖量很高，可达155克/升，苹果酸含量8～10克/升，该品种高糖高酸，是优良的制汁品种。

(2) 瑞拉 法国新品种。平均单果重70～120克，果实成熟后黄色，11月中旬完熟，耐贮性良好。树势中庸，树姿半直立，早实性好，丰产性强，抗病性强。开花早，授粉用瑞丹、瑞林等。出汁率60％～70％，果汁含糖量102～145克/升，苹果酸含量9～11克/升，是优良的制汁品种。

(3) 瑞星 法国制汁新品系。早果性强，丰产性强，果实较大，平均单果重120～150克，在9月初即可上色变红，酸度达到9～10.9克/升，糖度10度，有明显的山楂酸味和香气。

(4) 小黄 法国酸苹果品种。平均单果重41.7克，果面黄色，10月中下旬成熟，耐贮性强，可加工至11～12月。出汁率69.5％。果汁含糖量123克/升，酒度6.9，糖25.4克/升，单宁含量1.2克/升，酸度7.5～9克/升。果浆酸，芳香浓郁。适于制汁，果汁协调，也适于和甜苹果勾兑酿制苹果酒。树势中庸偏弱，树姿披散圆头形，多分枝。结果极早，丰产性强，抗病性强。

(5) 奥登堡 德国品种，由哈默施坦因和雷奈杂交而成。平均单果重220克；果实匀称、高桩，果面洁净光滑；果实底色黄绿，成熟后呈淡红或条纹红；果肉黄白色，肉质细脆，汁液中多，出汁率70％。可滴定酸含量0.88％，可溶性固形物含量12.1％。7月底8月初成熟。幼树生长旺盛，盛果期树生长变缓，树冠中型，典型的短枝型品种。顶花芽和腋花芽量均大，须严格疏花疏果。结果早，比一般品种提前1～2年进入盛果期。丰产稳产，抗病性强。

(6) 凯威 德国品种，又名威廉苹果。果实较大，平均单果重240克，果实呈圆锥形，果面光滑；果面底色黄绿，成熟后呈片红或条纹红；果肉黄白色，肉质细脆，抗褐变能力强，汁液中多，出汁率72％。可滴定酸含量0.85％，可溶性固性物含量14％，维生素C含量135毫克/千克。果实9月中下旬成熟，耐贮性好，产量高。该品种为三倍体品种，树体健旺，树姿较开张，短果枝坐果特性明显。抗病虫、抗寒、抗霜冻能力强，对土壤和气候无特殊要求，可在高海拔地区良好生长。

三、高酸调配品种（用于和其他品种勾兑调酸）

(1) 昂塔 加拿大品种，由君袖和瓦格纳苹果杂交而成。果个大，扁圆形，萼洼深，果面棱纹明显；底色黄绿，成熟后阳面呈淡红色或浓红色晕；果肉绿白色，肉质细脆，汁液丰富。维生素 C 含量高，为 190～200 毫克/千克。可滴定酸含量 1%～1.2%，可溶性固性物含量 13.5%。10 月中旬成熟，耐贮性好，花期抗霜冻能力特强。该品种树体生长势中等，属于短枝型品种。结果早，坐果率高，丰产性强，但技术管理不善时易出现大小年现象。

（2）酸王 法国酸苹果品种。平均单果重 41～70 克，果面片条红，11 月中旬完熟，极耐贮存。出汁率 70.7%，果汁含糖量 121 克/升，酒精度 6.7，单宁含量 0.8 克/升，苹果酸含量高达 11.6 克/升，果汁极酸。树势中庸，分枝多，枝软，自然树形圆形，结果早、丰产性强。

（3）红科普 又名美丽施密茨，荷兰主栽苹果品种。果实个大，平均单果重 260 克；果实圆锥形，底色黄绿，阳面淡红或浓红色；果梗短粗；果肉乳白色，肉质松脆，汁液多，可滴定酸含量 1.2%，维生素 C 含量每千克 170 毫克，可溶性固形物含量 15.2%，出汁率 75%。9 月底 10 月初成熟，耐贮性强。该品种为三倍体品种，树势健旺，树冠较开张，短枝性状明显，以短果枝和腋花芽结果为主。7 年以上树龄株产 80 千克，最高可达 100 千克。抗逆性强，丰产性极强，病虫害少，管理方便。

另外，适宜鲜食加工兼用型的苹果新品种还有：山东青岛农业大学培育的鲁加 1 号、鲁加 5 号和莱阳农学院选育的福丽、福星等福系列等。

<<< **第三章** >>>

高产优质果园的建立

　　苹果是多年生植物，一经定植，就在一地生长，多年结果，因此果园建立必须慎重，周密考虑适宜品种，长、中、短期权衡，当前利益与长远效益兼顾。我国加入 WTO 后，对苹果产业的发展提出了新的要求，旨在调整早熟、中熟、晚熟、加工品种结构和提高苹果品质和优质果率；认准市场和社会发展与人们的消费趋势，兼顾经济效益、生态效益和社会效益。为适应苹果产业发展新的形势，在建园时必须综合考虑品种特征、当地生态条件和栽培技术水平，选择最适宜的区域和品种，适宜现代化生产需要，充分利用先进的技术和手段，进行科学的园地选择、标准化的规划设计、科学的土壤改良、适地适栽的优良品种选择、合理的授粉品种配制、规范化的栽植等，才能建成优质高标准的苹果园。

第一节　园地选择和规划

一、园地选择

　　选择良好的适栽园地进行建园时，应综合考虑当地的气候条件、土壤条件、灌溉条件、地势、地形等。坚持适地适栽原则，这关系到果园能否建成，能否实现早果早丰、优质稳产，以及果园经济寿命长短、市场竞争能力和经济效益等问题。因此建立苹果园时，应执行中华人民共和国农业行业标准 NY/T 441-2001 的规定。必须远离城市交通要道及有"三废"污染的工矿区。为使其形成规模，便于机械化作业及高新科技的应用，应集中连片建立苹果园区。

　　(1) 气候条件　我国苹果产区分布很广，各地自然条件有很大的差异。但共同的气候特点是春季干旱、少雨，夏季高温、多雨，雨热同季，苹果的春梢生长不足，夏、秋梢生长过旺，此时正值花芽分化期，枝梢的旺盛生长影响了花芽分化的数量和质量。因此，如何控制树势和枝条旺长，调节枝梢生长的节奏，促进花芽形成，成为我国苹果栽培技术的重要议题。在园地选择时要根据苹果的生长结果习性和气候特点选择适宜的园地。绝大多数的苹果品种，经济栽培的最适宜区的气候条件为：年平均气温 8～12℃，年降水量 560～750 毫米，1 月份平均气温－14℃ 以上，年极端最低温度－27℃。夏季（6～8 月）平均气温 14～23℃，大于 35℃的日数少于 6 天；夏季（6～8 月）平均最低气温 15～18℃，6～9 月份月平均日照数150 小时以上。

（2）土壤条件 包括土层厚度、理化性状、土壤微生物、水、肥、气、热等多种因素，其中土壤酸碱度、含盐量往往成为限制因子。我国的苹果发展多在山地和沙地，土壤比较瘠薄，有机质含量低，苹果树因营养缺乏或不平衡引起的生理病害比较普遍，进而影响果品产量和果品质量。因此，在果园选择时要充分考察当地的土壤条件。苹果适宜的土壤条件为：土层厚度，活土层在 60 厘米以上；土壤肥沃，根系主要分布的土壤有机质含量不低于 1％；通气性好，空隙度在 10％以上，土壤含氧在 5％以上；土壤 pH 值在 5.5～7.5 范围内，土壤含盐量在 0.28％以下，生长正常时在 0.16％以下；地下水位一般应低于 1 米较好。

（3）灌溉条件 我国的淡水资源缺乏，而且苹果产区降雨分布不均，为了提高果品产量和质量，需要灌水，因此，果园附近应有充足的深井水或河流水库等清洁水源，能够及时灌水，以满足苹果不同生长时期对土壤水分的需要。严禁使用污水或已被有害物质污染的地表水。目前生产上还是以大水漫灌的浇水方式为主，造成宝贵的水资源的极大浪费，今后需要大力推广抗旱栽培和节水灌溉技术。

（4）地势和地形 苹果适合于在平原、丘陵坡地栽培，以地势较平坦或坡度小于 5°的缓坡地建园较好。因为该类地形光照充足，昼夜温差大，通风良好，有利于生产优质果品。山坡地最好选择南坡和西南坡向建园，超过 10°～20°的陡坡地段，应先修梯田，后栽树。

在坡地槽谷或坡地中部凹地、平地地势低洼的地方，冬春季由于冷空气下沉，往往形成冷气湖或霜眼，易使苹果遭受危害，不适合栽培。

（5）海拔高度 栽植园区的海拔高度，明显影响温度、湿度、日照和紫外线等气象因素，因而也会影响苹果树树体生长状况和果品质量。我国的苹果栽培范围较广，从沿海海拔不足 6.6 米的地方，直至西北黄土高原、云贵川高地海拔近 2200 米的地区均有苹果栽植。但是，绝大部分多分布在海拔 50～1000 米的地区。沿海低海拔（环渤海湾、黄河故道）果区，一般昼夜温差小，日照少，紫外线也较少，果个大，着色不良，耐贮性较差；而西北黄土高原、云贵川高地果区，海拔在 800～2000 米范围内，日照强，光照时数多（在 2200 小时以上），昼夜温差大（>10℃），苹果树易成花结果，果实着色好，风味浓，耐贮藏。在不同纬度下，其适宜海拔高度也不同，甚至差别很大。比如，在北纬 38°～40°地区，适宜海拔高度应在 200～500 米；北纬 33°～35°地区，适宜海拔高度为 1000～1500 米；北纬 28°～30°地区，适宜海拔高度应在 1600～2000 米。

二、苹果再植病的预防

随着苹果树矮化密植栽培在生产中的日益推广，苹果树的种植周期越来越短。近年来，果农在废弃的老苹果园重新栽植苹果树的并不少见，但是受再植病的影响，常常出现树体生长不良、效益低下的现象，极大影响了果农的生产积极性，也在一定程度上阻碍着老苹果园的更新改造。因此，了解苹果树再植病的发生原因及解决办法，对我国苹果园的建设和果农增收具有重要意义。

1. 苹果再植病的主要表现

在淘汰苹果园重新栽植苹果树时往往表现为栽植成活率较低；成活后树体生长缓慢，年生长量小，树体矮小；根系生长不良，须根少，吸收养分能力弱；进入结果期后，开花结果少，产量低，树体衰弱；即使加强肥水管理和及时防治病虫害，效果也不甚明显。

2. 引发再植病的原因

苹果再植病的发生是前茬苹果树遗留在土壤中的有害微生物、有害物质积累、有效养分减少和土壤结构变劣等诸多因素综合作用的结果。

(1) 前茬苹果树的抑制作用 前茬苹果树根系在多年的生长过程中，产生了许多分泌物（如根皮苷等物质），并在土壤中残存。另外，前茬苹果树刨除后，在土壤中留有很多残根。这些土壤中的根系分泌物和残留根，经土壤微生物分解产生有毒物质，这些有毒物质的大量积累，抑制新栽苹果幼树根系的呼吸作用，甚至可以杀死新根和幼根。因此，新栽幼树生长势弱，甚至死亡。据试验，用苹果树残根浸出液培养山丁子幼苗，培养 10 天后山丁子幼苗死亡，而用清水培养的山丁子幼苗生长正常。这充分说明苹果残根中存在有毒物质，对山丁子幼苗根系有明显的毒害作用。

(2) 土壤微生物的侵害 前茬苹果树因固定在同一地点长期生长，根系周围便形成一定的微生物群落。这些微生物群落有的对苹果树生长有益，有些对苹果树生长有害，随着苹果树树龄的增长，有害微生物的数量也相应增多，在老苹果园栽植新苹果树时，由于幼树对这些有害微生物的抵抗能力较弱，造成苹果幼树根系生长受阻，树体生长发育不良。如紫纹羽病、根朽病、圆斑根腐病、芽孢杆菌等病菌侵染幼树根系，使其生长衰弱或死亡。

(3) 土壤营养元素缺乏 由于苹果树在固定的栽植穴中生长多年，树体根系消耗掉土壤范围内大量的矿质营养元素，造成有益营养元素亏缺，如在同一位置栽植苹果树，就会使本来就已经缺乏的营养元素变得更加不足，从而导致幼树生长衰弱。根据对土壤和叶片的分析得知，重茬土壤内磷、钾、锌、钙、硼、锰等营养元素含量，与生茬地相比都有明显的降低，尤其以磷、钾更为缺乏，分别比生茬地减少 41% 和 27%。

3. 解决苹果树再植病的主要办法

（1）土壤深翻与消毒 于春、秋刨掉老苹果树后，将原定植穴或定植沟的土壤挖出散开，彻底拣出土壤中的老树残根，使土壤在阳光下晾晒一个夏季，秋季边回填边用 40% 甲醛 100 倍液进行喷雾消毒，然后用塑料布盖严密封熏蒸 10 天左右，以杀死土壤中的病菌。有条件的地方亦可在春季定植前在新植穴内换土。

（2）休耕养地和轮作 在条件允许的情况下，于刨掉老苹果树的果园内先种植 2～3 年豆科绿肥作物进行养地，待恢复正常的土壤微生物群系、土壤结构和理化性状后再栽植苹果树。

前茬果树刨掉后，重新设计规划时最好改栽与原树种不同的远缘树种。如前茬为桃树的果园，不宜栽植核果类果树（桃、杏、李、樱桃等），以防止再植病的发生，但可以栽植苹果树。

（3）错穴栽植和科学补肥 新栽植苹果树时必须选择健壮的大苗，为提高树体抗性和苗木成活率，栽植前用 50% 多菌灵 500 倍液浸根消毒，然后用生根粉 1000 倍液处理，促进生根。挖定植穴时一定要错开原树栽植位置，重新深翻挖定植穴，并在穴内填入 30 厘米厚的碎秸秆或柴草，以减少有害物质的危害。

在重茬苹果园栽植前，应进行果园土壤的分析测定，根据测定结果，确定果园的施肥方案，施足有机肥和适量的多元微肥。另外，增施有机肥、生长季及时追肥和叶面喷肥，既能增加土壤有机质含量，亦可补充土壤中营养元素的不足，以促进新植苹果树的健壮生长。

三、园地规划

苹果园的园地选定以后，就要对园地进行全面、合理的规划设计。要本着"因地制宜，节约用地，合理用地，便于管理，园貌整齐，面向长远，提高效率"的原则，安排好栽植小区、道路系统、排灌系统、防风系统、果品包装贮藏场所和办公室等其他辅助设施。一般辅助设施尽量不占用好地，并安排在果园中心位置和交通便利处。绘制出详细布局图，各部分占地比例是：果园占地 90%，道路系统占地 3%，排水系统占地 1%，防风系统占地 5%，其他辅助设施占地 1%。

（1）栽植小区 为了便于苹果树的栽植和管理，必须将预栽园地划分为若干个栽植小区。小区面积因园地面积、地形和可能具有的机械化程度而定。在同一小区内要求地势、土壤状况尽可能均匀一致，以使园貌整齐，便于管理。平地果园可以 4～8 公顷为一小区，丘陵山地 1～3 公顷为一小区或根据具体情况再缩小。

而地块较小，以农户家庭为单位栽植时可不划分小区。平地、滩地和5°以下缓坡地，栽植行向应以南北向为宜。6°以上的坡地，栽植行沿梯田走向或沿等高线延长。

(2) 道路系统 具有一定规模的园地，必须合理地规划建设道路系统。在道路的布局上，要求运输方便，布局合理，运输距离短，造价低，并与小区规划、排灌系统、防风系统、辅助设施等规划布局相协调。一般果园的道路系统由主路、支路和小路组成。主路贯穿全园，位置适中，并与园外道路相通；支路为小区分界线，多与主路垂直；小路为作业道路。山地果园，主路可以盘山而上或呈"之"字形上山；支路多沿等高线设置于山腰或山脚，坡度不超过12°；小路可以在果树行间，也可以在梯田埂，并且要与支路或主路相通而构成路网。各级路面宽度以方便运输、作业和节约用地为原则，大多数果园主路宽4～6米，支路宽3～4米，小路宽1～2米。

(3) 灌水、排水系统 灌水系统由水源、干渠、支渠组成，干渠将水源引入果园，支渠把水从干渠引入工作区，直至果树行间。其规划可以与果园道路相结合。山地果园干渠应设在沿等高线走向的山坡；平地和滩地果园，干渠可设在主路的一边，支渠可设在小区支路的一侧。渠底的比降，干渠为1：1000左右，支渠为3：1000左右，为提高水的利用率，各级渠道应相互垂直，尽量缩短渠道的长度，并且最好用混凝土或石块砌成防渗渠道。有条件的果园，可建立现代化的喷灌、滴灌、渗灌等节水灌溉设施。

果园内部修建排水系统对于维持梯田牢固，减少水土流失，及时排除果园内积水，维持果树生长良好土壤环境等具有重要意义。排水系统由排水干沟、排水支沟和排水沟组成，分别配于全园、小区间和小区内。一般排水干沟深80～100厘米，宽1～2米；支沟浅些、窄些；排水沟深50～80厘米，宽50～100厘米。各级排水沟相互连通，便于将果园内多余积水迅速排出。

(4) 防风系统 可调节果园生态气候，减弱风力，减轻霜冻，为果树的生长发育、开花结果创造良好的生态环境。防风系统由主林带和副林带组成。主林带建在迎风面，与当地的主风向相垂直。副林带是主林带的辅助林带，与主林带相垂直。防护林带最佳防护范围为树高的15～20倍，一般主林带之间距离为200～400米，副林带之间距离为500～1000米。主林带一般由4～8行乔木和4行灌木组成，副林带由2～4行乔木和2～4行灌木组成，乔木株行距多为（1～1.5）米×（2～2.5）米，灌木为0.5米×1米。一般林带密度为以透风30%左右为宜。

防风系统所用树种应为树体高大，生长迅速，树冠较窄，枝叶繁茂，适应当地条件，与果树没有共同的病虫害，经济价值高的乡土树种。平原果园可选用臭椿、苦楝、白蜡、楸树、紫穗槐、柽柳等。山地果园可选用楸树、麻栗、紫穗槐、花椒、皂角等。

(5) 辅助设施 辅助设施包括办公室、仓库、贮存库、包装场、药池、农机具、库房等，建与不建以及所占面积，应根据果园大小和经济实力而定。一般办公室、仓库、农机具、库房应建在主路的旁边，贮存库、包装场应建在交通便利的低处，药池应建在离水源较近、不影响周边生态环境的安全处。山地果园的畜圈、禽场应设在便于肥料运输的高处。

第二节　土壤改良和整地

苹果在生长发育过程中，必须从土壤中吸收大量的营养元素和水分，才能满足树体生长、开花结果和果实发育的需要。但是，我国的果树发展原则是不与粮棉争地，果园多建在土壤瘠薄的盐碱地、沙荒滩地和山坡丘陵地上。因此，为了实现苹果的高产、优质和可持续性发展，在建园以前必须做好盐碱地、沙荒滩地、山坡丘陵地的土壤改良工作。

一、盐碱地改良

苹果的耐盐能力较差，当土壤中总盐量超过 0.3％时，苹果树根系生长不良，叶片黄化甚至白化，发生缺素症，树体易早衰，经济寿命缩短，产量低，品质差，经济效益下降。因此，在盐碱地栽植苹果树时必须进行土壤改良。具体改良措施如下。

（1）引淡水洗盐　引淡水洗盐是改良盐碱地的主要措施之一。经引淡水洗盐后，一般能使含盐高达 1％的盐碱地含盐量下降到 0.13％左右。方法是：在果园顺行间每隔 20～30 米挖一道排水沟，一般沟深 1 米，上宽 1.5 米、底宽 0.5～1 米。排水沟与较大较深的排水支渠及排水干渠相连，各种渠道要有一定的比降，以利排水通畅，使盐碱排出园外。园内要定期引淡水进行灌溉，达到灌水洗盐的目的。在达到要求的含盐量后，要始终保持畅通的排水通道，进一步降低地下水位。坚持长期灌淡水压碱，并结合生长季进行勤中耕，切断土壤毛细管，减少土壤蒸发，防止盐碱上升。结合增施有机肥，增加土壤有机质含量，改良土壤结构，恢复和提高土壤肥力，效果更好。

引淡水洗盐对改良盐碱地快速而又效果良好，但是用水量较大，浪费宝贵的淡水资源较多，因此，可以采用地上或地下滴灌或渗灌的节水方法，从而达到既节水又洗盐的良好效果。

（2）放淤改良盐碱地　放淤适用于我国黄河中下游和海河中下游等靠近河水的地区。放淤即将含有泥沙的河水通过灌渠系统输入事先筑好畦埂的地块，用降低流速的方法，使泥沙沉降下来，淤垫土地。通过淤灌降低土壤含盐量，提高土壤肥力，改善土壤物理性质，抬高地面，降低地下水位，从而达到治理盐碱的目的。为确保输水输沙，要选在河流水量充沛、含沙量大的季节，并要求输水路径最短，有适当的纵坡和地块平坦。地块表面积水深度以达到田埂的 2/3 为宜。

(3) 深耕施有机肥　有机肥除含苹果所需的营养物质外，还含有对盐碱地有中和作用的有机酸。同时，肥料中的有机质可改良土壤理化性状，促进团粒结构的形成，提高土壤肥力，减少蒸发，防止返碱。据河北省清河农场试验报道，深耕 30 厘米，增施大量有机肥，可明显减轻盐碱危害。

(4) 种植绿肥作物　种植绿肥可增加土壤有机质含量，改善土壤理化性状。同时，绿肥的枝叶对地面具有覆盖作用，可减少土壤蒸发，抑制盐碱上升。据试验得出结论，种植较抗盐碱的田菁一年后，在 0～30 厘米以上的土层中，盐分含量由 0.65％降到 0.36％。

(5) 地面覆盖　地面铺沙、盖草或其他物质，可防止盐碱度上升。据山西文水果园试验报道，于干旱季节在盐碱地上铺 10～15 厘米的沙土或覆盖 15～20 厘米的杂草，既能保持土壤墒情，又能防止盐碱度上升。此外，近年来运用土壤结构改良剂，改善土壤理化性状及生物活性，能保护苹果树的根系层，防止水土流失，提高土壤的透水性，减少地面径流，防止渗漏，起到调节土壤酸碱度的作用。

二、沙荒地改良

沙荒地多属石砾性土壤，常因风蚀严重，土壤缺乏有机质，比较瘠薄，保水保肥能力差，漏水漏肥严重，肥水供应不稳定，导致树势衰弱，产量低，品质差。只有设法改良土壤结构，增加土壤有机质，提高地力，才能促进根系生长，加深根系分布，使树体生长旺盛，达到高产、优质的目的。

(1) 压土改良　适用于在沙层下部无土层的沙荒地。一般常采用"黏土压沙"和大量增施有机肥相结合的方法。即在压黏土的同时施入大量农家肥料，结合翻耕，使土、肥与沙充分混合。压土厚度应要适宜，过薄起不到压沙作用，过厚劳动强度大，不宜及时完成，一般以 5～15 厘米为宜。

(2) 深翻改良　适用于沙层下部有黄土层或黏土层的沙荒地。具体方法是，通过挖沟将沙层下的黄土或黏土翻到土壤表层，充分风化后，施入有机肥并与沙土混合，从而达到改良的目的。深翻分两步进行，第一步进行"大翻"，将沙层以下的黄土或黏土通过挖沟翻到土壤表层；第二步进行"小翻"，即待翻到表层的土壤充分风化后，再与沙子充分混合。一般深翻过程需要持续 2～3 年才能达到理想的改良效果。

此外，通过引洪漫沙，营造防风林固沙，以及种植绿肥作物，提高土壤有机质含量等，均可起到改良沙荒地的作用。

三、山坡、丘陵地改良

在山坡、丘陵地栽植苹果树时，因其光照充足，空气流畅，昼夜温差大，紫外线强，有利于提高果品质量。但由于地势起伏较大，石头多，土壤薄，有机质含量少，地下水位底，根系分布浅，易遭受冻害和干旱等危害。降雨量大时，水土流失严重，苹果树根系裸露，树势衰弱，结果少，产量低，果实品质下降。因此必须改良土壤结构，防止水土流失，增加土层厚度，为苹果树的生长发育创造适宜的环境条件，即可将荒山秃岭改变成优质高产、硕果累累的苹果园（彩图3-1）。

（1）修筑水平梯田改良土壤　水平梯田有利于缩小集流面积，减少地表径流，保持水土，增厚土层，提高肥力。一般修筑比较完善的梯田应该是：梯田宽5米以上，梯壁厚度控制在3.5米以下，牢固安全，内向倾斜60°～70°；梯田长度不小于20米；梯田面外高内低（即果农俗称的"外撅嘴，内流水"）。实行竹节沟、贮水坝与排水簸箕三配套，以便降水少时积于梯田，降水多时顺沟排出，从而达到保土、蓄水、保肥的目的。

（2）客土改良土壤　根据地形、坡度、土质等情况，如遇到磐石、卵石、酥石层或黏土层，应采用开大沟、挖大坑、炸药爆破炸碎磐石、酥石层和黏土层的方法，清除石块，换上好土并加施农家肥填平土坑，为果树生长和果实发育创造良好环境。

（3）片麻岩类型山地改良　基质为片麻岩的山坡、丘陵地，土质结构比较疏松，岩石风化与半风化的酥石层较厚，一般在50厘米左右；土壤多为褐土，土层较薄，有时只有10～20厘米，并多砾质。因此，在发展苹果树时，要经过细致的整地和土壤改良，才能保证苹果树的高产优质。

整地时，小于15°的坡地可修造梯田，间隔坡5～6米，清出一条宽2米的水平表土带；在20°左右的坡面上修水平沟，间隔坡4～5米，清出一条宽0.6～0.9米的水平表土带；坡度大于25°的坡面，可进行鱼鳞坑和大穴整地，距离3米×3米，清除1～1.4米的表土，将表土放在坡上部备用。然后，在露出的岩石上钻深80～100厘米的炮眼，添炸药爆破，随后将大石块砌在梯田、水平沟、鱼鳞坑外沿，细碎母质留在下面，再回填表土并耙平备用。

（4）石灰岩类型山坡、丘陵地水土保持和土壤改良　在山坡丘陵地上沿等高线修成田面水平或向内侧微倾的台阶地，并在其边缘筑一道蓄水田埂，内侧修一条小水沟便成为梯田。规划时，要根据地形、坡度、土质等具体情况，以方便苹果树管理，以节省用工、保证田埂安全为原则，上下左右兼顾，采取大弯就势、小弯取直的方法，尽量开成集中成片的梯田。长形坡岭可以规划成长条形梯田，圆形坡岭可以规划成环山梯田，岗洼起伏地形可规划成"人"字形梯田。山顶宜营造防护林而不宜修成梯田。

在修造梯田时，田面宽、田坎高和田坎侧坡是水平梯田的三个主要要素，一般

5°的坡面，田面宽 10~25 米；10°的坡面，田面宽 5~15 米；15°的坡面，田面宽 5~10 米；20°~25°的坡面，田面宽 3~6 米。田坎高度随田面宽度和地面坡度不同而异，田坎越高，则侧坡占地越多，用工也越多，且不稳固。所以，田坎高度宜控制在 3.5 米以下。田坎侧坡坡度大小与所用材料和高度有关。用石料砌筑，坡度可以大于 75°，大块石料可砌成 90°以节省土地。土料砌筑时，一般坡度在 70°左右。

(5) 黄土丘陵区水平梯田建造规格 不同坡度地块适宜建造梯田规格详见表 3-1。

表 3-1 黄土丘陵区水平梯田规格[①]

地面坡度/(°)	田坎高度/m	田坎坡度/(°)	田坎宽度/m	斜坡长度/m	田坎占地量/%	每亩土方量/米³
5	1.0	76	11.2	11.5	2.2	82
	2.0	74	22.3	23.0	2.5	166
10	2.0	74	10.8	11.5	5.1	166
	3.0	72	16.8	17.3	5.6	243
15	2.0	74	6.9	7.7	7.8	164
	3.0	72	10.2	11.6	8.6	238
20	2.0	74	4.9	5.8	10.6	163
	3.0	72	7.3	8.8	11.6	233
25	2.5	73	4.6	5.9	14.5	196
	3.5	71	6.3	8.3	15.9	223

① 引自彭士琪等《果园建立》。

第三节 苗木繁育和嫁接

一、苗圃地的选择

1. 苗圃地的选择

苹果苗圃地以选择土层深厚、肥沃、土壤酸碱度呈中性或微酸性的沙壤土为好。选择的地块应靠近公路和交通要道，以利于苗木的运出和其他工作的便利进行；地势平坦、高燥，背风向阳，日照充足、均匀，排水和灌溉条件良好，地下水位低于 1.5 米，无危害苗木的病虫害，且不能重茬；培育过苹果苗的地块需要经过 2~3 年的轮作后才可再繁育苹果苗木。

2. 苗圃地的准备

在秋末土壤结冻前或早春土壤解冻后，每亩撒施优质有机肥 3000～5000 千克、过磷酸钙 50 千克或磷酸二铵 20 千克。为了预防苗木立枯病、根腐病、蝼蛄、蛴螬等病虫危害，每亩撒施硫酸铜钙可湿性粉剂 1 千克和辛硫磷颗粒剂 5 千克，耕翻 20～30 厘米后整平耙细，按播种要求及起苗方式做畦。一般人工起苗畦宽 1.6～1.8 米，畦长 10～15 米，畦埂宽 30 厘米。

二、砧木苗的培育

1. 实生苗的培育

实生苗木根系发达，对环境适应性强，常作砧木用来嫁接育苗。目前生产中常用的砧木有山定子、八棱海棠、平邑甜茶和海棠果等种子。各地根据砧木的特点及当地立地条件，选择适宜的砧木类型。如选择山定子作砧木，其抗寒性强，但抗盐碱能力弱；而选择八棱海棠作砧木，其抗盐碱能力较强，树体高大，但抗涝性较差。在采集或购买种子时，要注意品种或种类纯正、充分成熟、籽粒饱满、无病虫和检疫对象。同时，要进行生活力鉴定，以确保种子质量。鉴定生活力的常用方法有形态鉴定法和染色法。

① 形态鉴定法　质量好的种子籽粒饱满，种皮有光泽；种胚和子叶乳白色，不透明而有光泽，吸足水分后按压有弹性，不易破碎。陈旧种子的种皮无光泽，种仁淡黄色，无弹性，按压易破碎。经高温处理或热水煮过的种子，种仁浅黄，呈透明状。

② 染色法　先将种子用清水浸泡 12～24 小时，充分吸水后剥去种皮，将种仁浸于 5% 的红墨水中染色 2 小时，再用清水冲洗干净，凡种胚完全着色的是死种子，未着色的为有生命力的活种子。

苹果砧木种子需在一定的低温、湿度和通气条件下，经过一定时间的沙藏处理并完成后熟作用后才能发芽生长。一般沙藏的有效温度范围为 -5～7℃，最适温度范围为 2～7℃。不同砧木种子具体沙藏时间详见表 3-2。

表 3-2　苹果砧木种子沙藏时间

砧木	沙藏时间/天	平均时间/天
山定子	25～90	52.5
八棱海棠	40～60	50.0
海棠果	40～50	45
平邑甜茶	30～50	32.5

(1) 层积催芽法　将种子放入水中，漂去瘪粒、虫蛀种子及杂质，再将饱满种子用温水浸泡一昼夜，取出后与 5 倍于种子体积的湿沙混合。沙子要纯净无泥土及

杂质，湿度以手握能成团、松手后一触即散（约为最大持水量的50%）为宜。种子量大时可挖沟层积处理。在室外选一背风、地势高燥、排水良好的地方挖贮藏坑，坑深以种子堆放后位于冻土层之下为好。坑底放10厘米厚的湿沙后再放混合好的种子，厚度不超过50厘米，上边覆20厘米的湿沙，再覆土并培成屋脊形。覆沙培土时应插一束玉米秸秆用于空气流通（彩图3-2、彩图3-3）。

种子量少时，可选用花盆、木箱等容器进行层积催芽。贮藏沟宜选在背阴高燥处，沟深0.8米，长、宽视种子量而定。层积时，首先在容器的底部铺一层湿河沙，然后按照种沙体积比1：（5～7）的比例将种子和沙子充分混匀，上面盖10～20厘米厚的河沙，为保证通气，在中间插上一束玉米秸秆，将容器埋入贮藏沟内，贮藏沟上面需再盖土20～30厘米，使其高出地面，也可将容器放于地窖。层积催芽期间要保持贮藏沟内相对湿度为60%～70%，温度为0～7℃（彩图3-4～彩图3-6）。

层积催芽的后期要经常观察种子的萌动情况，防止种子过早发芽或霉烂。预防种子过早发芽的措施有：一是层积催芽地要背阴；二是在早春气温回升时，白天遮盖层积催芽地点，晚上揭开，以减少热量的蓄积。有条件的地方，在层积催芽处理的后期，可将种子装于编织袋中，放在0℃左右的冷库中，能有效防止种子发芽，并可延迟播种时间。冷库贮藏时，装种子的袋间要保持一定的距离，以利散热。同时，监测容器内沙子的温度，使其保持在0℃左右。在层积催芽处理的后期，温度过高会导致已经通过后熟的种子发芽。

在播种前5～7天检查种子催芽情况，如催芽程度不够，可将种子移到温暖处催芽。在种子30%以上咧嘴露白时即可播种。

（2）水浸催芽法 用水将瘪粒及虫蛀种子漂净，加3倍体积的温水浸泡1～3昼夜，待种皮变软，种子吸水量达干重的25%～75%时捞出种子，混入5倍体积的湿沙，堆放在温暖处进行催芽。当种子30%以上咧嘴露白时即可播种。浸种时每12小时换清水1次。催芽时要注意检查种子温度、湿度，湿度不足时要喷水，温度以20～25℃发芽最快且整齐。

（3）播种时期 砧木种子经过层积催芽或水浸催芽后，在春季土壤解冻后当气温达到5℃以上，5厘米地温达到7～8℃时播种，华北地区在3月中旬至4月上旬，南早北晚。播种量因砧木种类和种子质量不同而异。一般山定子每亩1～1.5千克、八棱海棠每亩1.5～2.0千克。播种前将层积催芽或水浸催芽后的种子放于温暖、潮湿的条件下催芽，当有一半种子露白时即可播种。

（4）播种方法 播种的方法多采用带状条播。畦宽1.6～1.8米，每畦播4行，窄行行距25～30厘米，宽行（带距）40～50厘米。播种沟深2.5～3.0厘米。沟内浇小水，待水渗后撒播种子，于其上面撒一层细沙土后再覆土并耙平。苹果的砧木种子为小粒种子，出土时拱土能力很差，给播种带来一定的困难，并且由于播种时间比较早，在早春干旱少雨的条件下，很不容易保持种子出苗过程的湿度，苗木出齐前又不能浇水，否则土壤板结，苗木出土更加困难。解决的办法是：播种覆土耙平后在其上覆盖一层地膜，当种子萌芽基本出齐后撤除地膜，为防止短期高温灼伤幼苗，高温天的中午应注意放风降温。这样既满足了种子发芽出土的湿度要求，又不影响种子出土，适合北方春季干旱条件下应用。

（5）播后管理 苗木长到5～6片真叶时进行一次间苗，株距15厘米左右，间苗后每亩追施尿素5千克或氮、磷、钾复合肥10千克。追肥后浇水，并中耕松土。注意防控苗期立枯病、白粉病、缺铁黄叶病和蚜虫、红蜘蛛等病虫害。结合病虫害的防控，于叶面喷施0.3%的尿素或0.2%的磷酸二氢钾。为促进苗木加粗生长，尽快达到嫁接时的粗度要求，在充足供给肥水、及时中耕除草、适时防控病虫害的前提下，当苗高达30厘米以上时进行1～2次摘心（彩图3-7、彩图3-8）。

2. 矮化砧木苗的培育

矮化砧木苗的培育方法有水平压条法、直立压条法、扦插育苗法及组培法等。

（1）水平压条 将矮化砧木的母株与地面成45°夹角栽植。春季将矮砧母株上充实的一年生枝水平压倒，用木钩固定于深为2～3厘米的浅沟中，待芽萌发后，抹除位置不当的芽。当留下的芽生长到30厘米左右时，培湿土或锯末于新梢基部，高度为10厘米左右，20～30天后即可发根。一个月后再培土一次，使土堆高度达到20厘米左右。秋季扒开土堆，剪下生根的小苗即为矮化自根砧苗。

（2）直立压条 将矮化砧木的母株与地面成90°夹角栽植。春季萌芽后，当新梢长到15厘米左右时进行首次培土，培土厚度不能超过5厘米。一个月后当新梢长到30厘米左右时再次培土，厚度为15～20厘米，当苗高50厘米时进行第三次培土。秋季落叶后扒开所培土堆，从母株上分段剪下生根的小苗即为矮化自根砧苗。

（3）扦插育苗 扦插育苗是自根营养繁殖的方法之一，具有方法简便、繁殖迅速、并能获得整齐一致苗木等优点。扦插育苗主要分为嫩枝扦插和硬枝扦插。

① 嫩枝扦插 嫩枝扦插是在生长季节剪取矮化砧的半木质化枝条或嫩梢，在扦插棚内扦插，使枝条生根长成新的植株。选择地势高燥、阴凉且排水良好的地方，南北向建扦插床，床宽0.8～1.2米、长3～6米、深20厘米，侧面垒砖，床内放15厘米厚的干净河沙，床上搭小塑料拱棚，棚高40～60厘米。插穗长15厘米左右（最少2～3节），上端剪平，下端剪成斜面呈马蹄形，留上端1～2片叶，剪去其余叶片，插入沙中。株行距以叶片离开、不搭上为好，深度10厘米。插好后给床面喷水，盖好塑料膜。待插穗生根后即可移栽，培育成大苗。注意要定期检查扦插棚内温、湿度。温度高且湿度小时，可喷水降温增湿，如果温度较高而湿度较大时可在扦插棚外部喷水降温。

② 硬枝扦插 硬枝扦插是利用矮化砧充分成熟的一年生枝条进行扦插，该方法采条容易、成活率高。在晚秋矮化砧落叶后剪取充分成熟、无病虫害的枝条，剪截成约50厘米长的枝段，每50～100根1捆，并加上标签，埋于背阴处

以备春季应用，贮藏温度保持在 1~5℃ 之间。开始扦插育苗时，应以土温（15~20 厘米深处）稳定在 10℃ 以上时开始最为适宜，过早土温低，不利于生根。扦插株行距 3 厘米×5 厘米，插穗保留 2~4 芽，上端剪平，下端剪成斜面呈马蹄形，直插或斜插于沙床中，沙床应保持湿润。在温、湿条件适宜，应用营养钵在温室内快速繁殖苗木时，可提早扦插时期。但温度应保持在 5℃ 以上，营养钵内土壤保持湿润。

三、苗木嫁接

将优良品种植株的枝条嫁接到另一植株的枝、干或根上，使其愈合生长为新植株的技术为嫁接。经嫁接培育成的新植株称为嫁接苗木。

1. 芽接

芽接是以芽片为接穗的嫁接繁殖方法。芽接具有节省接穗、嫁接成活率高、接合牢固、成苗快、可嫁接时间长等优点，生产中应用较多。主要方法有"T"字形芽接、嵌芽接和带木质部芽接等。依照芽片是否带有木质部常分为带木质部芽接和不带木质部芽接两大类。在皮层容易与木质部剥离的时期，用不带木质部芽接。在接穗皮层剥离困难的时期，或接穗皮层薄、不易操作时，可带少量木质部进行嫁接，即带木质部芽接。若接穗皮层和砧木皮层都不能剥离时，则用嵌芽接。

(1) 接穗的采集　接穗必须从品种纯正、生长健壮、无病虫害或检疫对象的营养繁殖系成年母树上采集。一般采用树冠外围生长充实的新梢中段作接穗，为防止接穗失水而影响成活率，要随采随用，采后立即剪去叶片，留下叶柄，捆好并挂上标签注明品种，然后用湿布或塑料布包好，置阴凉处备用。若路途较远或需要短时间存放时，可将接穗埋于湿沙中或放于湿度较大温度较低的地窖中，但不能超过 5 天，否则，嫁接成活率显著降低。

(2) 砧木的准备　在嫁接前 5~7 天浇一次透水，清除杂草，抹除砧木基部 15 厘米以下的分枝和叶片。喷一次杀虫剂，杀灭刺蛾和毛虫类害虫。

(3) 芽接时期　普通苹果育苗需要两年育成，即春季播种当年秋季进行嫁接，接芽当年不萌发，翌年春季萌芽生长，秋季苗木落叶后出圃。常采用"T"字形芽接，一般在 8~9 月份砧木、接穗均都容易离皮时进行。嫁接过早，接芽容易当年萌发，由于生长时间短而难以越冬，或砧木后期加粗而包被接芽，影响第二年春季接芽萌发；嫁接过晚，砧、穗皮层不易剥离，影响嫁接的工作效率和嫁接的成活率。在嫁接时，如果遇到接穗离皮不好，而砧木却能正常剥离时，可用带木质部芽接。如若砧、穗都不能剥离时，可采用嵌芽接。

在培育矮化中间砧二年生速成苗时，一般在 5 月下旬至 6 月中旬进行芽接。采用上年冬季修剪时采集的接穗做休眠贮藏嫁接时，采用嵌芽接；利用当年新梢做接穗，砧、穗均易剥离时，可采用"T"字形芽接；接穗一方不宜离皮时，可用带木质部芽接或嵌芽接。

(4) 嫁接方法 常用的芽接方法是"T"字形芽接和嵌芽接。

①"T"字形芽接 为普通芽接法。先从接穗上选饱满芽，用嫁接刀从芽下1.5厘米处向上削，刀深要达木质部，削至超过芽上1.5厘米处为止，在芽上1厘米处切断皮层，连接到纵切口，用手捏住芽两侧，左右轻摇掰下芽片。芽片长约2厘米、宽0.6厘米，不带木质部，若不易离皮时也可微带木质部。

在砧木嫁接部位切成"T"字形接口，深达木质部，横切口稍宽于芽片，纵切口稍短于芽片。撬开截口，将切好的芽片插入切口中，使芽片上缘与接口横切口对齐使其紧接。用塑料条自下向上扎紧，露出叶柄或芽。一般接后20天即可成活。

②嵌芽接 嵌芽接是带木质部芽接的一种方法，可在春季或秋季应用，砧、穗离皮与否均可进行，用途广、效率高、操作简便。

在接穗或砧木不易离皮时可用此法。方法是：倒拿接穗，自芽上方1厘米处向下斜削一刀，长约2厘米，再在芽下方1厘米处向下斜切至第一刀口底端，取下芽片。依照相同方法在砧木需要嫁接处削切口，切口稍长于芽片，将芽片插入切口，用塑料条自下向上扎紧。

中间砧嫁接品种时的高度应根据中间砧长度要求而定，一般中间砧长度以20～30厘米为宜，芽接一般20天左右检查成活率。凡接芽新鲜叶柄一触即落即为成活，对未成活的要及时补接。在培育矮化中间砧二年生速成苗时，接芽萌发后要及时剪砧，剪口在接芽上方1厘米处并向接芽背面下斜。

2. 枝接

枝接的方法较多，常用的有腹接、劈接、斜劈接、切接、插皮接、舌接等。只要砧、穗健壮，季节适宜，操作迅速，削面平直，砧穗形成层对紧，绑扎严密牢固，任何接法成活率都很高。

(1) 接穗采集与处理 枝接接穗必须从丰产、稳产、优质、品种纯正、生长健壮、无病虫害及检疫对象的母本树上采集。一般采用树冠外围生长充实的一年生发育枝作接穗。枝接接穗一般是结合冬季修剪时采集，采后立即捆好并挂上标签注明品种，可将接穗放于地窖或冷库中并用湿沙土埋好覆严，也可选背阴高燥处挖沟沙藏保湿。

嫁接前取出枝条用清水冲洗干净，晾干表面水分后，剪成保留3个以上饱满芽（长5～10厘米）的枝段。为了防止嫁接后接穗失水而影响成活率，嫁接前可对接穗进行蘸蜡密封，所用蜡选用高熔点的工业石蜡为好，蘸蜡时蜡温应保持在95～105℃之间。接穗蘸蜡时速度要快，以免烫伤接芽。

(2) 枝接时期 枝接在砧木树液开始流动以后即可进行，在保证接穗于嫁接前不萌芽的前提下，嫁接时期越晚越好，以便成活率进一步提高。生产中枝接可持续到砧木展叶以后进行。

（3）枝接的方法　生产上常用的枝接方法有腹接、切接、劈接、插皮接、舌接等。

① 腹接法　在接穗下端平直处已选好芽的两侧各削一平斜面，两侧长度分别为2～3厘米和2.5～3.5厘米，使其形成靠芽一侧较厚，芽背面较薄的楔形。在砧木平滑处斜向下剪一切口，与接穗削面同长。而后，插入接穗，使砧穗形成层对齐，并将接口以上的砧木枝条在紧贴接口处剪掉，用塑料条将接口部位捆严绑紧。适合砧木与接穗等粗或比接穗粗一倍左右时采用。单芽腹接的操作方法与腹接法基本相同，但所用接穗（枝段）仅保留一个饱满芽，不进行蘸蜡密封。具有节省接穗，成活率高，方便快捷，降低生产成本，提高工作效率等优点，该法目前在生产中应用较为普遍（彩图3-9、彩图3-10）。

② 切接法　将接穗削成两个斜面，长面3厘米左右，位于下部第一芽的同侧；短面1厘米左右，位于长面对侧。将砧木在嫁接部位切断，并于木质部的边缘处向下纵切，切口长度与接穗长度相同。而后插入接穗，使一侧或两侧形成层对齐并绑扎。当砧木较粗时常用此法。

③ 劈接法　接穗的削面等长（3厘米左右）并位于底芽的两侧。砧木横断后，由中心部位向下纵切，切口长度与接穗长度相同。而后插入接穗，使一侧或两侧形成层对齐并绑扎。此法在砧木与接穗同粗（可使两侧形成层对准）或比接穗粗达数倍时（使一侧形成层对准）均可采用。如将砧木切口由向下纵切改为向一侧斜切，则为斜劈接法。此法宜在砧木稍粗时采用，优点是接口夹的接穗较紧密，接穗的方向便于调整。

④ 插皮接　又称皮下接，适于砧木较粗且易离皮时进行。在接穗底芽对面削一长2～3厘米的马耳形斜面，并将其对面的皮层削下一部分，露出形成层。砧木横截后，将接穗顺其皮层插入，而后绑扎。

⑤ 舌接法　适用于较细的枝条嫁接，以砧木与接穗粗度接近为好。操作时，先将砧木和接穗削成长度相等的大斜面，再把斜面从髓部上方斜切一刀深入木质部约0.5厘米，使其形成舌状楔，然后把两者对插，对准形成层绑紧。

枝接后30～40天进行成活率检查，同时将绑扎物放松或解除。已成活的接穗上芽子萌动或新鲜、饱满，接口产生愈合组织，死亡的接穗干枯或变黑腐烂。对未成活的应及时补接。

3. 接后管理

随着嫁接苗的生长，砧木基部易生出许多萌蘖，应反复抹除，以免与接穗争夺养分，影响接穗的成活与生长。对春季枝接的苗木，待接穗（或芽）成活后应及时解绑。接穗上萌发多个新梢时，选留1个生长势健壮的进行培养，其余的及早摘心控制其生长势。

5月中旬、6月中旬、7月中旬各追肥和浇水一次，一般每亩追施尿素25～30千克或氮、磷、钾复合肥40～50千克。浇水、施肥后要及时进行中耕除草，以防杂草危害而影响苗木的健壮生长。苗木生长季应注意防控病虫害，在喷药时加入0.3%尿素或0.2%磷酸二氢钾，以促进苗木的苗壮生长（彩图 3-11）。

四、大树多头高接

多头高接是改种换优和改接授粉品种的良好方法。一般是在春季树液流动、枝条离皮后进行。多头高接时根据砧树的树体结构，对各级骨干枝（中心主干、主枝、侧枝）、大型辅养枝和大枝组 1 次改接完成。接前对各类需嫁接的枝条在适宜粗度处锯断，然后综合运用劈接、腹接和插皮接等方法嫁接，尽可能多部位嫁接。嫁接时对接口断面较粗的，可在同一断面上接 2~4 个接穗，一般断面接 1~2 个接穗，以利接穗成活和断面伤口愈合。

大树多头高接后的管理措施需要注意三个方面。

（1）除萌 高接后会萌发大量萌蘖，需多次进行除萌蘖工作。当树上的新梢量较少时，为防止大枝干日灼，可暂时留下少量弱萌蘖或进行枝干涂白。

（2）解绑和绑支柱 接穗成活后，当新梢长到 20 厘米左右时解绑，以防接口处加粗而出现绞溢现象而影响生长。

解绑后由于接口未愈合牢固，刮风、降雨或人为碰撞容易劈折，因此，需要捆绑支棍加以支撑固定。

（3）新梢选留和生长势的调控 不同高接方式管理有所不同。2~4 年生树，主干直径小于 10 厘米时，进行主干高接，在距地面 50~60 厘米处截干，枝接 2~3 个接穗，成活后选留其中一个生长旺的作为新的植株，其余的及时扭伤压平，保证新植株旺盛生长，冬剪时按树形要求进行严格的整形。主干直径大于 10 厘米时，在各个主枝上重短截后进行多头高接，接穗多具有 2~3 个芽，每个接口一般接 1~4 个接穗。因此，成活后萌发新梢数量较多、长势强，如不及时控制长势、调整新梢的分布方向，会影响树体结构。一般在新梢长到 20 厘米左右长时，根据树体结构的要求选留新梢，调整其伸展方向，促进形成树冠骨架。其余新梢尽量保留，但要摘心、扭梢、拿枝软化等控制长势，促生分枝。冬剪时亦要严格整形，疏除多余的新枝，控制竞争枝，2~3 年可恢复树冠和产量（彩图 3-12）。

第四节　苗木选择和贮运

苗木是果树生长的重要基础，苗木质量的优劣，苗木的消毒、包装运输以及假植每个环节完成的好坏，不仅直接影响栽植成活率和成活后植株的生长量、整齐度，而且对结果的早晚、产量的高低、品质的优劣、寿命的长短都有较大的影响。

因此，做好苗木选择的每一个环节非常重要。

近年来苹果苗木的砧木种类、接穗品种杂乱不清或以假充真，培育中追求快速忽略质量，苗木生产有规范但不执行，不具备育苗条件和技术而大量扩繁等现象相当普遍，结果造成成活率低、品种混杂、良莠不齐，低产劣株比例增加，严重降低了产量、质量和经济效益。所以，建议广大果农为避免上当受骗，应首先具备选择苗木的知识，并到国家正规科研院校以及信誉度高的大型苗圃选购合格苗木。

一、苗木分级标准

合格苗木的基本要求是品种纯正，砧木一致，砧穗协调；地上部分枝条健壮，充分成熟，具有一定的高度和粗度，芽子饱满，根系发达、新鲜，根系多；嫁接部位愈合良好；不携带病虫。我国规定的苹果苗木标准详见表3-3。

表3-3　中华人民共和国苹果苗木国家标准

品种与砧木类型		级　　别		
		一级	二级	三级
根	侧根数量/条	实生砧苗:5以上 中间砧苗:5以上 矮化砧苗:15以上	实生砧苗:4以上 中间砧苗:4以上 矮化砧苗:15以上	实生砧苗:4以上 中间砧苗:4以上 矮化砧苗:10以上
	侧根基部粗度/厘米	实生砧苗:0.45以上 中间砧苗:0.45以上 矮化砧苗:0.25以上	实生砧苗:0.35以上 中间砧苗:0.35以上 矮化砧苗:0.20以上	实生砧苗:0.30以上 中间砧苗:0.30以上 矮化砧苗:0.20以上
	侧根长度/厘米	20.0以上		
	侧根分布	均匀,舒展而不蜷曲		
茎	砧段长度/厘米	实生砧:5.00以下;矮化砧:10.00～20.00		
	中间砧段长度/厘米	20.00～35.00,但同苗圃的变幅范围不得超过5.00		
	高度/厘米	120.00	100.00	80.00
	粗度/厘米	实生砧苗:1.20以上 中间砧苗:0.80以上 矮化砧苗:1.00以上	实生砧苗:1.00以上 中间砧苗:0.70以上 矮化砧苗:0.80以上	实生砧苗:0.80以上 中间砧苗:0.60以上 矮化砧苗:0.70以上
	倾斜度	15°以下		
	根皮与茎皮	无干缩皱皮,无新损伤处,老损伤处的面积不得超过1.00厘米²		
	整形带内饱满芽数/个	8以上	6以上	6以上
	结合部愈合程度	愈合良好		
	砧桩处理与愈合程度	砧桩剪除,剪口环状愈合或完全愈合		

二、苗木消毒、包装、运输

1. 苗木消毒

对于自育和外购的苗木进行消毒，杀除有害虫卵和病菌，是苹果新发展地区防止病虫害传播的有效措施。目前常用的消毒方法有两种。

（1）浸泡杀毒法 用3~5波美度石灰硫黄合剂水溶液浸苗10~20分钟，然后用清水将根部冲洗干净，或用1：1：100的波尔多液浸苗20分钟左右，再用清水冲洗根部。此法可杀死大量有害病菌，对苗木起到保护作用。

（2）熏蒸杀毒法 将苗木放置在密闭的室内或箱子中，按100米^{3}用30克氯化钾、45克硫黄、90毫升水的配方，先将硫黄倒入水中，再加氯化钾，此后人员立即离开。熏蒸24小时后，打开门窗，待毒气散净后，人员才能入室取苗。进行熏蒸杀虫的操作时，工作人员一定要注意安全。为了苹果的绿色无公害生产，禁止使用生汞、1605、氰化钾等剧毒药物进行苹果苗木的杀虫消毒。

2. 苗木包装

苹果苗木进行消毒后立即进行包装，使苗木保持不失水的新鲜状态，以提高苗木栽植成活率。包装材料应就地取材，一般以价廉、质轻、坚韧并能吸足水分保持湿度，而不致迅速霉烂、发热、破散者为好，如草帘、蒲包、草袋等。填充物可用碎稻草、稻糠、木屑、苔藓等，绑缚材料用草绳、麻绳、塑料绳等。包装时每捆50~100株，根部可向一侧或根对根摆放，先用草帘将根包好，其内加填充物。包裹好的苗木捆上应挂牢标签，注明其品种、等级、数量、出园日期、生产单位和地址。

3. 苗木运输

根据运输要求将不同品种分别打捆包装好后，要尽快地进行装车运输。为了防止在运输过程中的风吹、日晒等对苗木造成伤害，必须选用箱式货车或带篷布车辆。长途运输时，途中应喷水保湿。到达目的地后，立即解绑、假植。苗木运输最好在晚秋或早春气温较低时进行。

三、苗木假植

苗木不能及时外运或运达目的地后，不能立即栽植或来年春季方可栽植时，则要临时假植或越冬假植，以防风吹散失水分和受冻。具体做法是：短期假植可挖浅沟，将苗木根部埋在地面以下浇足水即可。越冬假植则应选择地势平坦、避风向阳、不易积水处挖沟假植。假植沟一般深60~80厘米，冬季严寒、春季多风的地区，沟深应在150厘米左右；沟宽1米左右，沟长视苗木数量而定。最好南北延长开沟，苗木向南倾斜放入，根部和基部均以湿土填充。严寒地区要求培土到定干高度（80厘米以上，并在其上覆盖草苫），然后浇透水，使土与苗根密接，防止苗木干枯（彩图3-13）。

苗木数量较少时可利用菜窖贮存或挖一土窖埋存。苗木放入窖内，根部朝下，用细沙土培实，浇足水即可。

第五节　品种选择及配置

一、意义

近年来，我国选育和引进的苹果品种达700余个，各地在发展苹果生产时，一定要按照我国政府根据苹果生产现状和国内外市场分析所提出的"高起点发展，低成本扩张，高标准运营"的发展思路和"抓质量，走出去，上台阶"的发展战略，结合当地环境（温度、降雨量、土壤质地、无霜期等）条件，遵循"物竞天择，适者生存"这一自然规律，进行"适地适栽"地发展新品种，避免劳民伤财现象的发生。

苹果生产效益的高低，关键决定于市场占有率，只有瞄准国际、国内两大市场的动态变化，了解市场前景，发展具有潜力的品种，才能被广大消费者认可和接受，使其消费渠道宽广，才能获取较高的经济效益。

选择苹果品种应结合当地交通状况和周边发展环境，利用当地品牌，开展品牌战略，扩大规模，形成龙头，增加收入。

二、配置原则

苹果有自花不实现象，即使能自花结果，但结果率很低，难以保证丰产需求，而异花授粉结实率可显著提高。因此建园时确定主栽品种后选配适宜的授粉品种十分重要。

（1）品种数量配置　在同一果园内，栽植品种数量不宜过多，面积10公顷以上的果园宜栽植3～4个品种，而面积较小以农村家庭为单位建园时栽植2～3个品种为宜，以利于劳动力的安排和生产管理。

（2）品种类型配置　为了使将来成园后，园貌整齐一致，便于采用相同的管理方法，在同一园片内，应注意配置砧-穗组合综合生长势和树冠大小相近的品种，如普通型＋矮砧组合的园内，可栽乔砧＋矮枝型组合或矮化中间砧＋普通型组合品种。

（3）成熟期配置 根据市场需求，进行早、中、晚熟品种适当配置。距离城区较近时可多栽植成熟期较早、不耐贮运的品种。远离城市的地区则应多栽植耐贮运、货架期长的品种，以便于同时或先后相继进行采收，管理较为方便。

（4）授粉树配置 苹果自花结实率很低，建园栽树时必须两个品种以上相互搭配，以利授粉。若主栽品种为三倍体（如红乔纳金）时，因其花粉败育率高，还需配置两个或两个以上授粉品种，一般要求授粉树距主栽品种树不超过 30 米。一株授粉树能为其周围 4～5 株主栽品种授粉，配置比例以 1：（4～5）为宜。良好的授粉树应具备的条件是应对当地的生态条件有较强的适应性，与主栽品种管理措施相似；开始结果年龄和花期与主栽品种基本一致，经济寿命长，大小年结果现象不明显；花粉量大，能与主栽品种相互授粉结实良好，果实品质好，商品价值高。主要品种的授粉组合详见表 3-4。

表 3-4　苹果优良品种的适宜授粉组合

主栽品种	适宜的授粉品种	主栽品种	适宜的授粉品种
萌	红富士系、红津轻系	红乔纳金	王林、红富士系、嘎拉系、元帅系
藤木 1 号	嘎拉系、美国 8 号、珊夏	GS-58	红富士系、嘎拉系
美国 8 号	红富士系、嘎拉系	凉香	嘎拉系、信浓红
珊夏	红富士系、藤木 1 号	2001 富士（烟富 6、礼泉短富）	红津轻、王林、元帅系
信浓红	元帅系、富士系、萌、凉香	斗南	红富士系、王林、元帅系
皇家嘎拉	元帅系、美国 8 号、红富士系	王林	红富士系、元帅系
摩力斯	红富士系	晨阳	嘎拉系、红津轻系、红富士系
红津轻	嘎拉系、元帅系、红富士系	澳洲青苹	王林、红富士系
首红	红津轻、红富士系、嘎拉系	粉红女士	嘎拉系、元帅系、红富士系

三、配置方法

（1）中心式 常用于一个品种多，另一品种极少，呈正方形栽植的小型果园。一般是在一株树周围栽植 8 株主栽品种树，主栽品种树株数占果园苹果树总株数的 90% 左右。

（2）少量式 适用于较大型果园，副栽树较少，为便于管理，按果园小区方向成行栽植。一般每隔 4～5 行主栽品种树，栽一行副栽品种树，主栽品种树株数占果园总株的 80% 左右。

（3）等量式 两个品种间不分主次，一个品种栽植 2～3 行后，再栽另一品种树 2～3 行，使其有利于田间管理，两种树的株数各占全园总株数的 50%。

（4）复合式 在同一园片栽植 3 个不分主次的品种时，一般每个品种树栽植 1～2 行，三个品种树相间排列，每个品种树占全果园总株数的 30% 左右。

第六节　规模化栽植

一、栽植密度和方式

1. 栽植密度

栽植密度是指单位面积内栽植的株数。栽植密度过稀，光能利用率低，单位面积果品产量低，但果实受光条件好、质量高，也便于机械化管理；定植过密，早期产量上升快，但后期果园郁闭，管理不便，果实产量和品质迅速下降，因此果园建立时必须实行合理密植。适宜的栽植密度应根据砧木、品种特性、地形地势、土壤类型、气候条件及管理水平等因素确定。根据栽培经验无论采用什么密植，若要生产出优质果品，都要求成龄期树冠应有 1 米以上的行间距离，而株间树冠可以交接 10% 左右，即常说的"不怕行里密，就怕密了行"，这样才能保证行间通风透光良好和便于田间日常管理。

为了既有利于提高早期产量，又利于持续高产优质，既能充分利用土地和光能，又便于现代化管理，结合多年苹果栽培经验，乔砧苹果的栽培密度，在低海拔、肥水条件好、土层深厚而肥沃的平地或山地，株行距以 4 米×6 米或 3 米×5 米、每亩栽植 27.8～44.4 株为宜；在高海拔、肥水条件较差、土层瘠薄的山坡丘陵地，可采用 3 米×4.5 米或 3 米×4 米，每亩栽植 41.6～55.5 株。矮化砧苹果适宜在肥水条件好、土质肥沃的平地或山坡丘陵地栽培，其密度一般为 2 米×3 米或 2 米×4 米，每亩栽植 111～83.4 株。短枝型苹果栽植密度，根据砧木种类而有所不同，采用乔化砧木，栽植密度宜用 3 米×5 米或 3 米×4 米，每亩栽植 44.4～55.5 株；采用矮化砧木时宜用 1.5 米×3 米或 2 米×4 米，每亩栽植 148.2～83.4 株（彩图 3-14）。

2. 栽植方式

当栽植密度确定后，根据不同的地形，本着充分利用土地和光能，提高单位面积产量，便于现代化日常管理的原则，确定栽植方式。常用栽植方式有长方形、三角形、山坡丘陵地梯田等高栽植及加临时株的变化性密植等。

平原滩地果园多采用行距大、株距小的长方形定植方式。其优点是通风透光良好，果实着色艳丽，品质优，便于管理和机械化作业。为提高果园前期产量，可在永久株间加栽临时株（不提倡加栽临时行）进行变化性密植，临时株不考虑树形，以控冠、早产、让路为原则，影响永久株生长时进行间伐。

山地梯田果园常根据梯田面的宽窄确定栽植方式，梯田面较宽时，可采用长方形栽植，梯田面较窄时可采用三角形栽植方式，梯田面很窄时只可采用单行栽植。

栽植位置宜在梯田外埂 1/3 的地方，并尽量使相邻上下梯田之间的植株错开，利于树冠扩大。

二、栽植时期

苹果树的栽植时期，一般可分为春季栽植、早秋带叶栽植、秋季去叶栽植三个时期，具体栽植时期应根据当地的气候条件而定。

（1）春季栽植 在土壤化冻后，苗木发芽前进行。在冬季严寒、风大、干燥少雪的地区常进行春季栽植。虽然发芽晚，缓苗期长，但成活率较高，并可减少秋植时埋土越冬防寒的人工费用。

（2）早秋带叶栽植 在北方苹果产区，秋季多阴雨天气，是苹果苗木栽植的有利时期。多于 9 月中旬至 10 月上旬进行。由于栽时土壤墒情好，根系恢复快，并且苗木带有大量叶片，能进行正常的光合作用，可以制造和积累一定的光和产物，有利于根系再生，所以栽植后成活率高，并在翌春生长旺盛。带叶栽植应具备三个条件：一是当地育苗，就近栽植；二是起苗时少伤根多带土，不摘叶，随挖随栽；三是选雨天或雨前定植，成活率更高。

（3）秋季去叶栽植 是在晚秋苗木落叶后土壤结冻前进行。此时土壤温度、墒情均有利于根系伤口的愈合和新根的生长，因而翌春苗木发芽早，新稍生长旺，成活率高。在冬季风多寒冷地区，栽后要灌透水，并在土壤结冻前按倒苗木，埋土越冬。按压苗木时，要注意在需要弯曲处的下面堆土成丘（俗称"土枕"），以免压折苗木。

三、栽植方法

（1）栽植沟、穴的规格 一般对于株距小于 2 米的，宜顺行向挖栽植沟，沟深 80 厘米，宽 80～100 厘米；而株距大于 3 米时，应挖深 60～80 厘米，宽、长各 80～100 厘米的栽植穴。

（2）挖栽植沟、穴的时间 为了使土壤有一定的熟化时间，挖栽植沟或穴的时间宜安排在栽树前 3～5 个月完成，如春栽最好在前一年入冬前挖成，秋栽时宜在夏季完成。

（3）挖沟或穴 首先用测绳或钢尺标出栽植点，然后开挖。挖掘时，沟、穴壁要垂直向下，表土和底土应分开搁放。栽植面积较大时也可用机械挖沟或穴，如旋坑机等，每分钟可打坑 3 个左右。

（4）沟、穴施肥 在农作物秸秆丰富的地区，可在栽植沟穴的底部，采用表土在下、底土在上、一层秸秆一层土的方法，分层放入已碾压碎的秸秆，每亩用量为 2000～4000 千克，同时掺入尿素 10 千克，以利于有机物分解。填到距离地表 30 厘米左右时，上铺 5～10 厘米表土，灌水沉实后等待栽树。

底肥以充分腐熟的优质农家圈肥为主，每亩用量为 4000～5000 千克，同时加入尿素 10 千克、过磷酸钙 30 千克，在栽树前 5～10 天，将肥料与土混匀后填入沟或穴中，并灌透水。

（5）苗木栽植　栽植前将回填沉实的栽植沟或穴底部堆成馒头形，一般距地面 25 厘米左右。将苗木放置在栽树点正中央，舒展根系，扶正苗木，横竖标齐，随后填入表土，轻轻提苗，保证根系舒展并与土壤密接，然后用土封坑踏实，平整树盘并灌水（彩图 3-15）。

（6）栽植深度　栽植深度以苗木在苗圃时的深度为宜，嫁接口要略高出地面，矮化中间砧苗木，以中间砧段在地面上保留 10 厘米左右为宜。

（7）地面覆盖　苗木栽植后，保持良好的土壤温度和土壤墒情是提高栽植成活率的关键措施，根据多年栽植经验，栽植后覆盖塑料薄膜不仅能提高成活率，还可促进当年的树体生长。沿行向拉展塑料薄膜，遇有苗木时，将薄膜剪开一口，横过苗木基部，膜的两边和剪口处用土压紧，膜的宽度以 80～100 厘米为宜。也可采用树盘下盖 1 米² 地膜，四周用土压紧的方法（彩图 3-16）。

（8）苗木定干　苗木在发芽前要在预定的高度定干，也有的在栽前就剪截定干，定干高度根据栽植密度和将来所选树形而定，一般多在 80～100 厘米、有 3～5 个饱满芽处定干（彩图 3-17）。

（9）苗木套袋　在春季干燥多风地区或金龟子等食叶害虫多的地区，为提高苗木成活率和促进健壮生长，防控害虫危害所造成的缺枝现象发生，栽植后必须进行套袋。具体方法是：用旧书报纸粘成直径 10 厘米左右，长度大于苗木定干高度 10～15 厘米的细长纸袋，待苗木定干后套在苗木上，下端用土压紧，顶部略高出苗木 5 厘米左右以利于苗木侧芽生长。待苗木发芽或害虫危害期过后，为避免幼嫩枝叶发生日灼，应选择连阴天或晴天下午四点后脱袋。也可将纸袋的顶部撕开，使枝叶通风透光锻炼 3～5 天后，再将纸袋全部脱掉（彩图 3-18）。

第四章

矮砧密植栽培模式

我国的苹果产业在区域经济发展和农民增收中占有重要地位，但与世界苹果先进生产国相比，我国的苹果生产还存在很大的差距，主要表现为单位面积产量低、果品质量差、经济效益不高、在国际鲜果市场上的占有份额少，而造成这种差距的根本原因是我国苹果栽培制度陈旧和技术研究滞后。20 世纪 80 年代和 90 年代初苹果大发展时期，我国主要推广的是乔砧密植栽培模式，90% 的果园是按照此栽培模式建立的。此种栽培模式虽然对推动我国苹果产业快速发展作出了贡献，但由于乔砧密植栽培控冠和促进结果技术难度大，果农难以掌握，管理费时费工，加之该模式自身的缺陷，致使大多数果园郁闭、光照不良、产量低、果品质量差，已远远不能适应现代化苹果产业的发展需要。

矮砧密植高效栽培模式是世界苹果生产先进国家普遍采用的栽培技术，也是我国现代苹果产业发展的方向。大力推广这一先进栽培模式，实现我国苹果生产由数量型向质量型、由苹果生产大国向生产强国的战略性转变具有重大而深远的意义。

第一节　矮砧密植苹果的发展历程

在 20 世纪 60 年代我国就开始引进苹果矮化砧木，几乎与北美、日本同期。在 70 年代，国内曾掀起了研究和推广苹果矮化砧的高潮，并成立了全国苹果矮化砧研究与推广协作组，参加单位几乎包括了北方所有的果树研究所、农业大专院校和主要苹果产区。当时也在不少地方进行了推广，但是保留下来的很少，至今并没有在生产上普遍应用。苹果矮化砧未能普遍应用的原因主要归纳为五个方面。

1. 矮化砧资源本身存在缺陷

首先是抗寒性差，有些矮化性状好的砧木抗寒性差。如世界各地普遍应用的

M9、M26有比较好的矮化效应，但在华北、西北和东北的一些地区，有时因冻害或抽条引起越冬伤害或死亡，不能正常越冬。而MM106和我国培育的77-34、CX3、78-48等砧木的抗寒性虽好，但矮化性状比较差，嫁接的苹果树生长仍然比较旺，不能将树体控制到理想的大小。其次，矮化砧的根系比较浅，抗旱性比较差。我国主要苹果产区，春季干旱，在缺乏灌溉的地方，若管理不当会引起树势衰弱，影响产量和果实大小。

2. 对矮化砧的适应性估计不足

我国的苹果主要产区早春干旱，冬季低温、少雪，要求矮化砧的抗寒性好，而生长季高温、多雨，雨热同季，苹果新梢生长旺，树势不易控制等方面，也要求砧木有比较好的致矮效果；并且我国苹果栽植的土壤条件差，果树上山下滩，栽植在瘠薄的土壤上，有机质含量很低，有些地方干旱、少雨，缺乏灌溉条件，也影响了矮砧的利用。

3. 忽略了矮化砧密植栽培对综合管理技术要求的特殊性

由此引发了许多问题：①园貌整齐度差，由于苗木、越冬伤害和管理等原因，在同一果园内株间的树冠大小有很大差异，影响了果品的产量。②整形方式和技术应用不当，虽然采用了矮化砧木，但树冠过大，留枝量过多，果园仍然郁闭。③负载量控制不当，通常是过早结果而引起树体早衰。④生长量不足，在土层薄、无灌溉条件的地区应用矮化效应强的矮化砧，可能造成树体太小，枝量不足，最终影响产量。⑤栽植深度不当，栽植过深时，嫁接口被埋入土中，造成接穗生根而失去矮化效应；栽植过浅，则裸露的砧木茎段容易产生树皮日灼（如M26），轻者影响树势，重者死树。⑥矮化砧的树体干性弱，如果中心主干中、下部留枝过大、过多，将影响中心主干的生长，形成群体平面结果，致使产量降低。

4. 矮化砧苗木规格低且混杂

我国苹果苗木生产仍是以分散的小规模培育生产苗木为主，很难达到标准化。由于苹果栽植者，过于注重苗木的价格而放松对苗木质量的要求，栽植快速培育的低龄苗木，将本应是苗圃培养的工作，转移到粗放管理的果园，推迟了果园投产的时间。在国外栽植带有分枝的大龄苗木，栽植后1~2年就可结果，是值得我国借鉴的。因此，应加强和完善标准化良种苗木繁育体系，以国家现代苹果产业技术体系为载体，在国家级科研院所建立国家苹果良种、砧木无病毒原种圃；在苹果优势产区，依托地方科研院所，分区建立良种、良砧采穗圃和现代苹果标准苗木繁育示范圃；扶持建立一批大型商业化苹果苗圃，实行定点生产、专营销售；加强苹果苗木生产与流通过程中的检验和检疫管理，有效控制病毒病和危险性、检疫性病虫害的传播和蔓延，以应对我国面临的苹果园大面积更新换代和现代矮砧集约高效栽培制度发展的需求。

5. 矮化砧木的研究目标和评价体系出现偏差

主要表现为三个方面。第一是重选育轻应用，许多苹果矮化砧研究单位，多以矮砧选育为目标，虽然获得了较多有价值的材料，但对其矮化效应、砧穗组合的生长结果特性、栽培技术特点及我国特殊的气候条件和矮化砧区利用的完整体系研究不足；第二是矮化砧固地性问题，有些矮砧的固地性较差，需要设架，在高标准栽培中，应该进行科学的成本核算，在现实情况下架材的投入是必要的，并能为果农所接受；第三是矮化砧的"大小脚"现象，部分品种接穗嫁接在矮化砧木上容易出现"大小脚"现象，它与矮化效应和寿命并没有直接的关系。

因此，开展苹果矮化砧木资源利用的研究，引进、培育适合我国在不同生态类型的矮化砧木，尽快推广苹果矮化密植栽培，将有利于从根本上改变目前我国苹果生产的现状，逐步实现集约化栽培、规模化经营，使我国苹果生产跃上一个新台阶。

第二节　矮砧密植苹果的发展现状

应用矮化砧木致矮可有效控制树势，使树体矮化、树冠小型化，是苹果密植栽培成功的关键。矮砧苹果成形快，花芽容易形成，结果早；树势缓和，易控制，对于修剪反应不敏感，便于培养理想的树体结构和群体结构；行间和树冠内通风透光良好，果实在树冠中分布均匀，不仅单位面积产量高，而且果品质量高、着色好；树冠矮小，田间管理方便、省工，技术简化，容易实现标准化管理；生产周期短，便于品种更新；经济寿命相对长，总体效益高。世界各个主要苹果生产国，几乎都在应用矮化砧木作为苹果矮化的手段，形成了矮化密植的栽培技术体系。因此，应用矮化砧木，是果树现代化的重要部分，也是我国苹果栽培的发展趋势。河北农业大学历经20多年探索和研究的苹果"三优栽培技术体系"，已经取得了良好的成效，大幅度简化了栽培技术，明显降低了管理用工，进一步提早开花、结果年限，实现了苹果的早果、早丰，适宜在我国苹果栽培区大面积推广应用（彩图4-1～彩图4-5）。

据调查，2009年末全国苹果栽培面积达到206.7万公顷，其中矮化砧苹果面积为16.6万公顷，占当年全国苹果总面积的8.01%。在苹果主产省中，陕西矮化砧苹果面积最大，为8.35万公顷，其次分别为山东和河南。从矮化砧苹果占总面积的比例来看，也是陕西比例最高，为14.79%，其次分别为河南12.6%、山东8.16%等。最近几年随着土地面积减少和农村劳动力成本升高，苹果集约高效栽培又显得特别重要，果农又开始比较矮砧苹果的优缺点，通过矮砧新技术示范园的带动，矮砧苹果又开始了新的发展。从 2006 年到 2009 年全国矮砧苹果处于发展阶段，矮砧苹果占苹果总面积的比例，平均每年上升 1.33 个百分点。例如：陕西省宝鸡市苹果面积 4.89 万公顷，矮砧苹果面积达到 3.42 万公顷，矮砧苹果面积占苹果总面积的 69.9%；山东省青岛市苹果面积 1.94 万公顷，矮砧苹果面积达到 0.66 万公顷，矮砧苹果面积占苹果总面积的 34.02%；而青岛的胶南市苹果面积 0.73 万公顷，矮砧苹果面积达到 0.57 万公顷，矮砧苹果面积占苹果总面积的 78.08%。

利用引进材料和我国苹果砧木进行杂交，各地相继选出了许多矮化砧木。中国农业大学审定的中砧 1 号，具有半矮化、高效、抗逆性较强等特点。山东省青岛市农科所以平邑甜茶为试材，选育的青砧 1 号和青砧 2 号，已通过审定，均具有矮化效应和无融合生殖率高的特性，通过种子播种直接嫁接品种形成矮砧苗木，为我国矮砧苹果栽培开辟了一条新途径，估计将为我国苹果矮砧发展带来新的机遇。山西省果树研究所审定的 SH1 在各地掀起发展高潮。

目前我国应用最多的矮化砧木是 M26，占矮化苹果总面积的 82.81%；其次是 SH 系，占矮化苹果总面积的 6.46%；再者是 GM256，占矮化苹果总面积的 4.89%，其他各种砧木占矮化苹果总面积的 5.84%。这些矮化砧木基本上使用矮化中间砧，自根砧极少。基砧主要有新疆野苹果、八棱海棠、楸子、山定子等。GM256 抗寒性强，主要在辽宁应用；SH 系抗干旱、抗抽条，主要在山西、河北、北京、甘肃和陕西渭北北部使用；M26 适宜肥水条件较好的地区，主要在河南、陕西渭北南部及山东、甘肃陇东等地应用。

第三节　矮砧密植栽培的发展建议

我国苹果生产主要集中于环渤海湾、西北黄土高原、黄河故道和西南冷凉高地四大产区，其中环渤海湾产区和西北黄土高原产区生态环境符合苹果生产最适宜区域指标要求，苹果栽培面积和产量占全国的 80% 以上，是我国两大苹果优势产区。黄河故道产区属鲜苹果生产次适宜区，西南冷凉高地目前苹果生产规模小，有一定的发展空间。

根据苹果矮化自根砧抗旱、抗寒能力相对较弱，并且在密植栽培时对土壤肥水条件要求相对较高的特点，建议谨慎使用矮化自根砧。而采用苹果矮化中间砧，既融合了矮化砧的矮化特点，又利用了不同地域常用实生砧木根系所具有的良好抗逆性和固地性，在我国一些地区进行试验，结果表现较好。

利用矮化中间砧进行矮砧密植的适宜推广区域包括：西北黄土高原产区内的陕西省咸阳、渭南、铜川和延安南部等地市的县、区，甘肃省天水市及平凉、庆阳的东南部县、区，山西省运城市以及河南灵宝市、三门峡区域；环渤海湾产区内的山东省、河北燕山山脉及太行山中北部浅山丘陵地区、北京苹果栽培区；黄河故道产区内的河南、安徽、江苏等苹果栽培区。以上区域合计约占全国苹果产区总面积的70%左右。

(1) 陕西 在渭北南部有多次灌溉地区，可以发展 M9、M26 或短枝型，但必须立架栽培，株、行距为 1.5 米×4 米，每亩栽植 110 株。在渭北中部和南部无灌溉条件或仅能冬灌一次的地区，栽植短枝型＋M26 组合，中间砧全部入土；在水地栽植采用 M26。渭北中部和北部旱地，试栽以 SH6 为中间砧的组合，每亩栽植 80～110 株为宜，株、行距为（1.5～2）米×（4～4.5）米。

(2) 山东 在山东多数地区 M26 中间砧越冬性问题不大，其半矮化性比较适合山东土壤肥力一般的特点，配合支柱和适宜的树形、修剪方法，是群众可以接受的矮化方式。SH 系列在山东处于起步阶段，目前看比较适合山东的立地条件，在山东北部应该是适宜的砧木，但还需要观察。其他砧木，如 M9 致矮性强，在山东黄河故道地区应有一定发展空间。MM106、B9 等砧木需要试验，应该也有一些发展空间。栽植密度建议株、行距为（1.5～2）米×（4～4.5）米。

(3) 河南 建议在河南未来发展仍应以 M26 为主，黄河故道地区由于树体生长量较大，矮化效果更好的 M9 作中间砧也是未来需要发展的。在水肥条件好的地方，短枝富士＋M26 等树冠较小的组合，株、行距可以缩小到（1.5～2.5）米×（3.5～4.0）米。对于生长势比较中庸、早实性比较好的品种，如金冠、嘎拉、藤木 1 号、华帅、华夏（美国 8 号）、夏丽、乔纳金、粉红女士等，株、行距可以为 2 米×（3.5～4）米；而对于长势旺、成花晚的红富士等品种，株、行距则应增大到（2.5～3）米×（4～4.5）米。山坡丘陵地及较瘠薄的地区，株、行距可在此基础上适当调整。

(4) 河北 河北中南部采用 M26 或 M9，辅以严格的树形控制；河北中北部的太行山及燕山丘陵区采用 SH 优系；河北北部较寒冷地区采用 GM256。

(5) 甘肃陇东地区 有灌溉条件的地方可发展 M26，旱地发展 SH 系列砧木，密度以株、行距 2 米×4 米为宜，中间砧外露地面 3～5 厘米。

(6) 山西 山西适宜发展的矮化砧木为 SH 系中的 1、6、38、40 四个砧号，在正常管理情况下，采用中间砧栽培，树高控制在 3.5 米左右，栽植密度以株、行距为（1.5～2）米×4 米为宜。

(7) 辽宁 M 系砧木在营口产区总体不抗寒，但通过深栽和培土并结合在坡地阳面的小气候，可以安全越冬；锦州以 GM256 中间砧段为宜，栽植密度一般株、行距为（2～3）米×（3～4）米。鞍山市台安县适宜发展矮化砧木 GM256、7734，栽植密度株、行距 2.5 米×4 米。

(8) 北京 由于过去发展 M 和 MM 砧木造成许多果园全部冻死，现在矮砧

SH 系中的 6、1、38、40 四个砧号很受果农欢迎，栽植密度以（2.5～3）米×（4～4.5）米为宜。

第四节　矮砧密植栽培的技术要点

1. 矮化砧木选择

M 及 MM 系矮化中间砧，培土后容易生根，建园整齐度较差。SH 系矮化中间砧，培土后不生根，果园整齐度高，干性极强。

矮化自根砧苹果一般根系较浅，对肥水要求比较严格，加之不同矮化砧木的适应区域不同，显得矮化砧木选择更加重要，务必选择肥水条件较好和无明显环境胁迫的最适区域推广。在黄河故道、山西运城南部、陕西渭北南部等地，根据土壤肥力和灌溉条件可以选择 M26 或 M9 作为矮化中间砧，肥水条件好的区域建议采用 M9 与生长势较强的品种组合，如富士＋M9；也可采用生长势强旺品种的短枝型或生长势中庸的品种与 M26 的砧穗组合，如短枝型红富士＋M26、嘎拉＋M26。选择 M9 时一定要设立简单支架，防止树冠偏斜；在 M26 砧木越冬不发生抽条的地区，如河南灵宝坡地、山西运城中部及陕西渭北中部、山东烟台和青岛等地，可以适当选用 M26 砧木。而河北、北京、陕西渭北北部、山西运城北部以北、甘肃陇东等地，选用 SH 系中矮化作用适中的砧木，如 SH6、SH38 等矮化砧木。寒冷地区，可以选择 GM256 矮化砧木。

2. 栽植密度及方式

栽植密度由品种生长势、砧木生长势及土壤肥力来决定。生长势强的品种如长枝型红富士、王林、乔纳金等，或土壤条件较好的平地，宜采用较大的株行距栽植；而生长势较弱的品种如短枝型红富士、嘎拉、美国 8 号等，或土壤条件较差的山坡、丘陵地，宜采用较小的株行距栽植。同时，在不同的地区有不同的栽植密度。一般株、行距为（1.5～2.0）米×（3.0～4.0）米，每亩 148～83 株。株、行距的比例为 1∶2 以上为宜，达到宽行密植栽培。

3. 苗木选择

选用 3 年生矮化中间砧大苗，栽植时期适当延后，有条件的地方苗木可存放在冷库或温度较低的地方，待萌芽后至开花前定植。如果选用 2 年生苗木建园时，苗高应在 1.5 米以上，在饱满芽处定干，干径必须在 8 毫米以上，此类苗可参照 3 年生苗木管理。

4. 栽植深度

在旱地建园时，一般要求栽植时中间砧露出地面 1/3 左右，适度深栽；在水肥条件较好的地区建园，中间砧露出地面 1/2 左右。另外，选用生长势较旺的品种时，栽植深度可适当浅些，相反可适度深栽。栽植 M9 或 M26，中间砧地面外露 3～5 厘米，栽植 SH 系或 GM256 中间砧露出地面 7～8 厘米。在幼树期为了促进树体生长，对露出地面的中间砧采用起垄覆盖露出中间砧的方式，结果后如树势过旺，可去除高垄。

5. 架式选择

矮砧密植苹果园可采用篱架栽培，即顺行设立水泥柱，拉 3～4 道铁丝，用于固定下部的结果枝下垂，控制其旺长。铁丝架一般高达 3.0～3.5 米。分别在 1 米、2 米和 3 米处各拉一道 8～12 号钢丝，幼树期也可以在每株树旁栽一个廉价的竹干做立柱，扶直中心主干，并将中心主干延长枝头固定在竹干或架上。在沙土地和风大的地区建园时，为了防止树干歪斜或风大折伤枝干和果实，最好的办法是进行篱架栽培（彩图 4-6）。

在肥水条件较好的地区建园时，也可采用"V"字形架式，辅以单干或细纺锤形整形模式。该架式不但可以实现最大效率利用光照资源，还可以适度增加行距，扩大行间作业空间。"V"字形架式行距一般为 4～4.5 米、株距 0.75 米左右，隔株向行间方向拉开，与垂直轴线呈 25°～30°夹角。架面整形主要为单干形或细纺锤形。

6. 整形修剪

每亩栽植 100 株以上，培养高纺锤形；每亩栽植 80～100 株，培养细纺锤形；每亩栽植 80 株以下，培养自由纺锤形。

（1）栽植与第一年整形修剪　如果选用 3 年生大苗，由于大苗分枝较多，栽植时尽可能少修剪，不定干或轻打头，仅疏除直径超过主干干径 1/3 的大侧枝；如果用 2 年生的苗木，在 1～1.2 米饱满芽处定干；栽植后树盘（行内）覆膜。为确保中心主干健壮生长，萌芽后严格控制侧枝生长势，一般侧枝长度达到 25～30 厘米时进行拉枝，角度 90°～110°。生长势旺和靠近中心主干上部的角度大些（110°）；着生在中心主干下部或长势偏弱的枝条角度小些（90°）（彩图 4-7）。

（2）第二年修剪　第二年春，在中心主干上的分枝不足处进行刻芽或涂抹发枝素促发分枝，留橛疏除因第一年控制不当形成的过粗（粗度超过分枝处干径 1/3）分枝。生长季整形修剪同第一年，不留果，使树高达到 2.8～3.0 米（彩图 4-8、彩图 4-9）。

（3）第三年以后修剪　基本方法与第二年相同，严格控制中心主干近枝头部位留果，尤其是对于部分腋花芽，可以疏花并利用果台枝培养优良分枝。依据有效产量决定下部分枝是否留果。一般亩产量低于 300 千克，不能形成经济效益时，可以不留果。

第四年开始，树高达到 3 米左右，分枝 20 个左右，整形基本完成，苹果树进入初果期。如果树势较弱，春季可全部疏除花芽，推迟一年结果。5～7年生进入盛果期，盛果期产量控制在亩产3000～4000千克（彩图4-10）。

（4）更新修剪 针对矮砧密植栽培模式来说，保证果园群体充分受光是生产优质果品的关键。随着树龄增长，适时疏除中心主干上部过长的大枝，尽量不回缩，及时疏除顶部竞争枝。为了保证枝条更新，疏除中心主干中下部大枝时应留小桩，促发长出角度适宜的中庸更新枝，以便培养细长下垂结果枝组。

7. 加强肥水管理

矮砧密植苹果园建园时，应尽量施足底肥。进入结果期后，要多施有机肥，并推行果园生草制度，建立果、草、畜、沼生态系统，生产优质果品，实现苹果生产经济效益和生态效益双丰收（彩图4-11）。

<<< 第五章 >>>

土肥水管理

土、肥、水管理在高产优质苹果生产中占有重要地位，是实施其他栽培技术的基础。只有进行科学的土、肥、水管理，才能促进根系的健康生长，提高根系对水分和养分的吸收、合成和运转能力，进而促进树体的地上部生长，达到高产优质的目的。

第一节　土壤管理

一、清耕法

又叫清耕休闲法。即在苹果园内除苹果树外不种植任何作物，多在秋季深翻，生长季多次全面中耕，保持土地表面疏松和无杂草生长，这是目前我国最常用的土壤管理制度。

（1）**深翻改土**　在秋季果实采收后结合秋施基肥进行深翻改土，是改良土壤的有效途径和实现早果早丰优质的主要措施。深翻改土时应尽量少伤根，特别是粗度1厘米以上的主侧根不可断伤，否则会影响树体生长。

深翻改土分为扩穴深翻、隔行深翻和全园深翻。扩穴深翻多在栽植时挖栽植穴的果园中应用，方法是在栽植穴外挖环状沟或放射状沟，沟宽80厘米、深50厘米，逐年向外扩展，直至株、行间全部通透为止。每次深翻可混合施入经腐熟的优质农家肥或沤制过的作物秸秆等土杂肥。隔行深翻即隔一行深翻一行，逐年轮换，方法是在距树干50厘米以外的土壤翻耕，一次深翻宽度50～80厘米，距树干近处浅翻40厘米左右、远处深翻60～70厘米。全园深翻是将栽植穴以外的土壤进行一次性深翻，深度为40～50厘米。无论采用何种深翻方式，在回填土后，争取灌透水，使其根系和土壤密接，迅速恢复生长。如无灌溉条件，应边深翻边踏实。

（2）**中耕**　清耕法管理的果园，通过中耕可改良土壤的通透性和透水性，促进土壤微生物的繁殖和有机物的分解，增强土壤速效养分含量，经常切断土壤毛细管，防止土壤水分蒸发。雨后中耕可克服土壤板结；春季中耕能提高土壤温度，利于根系生长；还可有效抑制杂草生长，减少杂草对养分和水分的竞争，减少病虫滋生环境。中耕深度一般为5～8厘米（彩图5-1）。

但是，长期实行清耕的果园，会对土壤结构造成破坏，使土壤有机质迅速分解而含量下降，导致土壤理化性状恶化，地表温度变化剧烈，损伤浅层根系，加重水土和养分的流失。

二、生草法

生草法是在苹果园除树盘外，在行间和株间种植矮生豆科等草种（如早熟禾、黑麦草、白三叶、紫花苜蓿、黑豆、绿豆等）的土壤管理方法。生草分永久性生草和短期生草两种类型。永久性生草是在果树苗木栽植的同时，在行间播种多年生草种，定期收割，不加深翻。短期生草是选择1～2年生的豆科和禾本科的草类，逐年或隔年播于行间，1年收割2～3次，当年或来年秋季翻入地下（彩图5-2、彩图5-3）。

1. 我国苹果园生草现状

20世纪50年代，美国、日本、意大利、波兰、苏联等国家开始实行果园生草栽培。日本青森县苹果试验场从1931年开始进行果园生草栽培试验，自1952年起在生产中推广，现在苹果园生草率接近100%。波兰苹果园几乎全部采用生草法，有行间、全园两种。朝鲜也大力发展生草法。美国苹果园普遍采用行间生草，株间和树盘施用除草剂的管理办法。目前，果园生草技术已成为发达国家开发成功的一项现代化、标准化的苹果园土壤管理技术，其符合苹果产业可持续发展及生态农业发展的基本要求。

我国苹果园长期以来沿用清耕制，这种制度不利于苹果树的生长和果品质量及产量的提高。但我国多年来有在果园间作绿肥的习惯，实际上也是一种生草制。间作绿肥始于20世纪50年代，全国果园绿肥播种面积超过200万公顷，1976年发展到1300万公顷。到20世纪80年代中期后，随着果树分户经营，果园绿肥播种面积逐年锐减，跌入低谷。究其原因，一是化肥便宜，使用方便；二是绿肥需要压青、刈割、翻压，管理费工、费事；三是当时果品好卖，不受质量影响；四是实行密植体制后，无种植绿肥和生草的空间。90年代后期，苹果出现过剩，生产进入提质增效阶段，逐渐开始恢复绿肥种植或生草栽培，并将刈割下的草作为树盘、行间的覆盖物。我国在20世纪90年代引进果园生草技术，在福建、广东、山东等地推广应用。陕西省在渭北苹果基地建设中提倡果园生草，经多年实践取得良好效果。1998年，中国绿色食品发展中心已将果园生草纳入绿色食品果业生产技术体系。21世纪初，黄土高原果区将果园生草制列入专项研究，已经取得多项成果，正逐步推广到生产中去。

2. 果园生草的优点

在生草法管理的苹果园，通过刈割、覆盖、翻压和沤制等方法，将其转变为有机肥，增加了土壤有机质和有效养分含量，进而促进枝条充实和花芽形成，提高果实品质及产量。并且通过生草可调节地温，增加微生物数量，改变土壤理化性状，改善土壤团粒结构，使土壤疏松肥沃；还可降低水分蒸发速度，阻碍雨水的径流，具有较强的蓄水保墒和防止水土流失的作用。

（1）保持水土、防风固沙　果园生草，可有效减少地表径流和水土流失。据内蒙古坝子口试验站测定，种植草木樨的地表径流量比裸地减少 43.8%～61.5%，土壤冲刷量减少 39.9%～90.8%。刈割覆草可使土壤水、肥、气、热、生物五大因素稳定，并可扩大根层分布范围。据试验，覆草处理根系分布层 0～40 厘米，未覆草为 0～25 厘米，覆草后吸收根增加 100 多倍。

（2）提高土壤肥力　据报道，连续种植 3 年三叶草的果园有机质含量提高 0.3%，达到 1.1%～1.4%。中国农业科学院郑州果树所在黄河故道沙地苹果园连续 5 年种植毛苕子绿肥，每株施绿肥 62.5 千克，土壤有机质含量增加 0.4%～0.7%。生草园亩产鲜草 2000 千克，相当于 4000 千克厩肥的肥力。

（3）提高有效养分含量　草根对磷、铁、钙、锌、硼等元素的吸收力强于果树根系，并能转化为果树可吸收态。如施用毛苕子肥的土壤有效磷增加 1～4 毫克/千克、铵态氮增加 2～5 毫克/千克。试验证明，生草区全氮提高 7%～12%，有效磷提高 20%～35%，速效钾提高 9%～25%。另据资料报道，果园连续覆草 3 年，土壤速效氮增加 8.5%，有效磷增加 1.8 倍，速效钾增加 4.7 倍。

（4）改善果园生态环境　果园生草可以改善土壤理化性状，加速土壤熟化。生草根系与土壤作用，形成稳定的团粒结构，进而增强土壤保水性和透水性。

（5）提高土壤含水量　在黄土高原果区试验表明，生草覆盖区与对照相比，在全生育期不同土壤层水分含量均明显提高。果园生草覆草有利于果树根系吸收土壤中的水分和矿物质，使果实着色更鲜艳，不同程度地减少生理病害，促进枝条成熟和安全越冬。果园覆盖，能有效减少土壤表面蒸发，提高保水能力。一般年份生草园土壤含水量比清耕园提高 1.32%～3.51%，且其后效作用达 2～3 年。

（6）优化果园生态体系　苹果园生草为天敌种群繁衍创造了适宜的栖息、隐蔽环境，如中华草蛉、丽小花蝽、微小花蝽、龟纹瓢虫、食蚜蝇等。可以充分发挥优势种天敌控制害虫的能力，减少用药次数，有利于生物防控。

（7）免除中耕除草，便于行间作业　行间生草，待草长高后用机械刈割，一年几次，快速高效，不必除草深翻。据统计，连续生草 4 年可节省生产费用 13%，进而降低生产成本。行间生草覆盖不怕踩踏，雨后不泥泞，人和机械可以通过，农事操作方便，不误农时，并可减轻落果落地时造成的果实损失。

（8）**提高树体抗性，减轻病虫危害**　生草覆草后，果园土壤地力增强，果树根系活动能力提高，生长时间延长。覆草分解过程中放出 CO_2，提高叶片光合效率，因而树势健壮，病虫害显著减轻。据研究报道，生草果园蚜虫、叶螨高峰期推迟3～15 天，桃小卵果率降低，苹果树腐烂病病疤减少 41.51％～73.24％，轮纹烂果病减轻 20.12％～30.35％，苹果小叶病发病率减少 43.53％。另据试验，行间生草区苹果园每亩中华草蛉、小黑花蝽分别为 2210 头、8340 头，天敌：害螨约为1∶（1.2～2.3）；而清耕区中华草蛉、小黑花蝽分别为 397 头、888 头，天敌：害螨约为 1∶（4～88），相差悬殊。

（9）**增产、增质、增效益**　试验表明，果园生草区的果实硬度、纵横径、可溶性固形物含量均优于清耕区，单果重提高 18.7％，亩产量提高 18.5％；此外，生草果园空气湿度大，能有效减轻枝干和果实的日灼，有助于果实着色，光洁度高。另据报道，生草栽培对红富士苹果产量、品质和经济效益均有一定影响，产量提高12.73％～31.57％，单果重提高 18.1％～21.9％，一级果率提高 5.9％～9.4％。

3. 果园生草的缺点与对策

苹果园生草应注意的是，长期生草易使表层土壤的草根系密度增大，截取下渗水分，消耗表层氮素。为减少与树体的肥水竞争，应及时刈草压施绿肥，并补充氮素和浇水。生草 5～7 年后，翻耕一次，休闲 1～2 年后再重新生草。

（1）**草、树争夺肥水**　在旱地、半干旱或山区果园，生草与果树争夺肥水的矛盾相当突出，如不能加强肥水等管理，果树生长结果必然受到影响。保证措施是在缺水、旱地果园选择种植耗水量少的豆科牧草，以推广"果树行间生草＋清耕覆盖"模式较好。缺水期应及时刈割草层到 8 厘米高左右，全年刈割 2～4 次，减少水分蒸发和消耗。

（2）**果园生草鼠害加重**　据报道，生草果园，尤其是种植紫花苜蓿的果园，树干表皮常招致鼠害，将皮层啃成环状，重者木质部也被啃成深凹状，影响树势和产量。克服的办法是在草种选择上应慎重，一般来说种植紫花苜蓿和毛叶苕子易招鼠害，在鼠害较重地区应选择其他草种。

（3）**早期落叶病发生较重**　生草后落叶难以彻底清除，斑点落叶病、褐斑病等病菌基数增大，易造成次年早期落叶病较重发生。防控方法是在 5 月底前，先用80％代森锰锌可湿性粉剂进行保护，套袋后再用波尔多液（1∶2∶200）和 1.5％多抗霉素或 50％异菌脲等杀菌剂加以保护和防控。

（4）**金纹细蛾发生趋重**　生草区金纹细蛾的虫口率比清耕园提高 14.98％～13.36％，虫情指数分别较清耕园提高 39.85％和 44.87％。防控此虫的方法是利用金纹细蛾性信息素诱芯进行诱杀或测报，每亩果园悬挂 4～6 个诱捕器，诱杀雄蛾，并抓住关键时期喷药防控，在第 1、2 代成虫盛发期使用 25％灭幼脲悬浮剂 2000倍液进行防控效果好。

4. 苹果园生草制的发展前景

我国苹果产量和质量与世界先进国家相比还有一定差距，单位面积产量虽然超过世界平均水平，但仅是苹果生产先进国家的1/2左右；果品质量虽有提高，但果实缺素症多，糖度偏低，着色稍差，最终导致出口率低，国际市场占有率仅有10%左右。其重要原因之一就是长期沿用清耕制，使用化肥代替有机肥，果园土壤有机质含量多在0.5%～1.0%之间，严重制约了苹果产量、质量的提高。结合果园生草，推广牧、沼、果、草生态果园模式，可以有效改善果园生态环境，保护和利用天敌，减少喷药次数，降低农药污染，节约生产成本，提高经济效益，为果农节本增收提供有力保障，符合我国苹果产业的可持续发展方向，势在必行。

三、覆盖法

是利用各种材料，如作物秸秆、树叶、杂草、薄膜、石子等对树盘、株间甚至整个行间进行覆盖的方法。秸秆或草的覆盖厚度一般为15～20厘米，青鲜草厚度为40厘米。覆盖时间以浇水或雨后为宜，以保证土壤墒情。覆草后及时撒上少量土或石块，防止风刮和火灾发生。连续覆草3～4年后结合秋施基肥浅翻一次，也可结合深翻开沟埋草。覆盖的主要作用是：可防止土壤流失或侵蚀，改良土壤结构和理化性状，抑制水分蒸发，调节地表温度，缩小地温的日变化和季节变化幅度。试验表明，生草覆盖果园夏季表层土壤温度下降6～14℃，冬季地表温度提高2～3℃，对促进果树根系发育十分有利，还能抑制杂草生长，防止返碱，积雪保墒，增加有机质含量和有效态养分，促进树体生长和产量的提高。据报道，果园覆草1000～1500千克/亩，相当于增施2500～3000千克优质圈肥。若连续覆草3～4年，则能增厚活土层10～15厘米，覆盖区比对照区有机质含量提高1倍多（彩图5-4～彩图5-6）。

在覆草法管理的苹果园，要注意防控鼠害和虫害、火灾的发生，长期覆盖根系易上浮，土壤水分减少容易引起干旱。另外，如果树干周围覆草较厚，在高温多雨的夏季易发酵发热，造成树干基部皮层甚至木质部受到损害而腐烂。解决的办法是在距树干15～20厘米范围内不覆草，或覆草30天后及时扒开树干周围烂草，以免树干基部受害。

四、化学除草

又称免耕法或最小耕作法。就是在果园内不生草、不耕作，只用除草剂防控杂草，秋后进行一次深翻。坡地果园为防止水土流失，多实行行内免耕、行间生草的做法。

实行化学除草，有利于保持良好的土壤自然结构，增加水分渗透和保墒能力，减少地面径流和水分蒸发。无杂草与果树之间的养分竞争，根系发育良好，营养供应能力强。地表容易形成一层硬壳，便于果园内的机械化作业；另外，1年内无需多次中耕除草，显著节省劳动力和生产成本（彩图5-7）。

化学除草适用于土层深厚、土壤良好的果园。长期应用能使土壤有机质逐渐减少，一般是免耕几年后，改为生草法，再过几年改为免耕法，如此轮换，可克服其不足。苹果园内常用除草剂见表 5-1。

表 5-1　苹果园内常用除草剂

名称	防治对象	使用时间	使用方法	亩用药量	注意事项
50% 西玛津可湿性粉剂	1 年生禾本科杂草	杂草出土前	地面喷洒	0.3～0.8 千克对水 30 千克	残效期 1 年
50% 阿特拉津可湿性粉剂	1 年生杂草	杂草出土前	地面喷洒	0.2～0.5 千克对水 30 千克	残效期 1 年
25% 敌草隆可湿性粉剂	1 年生单子叶杂草	杂草出土前	地面喷洒	0.3～0.4 千克对水 40 千克	避免接触果树枝叶
41% 草甘膦水剂	多种 1 年生及多年生杂草	杂草生长期	杂草茎叶喷洒	0.3～0.5 升对水 45～75 千克	避开枝叶果实
200 克/升草铵膦水剂	多种 1 年生及多年生杂草	杂草生长期	杂草茎叶喷洒	0.3～0.5 升对水 45～75 千克	避开枝叶果实
330 克/升二甲戊灵乳油	多种 1 年生杂草	杂草出土前	地面喷洒	0.2～0.25 升对水 30 千克	持效期 2～3 个月

第二节　科学施肥

苹果树正常生长和果实发育所需要的营养元素主要有氮、磷、钾、钙、镁、硫、铁、硼、锰、锌、铜、钼等，其中氮、磷、钾为大量元素，钙、镁、硫为中量元素，其他为微量元素，而这些营养元素必须通过不断地施肥来供给和补充。目前大部分的果农在施肥中只施氮肥和磷肥，再加上有机肥缺乏，就形成了营养的不平衡。如果某种元素缺乏，其他元素施用量再大，产量和品质也不会提高，这就是最小养分率，也就好比旧式木桶，其中一块木板短矮，其他木板再长，盛水时也只能达到矮木板的高度一样。因此，我们提倡的施肥原则是在增施有机肥的基础上，"降氮、稳磷、增钾，配施微肥"。

一、肥料的种类及特点

通常将苹果园中施用的肥料种类分为两大类，即有机肥料和无机肥料。具体细分为：有机肥料、微生物肥料、化学肥料和叶面肥料等。

1. 有机肥料

所谓有机肥俗称农家肥，包括各种堆肥、厩肥、人粪肥、禽肥、饼肥、作物秸秆肥、动物残体肥、绿肥、沼气肥、腐植酸肥、城市生活垃圾经无害化处理加工而成的肥料等。其中除沼气肥、绿肥外，其他肥料均需经过堆沤，充分腐熟后才能施用，且有害元素不得超标。

　　有机肥的优点：营养元素丰富、全面，并且能使一些元素由难溶态变成可给态，能够持久、稳定地供给果树多种养分，是任何化学肥料不具备的；能够改善土壤各种性质，促进微生物活性，活化养分，提高土壤腐殖质含量，促进团粒结构形成，改良土壤，为果树生长发育创造良好的生长环境；能够通过微生物降解、有机质螯合固定等方法缓解有害物质的毒害，减少果树对重金属的吸收；能够健壮树势，增强树体抗性，减少化肥、农药用量。果园常用有机肥的有效成分含量如表 5-2 所示。

表 5-2　果园常用有机肥的有效成分含量　　　　　　　单位：%

种类	有效成分			
	有机质	氮（N）	磷（P）	钾（K）
饼肥				
大豆饼	78.4	7.00	1.32	2.13
花生饼	85.6	6.40	1.25	1.50
芝麻饼	87.1	5.80	3.00	1.30
葵花子饼	87.4	4.76	1.44	1.32
菜籽饼	83.0	4.60	2.48	1.40
棉籽饼	82.2	3.80	1.45	1.09
人粪尿				
人粪	20.0	1.0	0.5	0.37
人尿	3.0	0.5	0.13	0.19
厩肥				
羊厩肥	28.0	0.83	0.23	0.63
牛厩肥	11.0	0.45	0.23	0.50
猪厩肥	11.5	0.45	0.19	0.60
土杂肥	—	0.20	0.18~0.25	0.7~2.0
鸡粪	25.0	1.63	1.54	0.85
堆肥				
青草堆肥	28.2	0.25	0.19	0.45
麦秸堆肥	81.1	0.18	0.29	0.52
玉米秸堆肥	80.5	0.12	0.16	0.84
稻秸堆肥	78.6	0.92	0.29	1.74
绿肥				
苜蓿		0.56	0.18	0.31
草木樨		0.52	0.04	0.19
三叶草		0.36	0.06	0.24
沙打旺		2.43	0.30	1.65
紫穗槐		1.32	0.30	0.79

2. 微生物肥料

微生物肥包括微生物制剂和微生物处理肥料等（如生物钾肥）。我国目前常用的微生物肥料有固氮菌肥、磷细菌肥、硅酸盐细菌肥等复合微生物肥料等。

微生物肥的优点：起特定作用的是微生物，其生物活性及其产物可以改良土壤结构和理化性状，改良果树的营养条件，刺激果树的生长发育，提高果树的抗病和抗逆能力，并且微生物肥料不含化学物质，对环境没有污染，其产出果品形美质优，无公害，对人体安全。

3. 化学肥料

使用化学方法或物理方法生产的肥料，包括氮肥、磷肥、钾肥、硫肥及复（混）肥等，如尿素、碳酸氢铵、磷酸二铵、过磷酸钙、硫酸钾、硝酸钙等。

化学肥料的优点：速效性好，化肥一般为水溶性或弱酸性，施用后可立即溶解，或在短期内转化为水溶性，存在于土壤溶液中，能快而及时地被果树吸收利用。配合施用的附加效应，两种或两种以上的化肥通过混配组合后，可以防止养分损失，改变肥料的不良物理性状和促进营养平衡，并使肥效和利用率都分别高于混肥前的单一肥料。有机肥和化肥配合施用具有互补性，在苹果的年生长周期中仅施用有机肥一般不易按生育特点和需肥规律及时供给养分，如采用化肥和有机肥配合施用就可取长补短和缓急相济，达到满足各生育期需求的目的。

4. 叶面肥料

叶面肥料包括氮、磷、钾等大量元素类肥料及微量元素类肥料、氨基酸类肥料、腐植酸类肥料、有益菌类肥料等，如高美施、氨基酸钙、EM 液等。

叶面肥料的优点：见效快、利用率高、方法简便、用肥经济，特别是对于苹果树的缺素症和某些易被土壤固定或移动较慢的元素（如铁、锌等），施后 2 小时即可被果树叶片吸收利用。

果树生产中限制施用的肥料：目前我国限制施用的肥料主要有含氯化肥和含氯复合（混）肥、硝态氮肥；未经无害化处理的城市垃圾或含有金属、橡胶、塑料等有害物质的垃圾以及未经腐熟的人粪尿；国家或省级有关部门明文禁止施用的肥料和未经获准登记的肥料产品。

二、施肥的依据

（1）树相诊断法 树相即树体的外观形态，它反映树体的营养状况，是目前以家庭为生产单位、小规模种植为主要形式的苹果园中不可缺少的技术手段。该方法是根据各种营养元素的主要功能，以及营养元素失调时树体、枝、叶、花、果等器官所表现的外部症状，判断树体的营养状况，为合理施肥提供依据。一般认为叶片大而多，肥厚而浓绿，枝条粗壮，节间长短适宜，芽体饱满，未结果树新梢长度50 厘米以上，结果大树新梢年生长量在 30 厘米以上，短枝具备 6～8 片健壮叶，结果均匀，果个中大，品质优良，病虫害少，连年丰产者，属营养正常型；否则为营养缺乏型或营养失调型。树相诊断可参照苹果树缺素的主要症状表现进行诊断（表5-3）。

表5-3 苹果树缺素的主要症状表现

元素名称	症 状 表 现
缺氮	树体生长势弱,叶小色淡而薄,成熟叶早黄甚至早落,叶柄与新梢夹角变小。新梢短而细,花芽减少,果小品质差,着色不良,易早熟早落
缺磷	叶片小而稀,色深而薄,叶柄、叶脉紫红色;枝条短小而细弱,分枝减少,果小品质差;树体抗寒性差
缺钾	果小着色差;叶缘上卷发黄,叶面上有黄色或褐色斑点,严重时叶片焦枯。多从新梢中部或中下部开始,然后向顶端及基部两个方向扩展
缺钙	新梢停长早,根系短而膨大,根尖回枯。嫩叶发生褪色及坏死斑点,叶缘及叶尖向下卷曲,老叶出现枯死。果实发生苦痘病、水心病、痘斑病等
缺镁	叶淡绿或白色,叶脉间黄化或淡黄斑,无坏死;枝条细弱易弯,冬季发生枯梢;果实个小,着色差,缺乏风味,不易正常成熟
缺硼	顶部小枝回枯,引起侧芽发育产生丛生枝。节间短。叶片缩短,变厚,易碎,叶缘平滑无锯齿。果实易裂果,出现坏死斑或全果木栓化,成熟果呈褐色,苦味较重
缺锰	叶片叶脉间褪绿,似网状有坏死斑,绿部分的细脉看不见,褪绿常遍及全树,但顶梢新叶仍保持绿色
缺锌	春季叶片呈轮生状小叶,硬化,呈"小叶病"症状;枝条顶部叶片呈现花叶;花芽形成少,果实小、畸形;小枝易枯死
缺铁	叶片叶脉绿色,叶肉黄化,叶片黄化至黄白色,严重时全叶失绿至漂白色;枝条细弱易弯,冬季易梢枯;果小,着色差,缺乏风味,不易正常成熟
缺硫	幼叶黄化,无坏死斑,叶脉与叶脉间组织同色,呈浅绿色,不出现黄或黄白色
缺铜	植株瘦弱,新梢的幼叶尖端多失绿变黄,严重者叶脉间呈白色,叶片畸形,叶脉上有锈纹斑,随后叶片变褐干枯脱落,形成光条或枯梢
缺钼	轻度缺钼,叶片变小,颜色变淡,叶脉间失绿,多从枝条的中部向上扩展。缺钼严重时,叶片尖端先焦枯,逐渐沿叶缘向下扩展,并向叶内发展,叶片向下弯曲,叶缘焦枯部分常积聚较多的硝酸盐

（2）**土壤分析法** 该法适用于栽植规模较大，集中连片或以村为单位，距离科研院校较近的苹果园。具体做法是：在果园内采用十字交叉法或五点取样法，挖取有代表性点上的土样，挖取深度分为0～20厘米、20～40厘米、40～60厘米、60～80厘米、80～100厘米等五个土层。同层土壤可均匀混合土样，经过烘干、磨细和过筛等处理，利用有关仪器和分析程序，测定土壤质地、有机质含量、酸碱度和矿质营养元素含量。依据测试所得数据，对照标准参数或丰产示范园相应数据，判断某种元素的盈亏程度，判定出科学的施肥方案，为苹果生产提供合理的施肥依据。

三、施肥量

苹果树一生中的需肥情况，因树龄、结果量及环境条件变化等而不同，还与肥料种类、土壤供肥状况有关。一般施入的肥料并不能完全被果树吸收，一部分由于日晒分解挥发，一部分被雨水冲洗而流失，只有一部分被果树吸收利用。根据试验推算各种肥料的利用率大体为氮约50%、磷约30%、钾约40%、绿肥约30%、圈肥及堆肥约为20%～30%。因此，合理的施肥量应根据当地土壤供肥能力、品种、树势、树龄、结果状况等来确定。

(1) 有机肥　我国大多数苹果园土壤的有机质含量不足1%，远低于标准化管理生产优质果品所需要的水平。因此，每年应施入优质有机肥，以提高土壤肥力和有机质含量。一般幼树园每年每亩应施入1500千克以上优质有机肥，结果园按每生产1千克苹果施1.5～2千克优质农家圈肥计算。常用有机肥折合圈肥数量见表5-4。

表5-4　苹果园常用有机肥每千克折合圈肥数量表

肥料种类	折合圈肥量/千克	肥料种类	折合圈肥量/千克
人粪	1.7	玉米秸	1.0
人粪尿	1.0	麦秸	0.83
马粪	0.9	棉籽饼	5.70
牛粪	0.98	花生饼	10.50
羊粪	1.03	芝麻饼	9.70
鸡粪	2.40	菜籽饼	8.30

(2) 无机肥　无机肥只能作为有机肥的补充，一般用量较少。但随着产量的增加，无机肥的用量也随着增加。根据全国果树化肥试验网对苹果的多点试验，一般每年每株纯氮施用量为：未结果幼树0.1～0.25千克，初结果树为0.3～0.9千克，盛果期大树为1～1.5千克。氮、磷、钾应配合使用，根据河北农业大学进行配比施肥的试验以及多年生产实践经验，探索出了适宜当地条件的氮、磷、钾配比，其适宜的比例为：未结果幼树1:2:1，结果期树1:0.5:1。按此比例，未结果幼树每年每株应施尿素（含氮46%）0.22～0.54千克，磷酸二铵（含磷46%）0.44～1.08千克，硫酸钾（含钾50%）0.2～0.5千克；结果大树每年每株应施尿素2.2～3.3千克，磷酸二铵1.1～1.65千克，硫酸钾2～3千克。但是由于各地土壤条件差异较大，氮、磷、钾的适宜比例不是千篇一律的，各地果园应根据树势、树龄、结果状况、土壤肥力、品种特性等因素综合考虑，确定施肥比例和施肥量。

四、施肥时期和方法

(1) 基肥 根据苹果树的生长发育规律和多年生产实践经验，施基肥秋施好于春施，早秋施好于晚秋施和冬施；在基肥量相同时，连年施入好于隔年施入。早秋施基肥配合一定数量的速效性化肥，比单一施有机肥效果更好，如果有机肥充足时，可将化肥全年用量的 1/3～1/2 与有机肥配合施入，而有机肥不足时，则应将化肥全年用量的 2/3 作基肥施入。施肥方法以沟施或撒施为主，施肥部位在树冠正投影范围内。沟施是在树冠下距树干 60～80 厘米处开始向外至树冠垂直的外缘挖放射状沟或在树冠外围挖环状沟，沟深 30～50 厘米。撒施是将肥料撒于距树干 50 厘米以外的树冠下，然后浅翻入土，深度一般 20 厘米左右。除采用放射状沟或环状沟外，幼龄树还常用条状沟施肥，即在树冠外缘相对两面各挖 1 条施肥沟，沟深 40 厘米、宽 30 厘米左右，第二年改为另外相对的两面开沟施肥。无论采用何种施基肥的方法，施后均应及时灌足水（彩图 5-8～彩图 5-11）。

(2) 追肥 又叫补肥，是在苹果树需肥急迫时及时补充，进而满足果树生长发育的需要。追肥应根据树龄、生育状况、栽培管理制度、外界环境条件，以及苹果树一年中各物候期的需肥特点等及时施用，才能达到追肥的目的。

幼树期的追肥是以促进营养生长、加速扩大树冠为主要目的，一年内追肥 2 次，一般多在萌芽期和新梢旺盛生长期进行追肥，且以氮肥为主。

结果期树一年内追肥 4 次左右。第一次在萌芽期或花前追肥（4 月下旬至 5 月上旬），肥料种类以氮肥为主，可以促进新梢生长，提高坐果率，促进幼果的发育和花芽分化。第二次在花后追肥（5 月中下旬），应适时补充一些速效性氮肥或加少量磷钾肥，该时期正是幼果生长与新梢旺长期，需肥较多，如供肥不及时，则会引起幼果脱落，新梢生长早期停止，不利于果实膨大和花芽分化。第三次在果实膨大和花芽分化期追肥（6 月中旬前后），肥料种类以氮、磷、钾配合较好，该期是追肥的主要时期，供肥充足，有利于果实发育和花芽分化。第四次是果实膨大后期（7 月中旬至 8 月中旬），肥料种类以钾肥为主，有条件的果园可配合施入磷肥，该次追肥有利于提高果实产量和品质。施肥方法有浅沟施肥、全园撒施。具体做法是：根据树冠大小、追肥数量、肥料种类来决定所挖沟的形状、深浅、长短和数量，追肥沟的形状有环状、条状和放射状，深度多在 10～20 厘米，宽度为 20～30 厘米，追肥时将肥料均匀撒于沟中，并与土拌匀，然后覆土、耙平和浇水。全园撒施是当果树根系已布满全园，尤其是覆盖制、生草制的果园，在距树干 50 厘米以外处，往地面（树盘或树带内）均匀撒施肥料，然后浅耕、耙平，使肥、土混合均匀，等待降雨或灌水（彩图 5-12～彩图 5-14）。

(3) 根外追肥 根外追肥包括叶面喷施、枝干涂抹等，即将一定量的肥料溶解于水中，直接喷布于叶片或枝干表皮上，通过气孔和角质层吸收进入树体。根外追肥方法简便易行，用肥量少，发挥作用迅速，且不受养分分配中心的影响，可及时满足果树急需，并可避免某些元素在土壤中的淋失、固定，以及元素间的拮抗作用。但是根外追肥不能从根本上代替土壤施肥，只是土壤施肥的辅助措施。

根外追肥需要慎重选用肥料种类、浓度和喷施时间，以免引起肥害。喷施时间最好选择在阴天或晴天的上午 10 时以前、下午 4 时以后。为了节省劳力，尽可能与防控病虫害时的喷药相结合。苹果树常用根外施肥种类、浓度及使用次数详见表 5-5。

表 5-5　苹果树常用根外施肥种类、浓度及使用次数

肥料名称	浓度/%	喷布时期	次数	备注
尿素	0.3～0.5 2～5 5～10	落花后至果实采收后 落叶前 30 天 落叶前 15 天	2～4 1～2 1～2	不能与草木灰、石灰混用
过磷酸钙	2～3(浸出液)	落花后至果实采收前	3～4	不能与草木灰、石灰混用
磷酸二氢钾	0.2～0.5	生长期	2～4	促进果实着色
氨基酸复合肥	0.2	落花后至果实采收前	3～5	促进坐果,提高果实品质
硫酸亚铁	0.2～0.5 2～4	萌芽期、果实采收前 休眠期	2～3 1	防控黄叶病
硫酸锌	0.05～0.1 2～4	萌芽期、果实采收前 休眠期	1 1	防控小叶病
硼砂	0.2～0.3	花期	1～2	增加坐果,防止缺硼及果实木栓斑点病
氯化钙 高效钙	0.2～0.3	落花后至果实采收前	2～4	防止缺钙及果实苦痘病
EM 液	1～2	落花后至果实采收前	3～5	增强树势,提高果实品质,不能与农药混用,间隔期 7～10 天

第三节　浇水与排涝

水是苹果树各器官的重要组成部分。据研究测定，苹果树的根、枝、叶的含水量约为 50% 左右，鲜果的含水量高达 80%～90%。苹果树每制造 1 克干物质约需水 146～233 克，其正常生长发育的土壤适宜含水量是田间最大持水量的 60%～80%，沙质壤土当含水量低于 50% 时出现旱象，下降到 30% 左右时，树冠内膛叶片变黄脱落，发生旱灾。而水分过多，则会造成土壤通气不畅，氧气含量降低，有害物质积累，导致根系在缺氧状态下沤烂甚至死树现象发生。因此适时的浇水和排涝是确保苹果树健壮生长，实现丰产、优质的重要措施。

一、浇水

在我国苹果主产区，生长期降水量多在500毫米以上，若分布均匀，基本可以满足果树对水分的需求。但是我国北方苹果产区雨量分布不均，主要降水集中在7～9月份，容易出现春旱、夏涝，给苹果生产造成不良影响，因此必须根据苹果树的需水规律，及时灌溉补水。

1. 浇水时期

应根据苹果树一年中各物候期生理活动对水分的需要、气候特点、土壤水分的变化以及追肥情况而定。一般华北及西北地区苹果园的浇水分为四个时期。

（1）萌芽至花期浇水　早春苹果树萌芽开花坐果，需水量较大，春旱时应及时浇水。适时浇水能促进新梢生长，提高坐果率，并促进幼果发育。

（2）春梢生长期浇水　此期正值新梢迅速生长，叶面积大量形成，幼果膨大，是需水的高峰期，也称需水临界期。如水分缺乏易引起新梢生长不足，落果严重。后期雨多生长过旺，影响果实发育和花芽形成。

（3）果实膨大期浇水　对于干旱或降雨量偏少的果园应及时浇水，以使土壤保持充足而稳定的含水量，促进果实膨大，提高产量和品质。但是浇水过多会影响果实品质和引起裂果。

（4）后期浇水　一般结合秋施基肥进行浇水，有利于有机肥分解，便于果树吸收利用，增加抗寒越冬能力。此期浇水力争浇透，使土壤蓄积充足水分，可减轻冬春土壤干旱对果树的不良影响，防止幼树抽条和保证翌年春季果树的生命活动。

2. 浇水方法

我国是一个淡水资源比较贫乏的国家，且区域间雨水分布极不平衡，传统的地面灌水方式不仅浪费了宝贵的水资源，而且恶化了果园内苹果树的生长环境，甚至诱发各种病虫害大量发生。苹果园浇水应本着节约用水，减少土壤侵蚀，维护良好的土壤结构，既要满足苹果树正常生长发育对水分的需求，确保优质丰产，又能降低水资源消耗，提高水资源效率的原则。鉴于此，采用节水灌溉技术，可以极大地减少灌溉用水，节水幅度达40％～60％，并可提高苹果产量，减少病虫害的发生。

（1）低压输水管道系统的建造　低压管道输水灌溉（简称低压管灌）是以低压管道代替明渠输水灌溉的一种工程形式。采用低压管道输水，可以大大减少输水过程中的渗漏和蒸发损失，使输水效率达95％以上，比土渠、砌石渠道、混凝土板衬砌渠道分别各节水约30％、15％、7％。对于井灌区，由于减少了水的输送损失，使从井中抽取的水量大大减少，因而可减少能耗25％以上。另外，以管代渠，可以减少输水渠道占地，使土地利用率提高2％～3％，且具有管理方便、输水速度快、省工省时、便于机耕和养护等许多优点。因此，对于地下水资源严重超采的北方地区，井灌区应大力推行低压管道输水技术。由于低压管道输水灌溉技术的一次性投资较低（与喷灌和微灌相比），设备简单，管理方便，果农易于掌握，所以特别适合我国农村当前的经济状况和土地经营管理模式，深受广大果农的欢迎。

(2) 首部枢纽　利用已有的机井，配备潜水泵等，向附近的果园供水。机井首部增加一个泵房，面积 3 米×2 米，采用砖结构。泵房出水设置三通，将压力罐与输水管道并联相接，以便果园单独进行滴灌时控制流量。

(3) 管道设计　田间输水管道选用 PVC 管材，管径根据输水流量确定。经计算，水泵每小时流量 40～50 米^3 时，管道直径确定为 110 毫米。输水管道沿田间道路铺设，管道施工的沟深 0.8 米、宽 0.5 米。沟槽坡降比 1/2000。

(4) 管道施工　开槽挖沟时，应注意放坡，沟底的宽度以不影响作业为宜。沟底（即管基）为原土层、且无突出的坚硬物时，可将原土夯实，垫沙、找坡，即可铺管；沟底为回填土时，应先渗水、夯实，在其上浇注厚度不小于 100 毫米、宽度为 2 倍管径的混凝土板带，然后垫沙、找坡、铺管。

(5) 滴灌　滴灌是通过安装在毛管上的滴头或滴灌带等灌水器的出水孔使水流成滴状进入土壤，对苹果树进行灌溉的一种灌水形式。由水源、首部枢纽、输配水管网、灌水器四大部分组成。水源通常选用来水有保障的水库、坡塘、机井、水窖、自来水等。一般采用水泵加压或利用水位差等供水形式。滴灌具有经济利用土地、保护良好土壤结构、节水、保墒、增产、增质、防止盐渍化、节省劳力、兼顾喷药施肥等优点，对于山坡丘陵区园地不平整的果园、生草制的果园尤为实用。滴头可采用内镶式滴灌软管，布置时可采用单行果树双管、单行果树单管等形式（彩图 5-15）。

(6) 滴灌首部枢纽和输水管的配置　苹果园滴灌系统首部枢纽主要包括过滤器、施肥器、阀门控制等。在果农利用水位差压力供水时，首部枢纽只需在蓄水池的出水口上安装一个自制过滤器即可。在水源没有杂质和不需要施肥时，只需安装阀门控制。在蓄水池的出水口设置闸阀一个。输水支管道沿果园土地的长边布设一道，长度与地长相近，末端留一泄水口。在支管上根据苹果树的行距每行接一条长度与土地长度相近的滴灌管。

(7) 输水管道及管件　苹果园滴灌工程采用低压管网输水，主、支管道采用 U-PVC 塑料管，管径分别选用直径 110 毫米、直径 50 毫米。管道及管件选用可承受压力为 0.2 兆帕的即可。滴灌管采用滴箭、小管出流或内镶式 PE 滴灌软管，管径选用 8～16 毫米，滴头间距根据种植苹果的株距确定，每株苹果树设置 2～3 个滴头，工作压力 0.1 兆帕左右，管件选用与 PVC 相互配套的连接件。

系统安装与施工安装前必须认真了解设备性能，过滤器、闸阀、施肥器之间要安装严紧，不得漏水，并注意设备进水方向正确。

支管道选用直径为 50 毫米的 PVC 管和与之相配套的三通等配件。安装时按栽植苹果树的实际距离，用钢锯截取相应长度。为便于耕作，支管安装沿苹果树的株距方向布置，注意在支管上留下进水口并连接进水管。根据苹果树的栽植间距，用打孔器在支管上打好相应间距的预留孔。

滴灌管安装时应注意，一是滴灌管在铺设时，一定不能扭转，以免堵水；二是若用内镶式 PE 滴灌软管，覆盖地膜时铺设管孔眼朝上，不覆膜时孔眼朝下，滴灌管长度不够时用配套的直通连接即可。

（8）滴灌系统检查冲洗　安装好滴灌系统，要先冲洗。从过滤器开始，然后是管道。清洗过滤器时打开排污阀，放水 20～30 分钟，见水清后关闭。支管道放水 15～30 分钟，见水清，上堵头。滴灌管尾部见水清后，依次堵住。如发现问题要及时处理。

每次灌水时，都要先冲洗过滤器，如发现问题，要取出滤网清洗，并检查处理。每灌水 3 次后，要打开滴灌管尾部冲洗，如发现水质浑浊要停止使用，并检查过滤器。

滴头不出水，检查后如果是沙子堵塞，用木棒在滴灌管上轻轻敲击，振动滴头，可将沙子冲出，不能自行打孔，如无滴头，则剪断，用直通连接。

（9）灌水方法　采用滴灌管进行灌水的原则是勤灌少灌，灌水间隔时间根据苹果树的年需水规律进行控制，一次灌水量以渗透苹果树根系的集中区为宜。

灌清水时，先将施肥器上的吸管关闭，然后将水管阀门开至最大，再接通有压水源，即可进行灌水。

施肥水时，将阀门关闭，打开施肥吸管开关，固定好过滤器，接通水源即可进行施肥，施肥完后，关闭施肥器的吸管开关，打开水管阀门继续灌水，以便将管内残留肥水冲净。

（10）渗灌法　通过地下埋设的输水管道和灌管，靠一定高差的水位，让水从管壁小孔流出，或从管壁毛细孔中慢慢渗出，使其周围土壤达到一定湿度。该法是最省水的一种浇水方法，用水量仅是常规浇水量的 30%，适用于缺水地区和山地苹果园。

（11）穴灌法　在树冠正投影的外缘挖穴，将水灌入穴中，以灌满为度。穴的数量以树冠大小而定，一般为 8～10 个，直径 30 厘米左右，灌水渗干后将土还原。此法用水经济，不会引起土壤板结，在水资源缺乏的地区应用较多。目前通过多年的应用改进，在原基础上于穴内加入一捆经肥水浸透的草把，并在其上覆盖地膜，就演变成更加科学实用的既供水分又提供肥源的穴贮肥水法，更适用于交通不甚便利的山坡丘陵地果园。

（12）树盘灌水法　在树冠周围按树冠大小修成树盘，树盘与灌溉渠相通，灌溉时使水流入圆盘内。此法简便省工，用水经济，但浇水范围较小，距树干较远的根系不易得到充足的水分供应，适宜水源不甚充足的果园应用（彩图 5-16）。

（13）沟灌法　在果园行间开灌溉沟，沟深约 20～30 厘米，在沟中灌水，待水完全渗入后再覆土填平。此法较省水，水分流失少，且对土壤结构的破坏较漫灌和树盘灌溉轻，也是目前缺水地区果园应用较普遍的灌溉方法。

二、排涝

研究证明，苹果树的耐水淹能力较弱，当土壤长时间含水量过高，就会引起生理障碍，造成减产，严重时果树甚至死亡。因此，在雨季降水量较大或低洼地区的果园，当土壤含水量达到田间最大持水量时，就应开始排涝。不同的土壤田间最大持水量是不同的，如细砂土为 28.8%、砂壤土为 36.7%、壤土为 52.35%、黏壤土为 60.2%、黏土为 71.2%，所以各地区应根据当地果园的土壤质地适时掌握排涝时机，确保果树的正常生长发育。

苹果园中较常用的排涝方法很多。平原地区规模较大、管理水平较高的果园，须建设完善的排水系统，包括排水沟、排水支渠和排水干渠，并相互连接贯通，以备在降水量大时进行及时排涝。山地果园多采用竹节沟排水，因其操作简便，投资少，管理费用低，多为果农所接受。

第六章

整形修剪

整形修剪是苹果树栽培中的一项重要技术措施。在土、肥、水等综合管理的基础上，根据苹果树的生长结果习性，结合当地的环境条件和栽培技术水平，通过整形修剪改变地上部枝和芽的数量、着生位置及姿态等，调整生长与结果的平衡关系，使果树形成通风透光良好的树体结构，从而达到早产、优质、高产、稳产、经济寿命长和便于管理的目的。

（1）覆盖率 指树冠投影面积与植株占地面积之比。苹果园的覆盖率应维持在75％左右，树冠下的投影面积占15％左右。

（2）枝量 是指每亩苹果园一年生长、中、短果枝和营养枝的总和。适宜的枝量为10～12万条，经冬季修剪后的枝量为7万～9万条。

（3）枝类组成 指不同类型的一年生枝条所占的比例。要求中、短枝比例占90％左右，其中一类短枝占总短枝数量的40％以上，优质花枝率为25％～30％。

（4）花芽量 指一株树花芽留量的多少。要求花芽分化率占总枝量的30％左右，经冬剪后花芽、叶芽比为1∶（3～4），每亩花芽留量1.2万～1.5万个。

（5）树体高度 指苹果树从地面到中心主干顶梢的高度。一般多为栽植行距的80％，如栽植行距5米，经冬剪后的树体高度应在4米以下为宜。

（6）树冠体积 指苹果树生长和结果的空间范围。一般稀植大冠果园每亩的树冠体积控制在1200～1500米^3，密植园以1000米^{3}为宜。

（7）新梢生长量 指树冠外围的年生长量。成龄树要求达到35厘米左右，幼树以50厘米左右为宜。

第一节　整形修剪的原则

整形修剪的基本原则是："因树修剪，随枝做形"；"统筹兼顾，长远规划"；

"平衡树势，主从分明"；"以轻为主，轻重结合"；"合理用光，立体结果"。

1. 因树修剪，随枝做形

由于苹果树的品种特性、树龄、树势、栽培技术和立地条件互不相同，整形修剪时所采取的方式方法也不一样。即使栽在同一园片内，不同品种的树体长势、中心干强弱、主枝开张度、萌芽率和成枝力、顶花芽和腋花芽结果等生长结果习性也各不相同，整形修剪方法也不一样。例如：富士系品种主枝开张角度小，幼树生长偏旺，结果晚，修剪时应加大角度；而嘎拉系品种成花容易、结果早，修剪时应注意短截或回缩，以防衰弱。因此在进行整形修剪时，既要有树形要求，又不能机械照搬，根据不同单株的生长状况灵活掌握，随枝就势，因势利导，诱导成形，做到有形不死，活而不乱，避免造成修剪过重而延迟结果。

2. 统筹兼顾，长远规划

苹果是多年生果树，在一地栽植后要生长和结果十几年甚至几十年，整形修剪应兼顾树体生长与结果的关系，既要有长远规划，又要有短期安排。幼树既要安排枝条，配置枝组形成合理的树体结构，又要达到早产、早丰、稳产、优质的目的，使生长结果两不误。如果只顾眼前利益，片面强调早丰产，就会造成树体结构不良、骨架不牢固，影响产量提高。反之，若片面强调整形而忽视早结果，不利于缓和树势，进而影响早期的经济效益。对于盛果期树，必须按照生长结果习性和对光照的要求，适度修剪调整，兼顾生长与结果，达到结果适量、营养生长良好、丰产、稳产、品质优良、经济寿命年限长的目的。

3. 平衡树势，主从分明

关键是处理好竞争枝，使树体内营养物质分配合理，营养生长和生殖生长均衡协调，从而实现壮树、高产、优质的目的。目前，我国苹果生产中常用的丰产树体结构是中心主干比主枝粗壮，主枝比结果枝组粗壮，下层骨干枝比上层骨干枝粗壮，基部的枝组比外部的枝组粗壮。因此在整形修剪中，必须坚决疏除与中心主干（0级枝）粗度一致的主枝（1级枝），疏除主枝（1级枝）上与主枝粗度一致的结果枝（2级枝），达到0级枝粗度比1级枝粗度大1/3，1级枝粗度比2级枝粗度大1/2的效果，并使同类枝的生长势大体相同，使各级骨干枝保持良好的从属关系，让每一株树都成为生长与结果相适应的整体。

4. 以轻为主，轻重结合

是指尽可能减少修剪量，减轻修剪对果树整体有抑制作用，尤其是幼树，适量轻剪，有利于扩大树冠，增加枝量，缓和树势，达到早结果、早丰产的目的。但修剪量不宜过轻，过轻势必减少分枝和长枝数量，不利于整形，骨干枝也不牢固。为了建立牢固的骨架，必须按整形要求对各级骨干枝进行修剪，以助其长势和控制结果。应该指出，轻剪必须在一定的生长势基础上进行，如红富士系列品种的1～2年生幼树，要在具有足够数量强旺枝条的前提下才能轻剪缓放，促使发生大量枝条，达到增加枝量的目的。反之不仅影响骨干枝的培养，而且枝量增加缓慢，进而影响早结果。因此定植后 1～2 年幼树适量短截，促发长枝，为轻剪缓放创造条件，是促进早结果的关键措施。

5.合理用光，立体结果

合理用光，就是要使每一片叶子均处于良好的光照条件，以截获利用最多的光能。因此通过整体修剪的合理调整，使层间留有足够的间隙，降低每一层叶幕的厚度，单侧厚度 0.6～0.8 米，调整骨干枝角度，使其互不重叠，枝叶保持外稀内密。降低树体高度，一般多控制在行距的 0.6～0.8 倍，行间枝头距保持 0.8～1 米，减少树与树之间的相互遮阴。

立体结果是指在一个开张角度较好的大枝上，培养、配备大量结果枝组，不仅要靠左右两侧的枝组大量结果，还要依靠大枝上下的中小枝组结果，形成大、中、小、侧、垂、立各种枝组均匀排列，高矮搭配，合理布局，使树冠的里外、上下、左右全面结果。因为这样既可增加产量，又能形成一定的遮阴，对夏秋季果实因日光直射而造成的日灼也有一定的缓解作用。

第二节　适宜树形

目前我国苹果栽培生产中采用的树形较多，无论哪种树形均能丰产增收。各地在选择适宜树形时，应根据所选苗木的砧穗组合，当地的气候条件、土壤条件、技术管理水平等因素，做到充分考虑，选用相应的树形和整形方法。例如：矮砧密植园树冠小，宜选用狭长、紧凑的树形，如圆柱形、细长纺锤形；乔砧密植园易形成中冠形，适宜小冠疏层形、小冠开心形、自由纺锤形；乔砧稀植园树冠大，宜采用少主枝、多级次、骨干枝牢固的基部三主枝自然半圆形、主干疏层形、自然半圆形。这样才能选形得当，才能合理利用光能和土地，充分发挥其生产潜力，取得较好的经济效益。目前生产上应用较多、栽培管理技术成熟的主要树形、结构及适用范围详见表 6-1。

表 6-1　苹果树形、结构及适用范围

树形	主枝	主枝或分枝				侧枝	砧木	生长势	品种	行株距/米
		数量	长度/米	角度/(°)	枝干比					
自由纺锤形	中	10～12	1.5	70～90	1：2	无	半矮化砧	半矮化	普通	4×3
							乔砧	半矮化	短枝型	
细长纺锤形	小	15～20	1～1.2	80～110	1：3	无	矮化砧	矮化	短枝型	(3～4)×(1.5～2)
圆柱形	无	30～40	0.7～1.2	80～120	1：5	无	矮化砧	半矮	短枝型	3×(1.5～2)

树形	主枝	主枝或分枝				侧枝	砧木	生长势	品种	行株距/米
		数量	长度/米	角度/(°)	枝干比					
小冠疏层形	大	5～6	2.5～3	60～80	1:1.5	有	半矮化砧	半矮化	普通	5×3
							乔砧	乔化	普通	
小冠开心形	大	3～5	2.5～3	60～80	1:1.5	有	乔化砧	乔化	普通	5×3
基部三主枝自然半圆形	大	5～6	3～4	60～80	1:1.5	有	乔化砧	乔化	普通	(6～7)×(4～5)

一、纺锤形

纺锤形按其冠幅大小、主枝数目和尖削度及适宜栽植密度的不同，分为自由纺锤形和细长纺锤形两种。

1. 自由纺锤形

该树形属于中小型树冠，适用于密植果园，也是目前苹果短枝型和半矮化砧栽培中的首选树形。适宜株行距（3～4）米×（4～5）米，每亩栽植 33～55 株。中心主干强健，着生多个小型主枝，开张角度大，不分层，主枝上不留侧枝，单轴延伸，结果枝和结果枝组着生在中心主干和小主枝上，树冠细长，上小下大。自由纺锤形树体紧凑，树冠开张，树势缓和，骨干枝级次少，修剪量小，通风透光良好，结果早，便于主枝轮换更新，容易整形修剪（图 6-1）。

图 6-1　自由纺锤形

（1）树体结构 干高 50～70 厘米，树体高度 3～3.5 米，中心主干直立。在中心主干上按一定距离（20～30 厘米）或成层分布 10～12 个伸向各方的小主枝，主枝长 1.5 米左右，下部主枝稍大，向上依次递减。同侧主枝间距不小于 60 厘米，互相插空生长。主枝上不着生侧枝，直接着生结果枝和结果枝组，各级主轴间（中心主干—主枝—结果枝）从属关系分明，粗度差异明显，各为母枝直径的 1/3～1/2。树高依行距而定，一般相当于行距的 80%。小主枝的角度基本呈水平状态，随树冠由下而上，小主枝逐渐变短、变小，其上不配备侧枝，直接着生结果枝组。自由纺锤形树体结构简化，骨干枝级次少，修剪量轻，留枝早，枝量增加快，结果早，前期产量高。适用于短枝新红星、半矮化砧红富士中等密度的果园（彩图 6-1）。

（2）整形过程

① 定干 苗木栽植后定干高度为 70～90 厘米。平原土壤肥沃、条件较好时定干稍高些；山坡、丘陵地土地瘠薄，定干时可稍低些。如果建园质量高，选用的苗木高度是 1.2 米以上的优质苗，栽后亦可不定干，萌芽前后定位刻芽，促发所需的主枝。

② 第一年修剪 5 月下旬至 6 月上旬，对竞争枝进行扭梢或重摘心控制，夏秋季对新梢拿枝软化，使枝条角度达 70°～90°，在冬季将主干上距地面 50 厘米以内的枝条全部疏除，在 50 厘米以上疏除其直径大于着生部位主干粗度 1/2 的过旺枝条，疏除时剪口下留 1 厘米左右的小橛，剪口朝上，橛下留 1～2 个瘪芽，以利翌年春继续发枝。保留 6～7 个长势均衡、方位较好的枝条，其中 4～5 个为小主枝，2～3 个为辅养枝，并对所保留枝条一律实行缓放不短截。中心主干延长枝头长势正常时，应疏除竞争枝，保留原头继续延伸，反之应换头，用下部竞争枝带头。对中心主干延长枝剪截时，一般保留长度为 50～60 厘米（剪口处直径应在 0.7 厘米以上），此时树高可在 1.5 米以上。如果中心主干上所保留的枝条长度小于 40 厘米且少于 4 条时，以后很难培育成符合要求的树形。因此，在中心主干上着生的各类枝条，不管其长短，一律从基部留 1～2 厘米的短橛剪除，中心主干延长枝剪留 40～50 厘米，形成高度为 1.4 米以上的直立独杆，待第二年重新抽生侧生新梢。这种方法，虽然导致小主枝的结果推迟 1 年，但是树冠整齐、挺拔，中心主干优势明显，抽生的新梢数量多、角度大，并且能保持较好的干、枝粗度比，一般为 2∶1 左右（图 6-2）。

③ 第二年修剪 于萌芽前后进行拉枝开张角度，使各主枝处于近水平状态，辅养枝呈下垂状态。并对其进行多道环割，刀口间距一般 15～20 厘米。5 月下旬至 6 月上旬，对主枝或辅养枝的背上直立枝扭梢、摘心，过密者适当剪除。7～8 月份对中心主干上萌发的新梢拿枝软化使其趋于水平（图 6-3）。

冬剪时对上年留下的小主枝、辅养枝仍实行缓放，对其背上过密枝适当疏除，侧生过旺的一年生枝疏除或重短截。尤其是粗度大于所着生一级枝部位直径 1/2 的

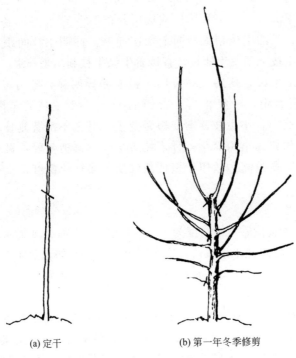

(a) 定干　　　　　　　　(b) 第一年冬季修剪

图 6-2　栽后第一年的修剪

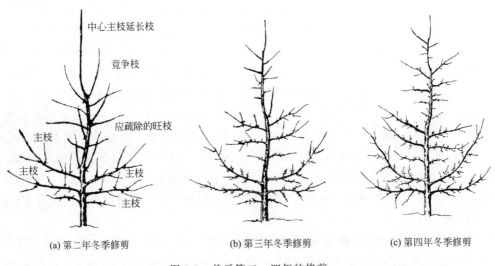

(a) 第二年冬季修剪　　　　(b) 第三年冬季修剪　　　　(c) 第四年冬季修剪

图 6-3　栽后第二～四年的修剪

二级枝（着生在一级枝上的枝条）抬剪疏除，使二级枝粗度明显小于一级枝。中心主干上再选留 3～4 个主枝、1～2 个辅养枝，疏除直立旺枝、竞争枝，对粗度大于着生部位中心主干直径 1/2 的一级枝抬剪疏除。中心主干延长枝留 50～60 厘米短截，其余枝条一律长放不剪。

④ 第三年修剪　对于短枝型苹果树来说，树形已基本形成，开始结果。夏剪时要注意开张枝条角度，让其多结果。对于乔化树，尤其是红富士等形成花芽较难、结果较晚的品种，于 5 月下旬至 6 月初对 2 年生小主枝、辅养枝进行环剥或环割，控制其生长势，促其早花早果，其他夏、秋的措施和第二年相同。

冬剪时要注意树势的基本平衡，防止上强下弱或下强上弱。在中心主干上继续选留 2 个以上主枝、1～2 个辅养枝，同侧的主枝间距应保持 60 厘米以上。中心主干延长枝继续保留 50～60 厘米短截，其他处理措施与第二年冬剪相同。

⑤ 第四年及以后各年修剪　春季、夏季修剪方法同前几年。秋季，注意拉枝开角上部的枝条，其开张角度要比下部略大，防止上强现象发生。冬剪时树高控制在 3.5 米左右，保持冠内枝条生长势平衡。中心主干上的主枝数目已达 12 个左右，树冠冠径已达 2～3 米，株间即将接头，开始培养中、小枝组系统以利生产优质苹果，整形任务基本完成。因此，中心主干延长枝生长过旺或过弱时，可用其下位枝条换头。骨干枝及延长枝除特别衰弱的短截外，一般长放不截，旺枝疏除，使树冠上部不存在粗、旺枝，保持枝条间的相对平衡关系，防止上强下弱。为改善树冠内膛光照，应注意疏除树冠外围竞争枝，直立旺枝和密生枝。对向行间延伸过长的枝条，可在其后部适当位置选一中庸枝作为更新枝，缓放成花后进行回缩。需要注意，回缩过急容易使枝条返旺而达不到理想的效果。

2. 细长纺锤形

细长纺锤形的树体基本结构类似于自由纺锤形，其不同点主要是主枝数目多（自由纺锤形 10～12 个、细长纺锤形 15～20 个），各级主轴间（中心主干—主枝—结果枝）从属关系更分明，粗度差异更明显（自由纺锤形各为母枝直径的 1/3～1/2，细长纺锤形为 1/3 以下）。树体略小，冠径较窄，树体紧凑，不分层，不留侧枝，直接在中心主干或小主枝上结果。主枝短小，角度开张，行间留有 1 米以上的间距，下部 3～5 个小主枝达到水平或下垂，枝条长度不超过 1.5 米，树冠上部枝展较小，整个树冠呈细长形。该形树体基本结构简单，管理方便，修剪量小，结果早，果实品质好。适用于（1.5～2.0）米×（3.0～4.0）米的矮化砧苹果密植栽培园（图 6-4、彩图 6-2）。

图 6-4　细长纺锤形

（1）整形要点　细长纺锤形是目前矮砧密植苹果园丰产、优质栽培的首选树形。该形树体狭长，主枝短小，角度开张，群体结构良好，在密植条件下，能使行间保持 1 米以上的通道，树冠通风透光良好。矮砧苹果的特点是：形成花芽容易，大量结果以后枝条生长量很小，所以在果树结果前培养好基本骨架十分重要。整形修剪时从"扶干"和"主枝小型化"着手，才能迅速培养成中心主干生长健壮、主枝短小、树冠狭长的丰产、优质树形。

① 扶干　矮砧苹果树的中心主干生长势较弱，栽培时特别需要注意中心主干的培养，应采取中心主干延长枝在饱满芽处短截、控制分枝数量、抑制竞争枝和其他分枝生长势和人工绑立支柱扶干等措施，使中心主干延长枝始终处于直立状态，年生长量保持在 80 厘米以上。当树龄 4～5 年生树体高度达到 2.5 米时，以后中心主干延长枝不再短截促其生长，整形基本完成。

② 主枝小型化　采取冬季、夏季修剪相结合的栽培管理技术，合理运用主枝小型化的各项技术措施，才能达到理想的效果。培养主枝小型化有 5 项技术措施。

a. 多主枝　栽植后，经过连续 1～2 年的冬季重修剪和夏季修剪措施的配合，使全树从中心主干上着生的小型化主枝数量控制在 20 个左右。较多的小主枝使树体营养不能集中供应，对枝条的生长势有一定的减缓作用。

b. 大角度　小型化主枝的角度控制在 $80°～110°$ 之间。小主枝的拉枝开角从发枝的第一年夏季开始，通过几年连续不断地采用拿枝软化、支撑、拉枝等开角措施，使枝条达到合适的角度。一般枝条拉成水平状，过粗、过旺的枝条可以拉成 $110°$ 角，使其达到稍下垂状态，控制其旺盛生长。

c. 留小枝　枝条基部的粗度与其枝长有极显著的相关性。在中心主干上选留小型化主枝时，对生长势过旺和粗度超过着生部位（主干或主枝）粗度 1/3 的枝条均要疏除。幼树期间，虽然粗大枝条不是很多，但凡是超过着生部位粗度 1/3 的枝条也要疏除，或仅留基部一个芽极重短截，翌年在剪截口处发生新枝，使其枝干比达到整形要求。

d. 无侧枝　在小型化主枝上不留侧枝，直接着生结果枝和结果枝组，分枝选留以枝干比超过 1∶3 为标准，疏除较粗的分枝，使小型化主枝单轴延伸。

e. 不打头　对选留的小主枝进行不剪截缓放；对中心主干延长枝，树体高度在 2.5 米以下时剪截促生长，当树高达到 3 米以后也不打头。

(2) 整形过程

① 定干　定干高度依苗木质量、立地条件等而定。一般壮苗定干高度为 90～120 厘米，弱苗则在 70～80 厘米处定干，且保证剪口下有 8～10 个饱满芽。如果苗木高度在 150 厘米以上，并且生长健壮时，也可不定干（图 6-5）。

② 第一年修剪　苗木栽植后在萌芽前后，对于高定干或不定干的植株，在距地面 50 厘米以上进行刻芽，间隔距离 10 厘米左右，以促发枝条并控制其生长势，萌芽后，在距地面 50 厘米以下萌发的嫩枝全部抹除，促其以上枝条健壮生长。

夏季对中心主干上所发出的分枝控制其长势。当新梢长到 30 厘米左右时进行拿枝软化，开张角度，使其角度达到 $80°～90°$。秋季继续进行拿枝、撑枝、拉枝等

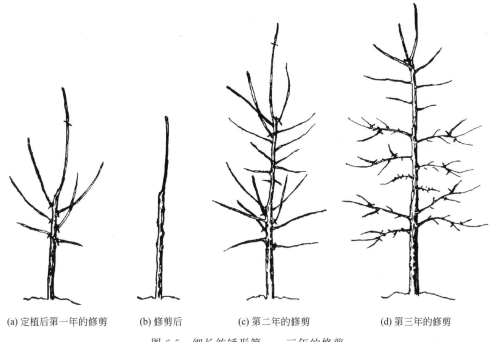

(a) 定植后第一年的修剪　　(b) 修剪后　　(c) 第二年的修剪　　(d) 第三年的修剪

图 6-5　细长纺锤形第一～三年的修剪

工作，使其角度达到 80°以上。

第一年冬季，将中心主干上的所有分枝都极重短截，或全部从基部疏除，中心主干延长枝在春梢或秋梢饱满芽处剪截。翌年春季在上年疏枝或重短截的部位，会发出较好的长枝。在中心主干延长枝部分，又会发出 5～7 个长枝，先端延长枝还会发出多个副梢，使来年冬季的长枝数量达到 10～15 个，通过夏季拉枝、撑枝开张枝条角度等工作措施，控制分枝生长的长度，使其尽快形成基本的树形骨架。以后对分枝不再短截，进一步控制成小型化主枝。

③ 第二年修剪　春季萌芽以后，要注意中心主干上分枝长度的控制。即从当年夏季开始，当新梢长 30～40 厘米时，即可拿枝软化，使基部角度加大，以后经过 2～3 次的调整，使这些分枝当年呈 80°～90°角，达到控制分枝长度的目的。

第二年冬季修剪时，对中心主干上的延长枝尽量轻短截，疏除竞争枝、重叠枝、交叉枝、密生枝及直立旺枝和枝干比不符合要求的分枝。在 2 年生部位发出的枝条，只要枝干比在 1：3 以下时，就不短截并留做小型化主枝培养。

④ 第三～四年的修剪　春季萌芽前后，对已经拉枝开角达到水平状态的枝条及中心主干延长枝进行目伤（刻芽），以提高萌芽率并控制枝条的生长势。夏季对中心主干上发出的新梢及时拉平；水平大枝上萌发的背上枝，要及时控制，当新梢长 15～20 厘米时，基部扭伤呈 180°角向一侧下垂，秋季其长度可控制在 30 厘米以内。但由于背上枝的发生不一定在同一个时期，因此，对背上枝的控制要随时进

行。春、夏、冬剪和第二年修剪基本相似，对粗度超过中心主干粗度1∶3的枝条全部疏除，以确保中心主干的生长优势及其他枝条的生长和结果。

⑤ 第四年底修剪　树形已按整形要求基本完成，以后应根据树体生长势、树冠内及行间的通风透光状况，进行落头和小主枝回缩，及时疏剪衰老的结果枝，使其达到连年丰产和稳产的良好效果。

⑥ 弱树的修剪　针对栽植当年无论中心主干或分枝生长量都很小、生长势偏弱的树，冬季修剪时，为了促进中心主干的生长优势，可重回缩，翌年夏季着重处理好分枝，及时将其拉枝开角至下垂状，逐步培养成良好的树形（图6-6）。

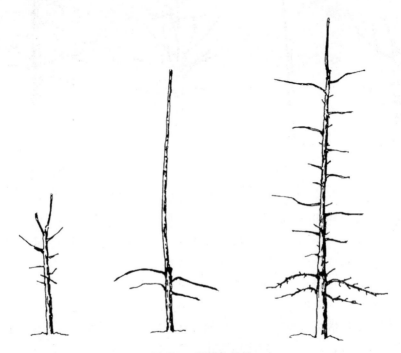

图 6-6　弱树的修剪

纺锤形是一个比较灵活的树形，在整形修剪过程中，应本着轻剪、长放、多留枝的原则，只要掌握它的特点，不必拘于固定格式，可根据各地的实际情况灵活运用，尽量减轻修剪量。生产中的自由纺锤形与细长纺锤形之间没有严格的分界线，自由纺锤形主枝数目少，主枝势必粗大些；而细长纺锤形主枝数目多，养分较分散，主枝势必细小，树体也相应细长些。

3. 纺锤形的整形修剪应注意的几个问题

（1）基部留枝量　该树形要求中心主干直立且生长势强，各小主枝在较大的立体空间中均匀合理分布，达到多层次立体结果，这是整形修剪中的关键。因此基部留枝量要适宜，根据实际生产经验，基部留枝量早期以6～7个为宜，其中4～5个为主枝，2～3个为辅养枝，进入大量结果后对辅养枝逐年回缩甚至疏除。

（2）缓放时间　枝条缓放有利于花芽形成，但缓放过早或过晚不仅影响树体整形，而且也影响早果早丰。从生产实践中看出，当80～100厘米或大于100厘米的长枝量达8条以上时缓放效果最好。

（3）可变性强　纺锤形的主枝数目多，没有固定的模式和方位，对于某个一级枝，它可能不是未来的主枝，在较短的时间内可能被疏除淘汰。即使是一个主枝，短期内由于生长势过旺或过弱，也将会被疏除。随着树龄的增加，有一个从少主枝到过多主枝的过程，经过幼龄期、初结果期的逐年筛选，最后达到最适（又较少）的主枝数目。所以，纺锤形的主枝在某种意义上可变性很强。

（4）均衡树势　该树形要求小主枝之间大小比较均匀，基部比上部稍强，向上依次减弱。枝条在树冠内立体分布，多而不密挤，通风透光良好。因此在实际生产中，为了达到以上要求，应及时有效地控制竞争枝，一般不用竞争枝为主枝，以免主枝过大。若某一主枝过粗、过强，虽经采取开张角度、减少分枝量等措施，也不能减弱生长势，还能造成下强上弱或偏冠的趋势时，应及时疏除，以较中庸的枝条来替代。

在目前的苹果生产中，采用基部留三个主枝，每年短截延长枝，其余辅养枝开角拉平，不剪截。上部着生的其他主枝分层或均匀分布在主干上均不短截，实行单轴延伸。这种树形被称为单层半圆形或改良纺锤形，实际上与自由纺锤形的要求基本相同，也属于纺锤形的一种。

二、圆柱形

该树形有中心主干，树冠形状呈圆柱形，是比细长纺锤形更狭长的树形。中心主干直立，无主枝，中心主干上直接着生结果枝组。各类枝组均匀分布于中心主干上，不分层，树高2.5～3米，冠径2米左右。与细长纺锤形相比，基本结构相似，但中心主干上的分枝数量更多、更小、更短。圆柱形的树体结构简单，通风透光良好，果实品质优良，适用于矮化自根砧、矮化中间砧的高密度栽培，亦可采用篱壁型的栽培模式。

整形过程请参照细长纺锤形的整形过程进行（图6-7）。

图6-7　圆柱形

三、小冠疏层形

该树形属于中冠树形，是由原来大冠形的主干疏层形简化而来，适用于株行距（4～5）米×（5～6）米的栽植密度。树体结构的特点是：干高50厘米左右，中心主干可直可曲，全树主枝5个，最多6个。树冠常分为两层，即第一层3个主枝，第二层2个，层间距80～100厘米，或者全树分三层，多为3-2-1排列，层间距稍小，1～2层70～80厘米，2～3层60～70厘米。一层三主枝上可配置1~2个侧枝，二层及以上主枝不留侧枝。各主枝角度开张，以60°~80°为宜，基角大，腰、梢角逐渐抬头，下层主枝角度大于上层，各主枝上合理配置中、小型枝组，层间和其他空间可留适量辅养枝，以补充空位。其特点是：骨架比疏层形小，主枝小，侧枝少，留枝多，修剪轻，生长结果均衡、稳定，适宜短枝型、半矮化砧或生长量较小地区的中等密植苹果栽培（图6-8）。

图 6-8　小冠疏层形

　　该树形树冠紧凑，结构合理，骨架牢固，树冠内部光照条件好，生长结果均匀、高产、优质，适合生长势较弱的短枝型品种和苹果树生长势容易控制的地区，在山东省的烟台、威海地区许多果园表现良好。但是，在生长比较旺的地区，树冠很难有效地控制，树冠过大，容易形成全园郁闭，结果部位外移，产量和质量下降。小冠疏层形的整形过程如下：

　　(1) 定干　苗木栽植后即可定干。定干高度60~80厘米，剪口芽留在迎风面。剪口下20~40厘米的整形带内要有8个以上饱满芽。

　　(2) 第一年修剪　苗木发芽前后，选择平面夹角120°、芽间距10~20厘米的3个芽进行刻芽，刺激芽体萌发，抽生旺枝，以备选留主枝。抹除距地面40厘米以下中心主干上萌发的嫩梢。

　　冬剪时主要是选留中心主干延长枝和基部3个主枝。当年能抽生8个以上长梢的壮树，很容易从中选出大小相近、生长势一致的3个主枝，留50~60厘米短截，中心主干延长枝留60~70厘米短截，位置高于各主枝头。若当年仅抽生3~5个长度仅30~60厘米新梢的弱树，其主枝留30~40厘米短截。如果第一年只能选定两个主枝时，中心主干延长枝剪留长度一般不能超过30厘米，剪口下第3芽一定要留在第三个主枝应该着生的方向上，即二年培养出第一层主枝。各主枝短截后剪口下第3芽的位置，是未来侧枝的位置，几个主枝的第一侧枝应留在各主枝的同一侧。主枝以外的其他枝，缓放拉平，按辅养枝处理。较大的辅养枝还可进行环割，促使抽生中、短枝，促进开花结果。

（3）**第二年修剪** 4～5月，对上年选定的主枝进行拉、撑、坠、压等，使主枝基角保持70°左右，辅养枝拉成90°，促进成花。对主枝上新萌发的辅养枝，可以采取扭梢、摘心等方法，以缓和枝势，增加中、短枝数量。冬剪时，再对每个主枝延长枝留40厘米左右短截，中心主干延长枝上选取2～3个较大而插空生长的枝，留40厘米左右短截，作为第一层过渡枝，采取环割等促花措施，培养成大结果枝组。

（4）**第三年修剪** 5～6月对背上直立枝进行扭梢，辅养枝拉平、软化，较大的辅养枝在5月底进行基部环剥，促进成花结果。冬剪时，各主、侧枝一般留40厘米左右剪截，中心主干上选取2个距第一层过渡枝有一定生长空间的枝，进行剪截作为第二层过渡枝。

（5）**第四、五年修剪** 夏剪原则上与上年相同。冬剪时，在中心主干上，选留强壮枝当头，保持顶端优势，并选出第二层主枝，插在基部主枝的空当处。同时，基部主枝上培养1～2个侧枝。调整主、侧枝生长势，使其健壮生长；对辅养枝采取轻剪、缓放、夏剪等措施，减缓枝势，增加中、短枝数量，促进花芽形成，提高产量。到第六年时，可基本完成整形任务。

四、小冠开心形

小冠开心形又称高干开心形，小冠开心形是在日本大冠开心形的基础上试验推广的树形。其特点是：主干较高、骨干枝较少、叶幕层较薄，通风透光良好。适于中等密植苹果栽培的树形，也可作为改造密植郁闭苹果园的目标树形。

该树形的树体结构为：干高1.0～1.5米，树体高度2.5～3.0米，中心主干上最终保留主枝3～4个，每个主枝上着生2～3个侧枝，主枝和侧枝上着生结果枝组，部分下垂的结果枝组可延伸1.0～1.5米。成形后树冠叶幕呈波浪状，厚度达1.5～2米（彩图6-3）。

小冠开心形苹果树的成形过程分为四个阶段：1～4年为幼树阶段，又称主干形阶段；5～8年为过渡阶段，又称变则主干形阶段；9～10年为成形阶段，又称延迟开心形阶段；10年以后逐渐发育成形。

1. 幼树阶段

建立树体骨架，迅速形成主干形的树体结构。

（1）**定干与栽植当年的修剪** 栽植后在80～100厘米处定干，生长季苗木的剪口下可发生4～6个较长的新梢，剪口第一芽枝作为中心主干的延长枝培养，夏季不作处理；第二芽枝角度直立，易形成竞争枝，当其长到30～40厘米时进行摘心控制或软化拿平，以促进其他新梢生长。其他角度小的枝条，可通过拉枝进行调整。第一年冬季修剪，中心主干延长枝留60厘米左右短截。疏除竞争枝和过粗枝，其余枝条轻短截或缓放（图6-9）。

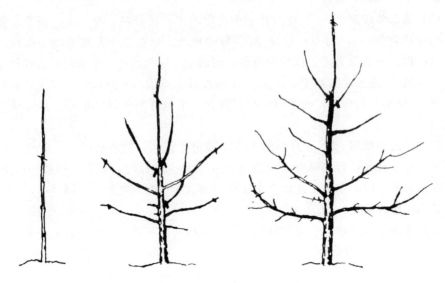

图 6-9　一～二年生树的修剪

（2）第二～四年的整形修剪　第二年冬季，中心主干延长枝留 50～60 厘米进行短截，疏除竞争枝，角度开张、长势缓和的枝条可作为骨干枝保留，留 60 厘米左右短截。骨干枝长势强旺，连续短截 2 年后进行缓放；长势偏弱的，则需连续短截 3 年后缓放，其他枝条通常保留并缓放，培养结果枝组。到第四年幼树期结束时，骨干枝数量达到 10～12 个，已形成主干形树冠（图 6-10）。

图 6-10　3 年生树的树冠

2. 过渡期的整形修剪

该期主要任务是完成苹果树形由主干形树形（垂直叶幕）向开心树形（水平叶幕）的树形过渡。同时，也要完成树体由营养生长向生殖生长（结果）的过渡。

在此期间，需实施落头开心、基部提干等措施。同时，全树的主枝逐渐明确，辅养枝数量逐渐减少。

（1）落头开心　落头开心一般从苹果树定植5～6年开始。为了稳定树势，防止树体旺长冒条，落头时，一般要先落头到二年生枝段上，其后根据树体生长势逐渐下移，最后定位到最上一个永久性主枝上，完成落头开心全过程。

落头开心宜在苹果树生长势基本稳定、花芽大量形成之后开始，这时苹果树的主干形树体结构基本形成。冬剪时，可视树体生长势逐年从主干上端向下落头，将苹果树的顶端优势转化为横向优势，使苹果树的垂直生长变为水平延伸，从而减小叶幕层厚度。

落头时，必须采用留保护橛的方法进行。即在计划落头的主枝处，往上多留中心主干20厘米左右落头，形成中心主干保护橛，橛上要保留少量枝或保留来年橛上萌发的部分新梢。这样既可以保持橛的生命力，不易从伤口感染腐烂病，又可用其遮光，防止落头后骨干枝的灼伤。待计划落头主枝处的干粗大于保护橛的粗度时，再将保护橛去掉，这时落头的伤口相对很小。

（2）疏枝提干　从第5～6年冬剪时开始，直到第8～10年开心形成形时结束，为开心树形的形成起到了重要的作用。

疏枝提干通常从树干基部开始，逐年疏除过渡性骨干枝及辅养枝，依次向上提高树干。每年冬季修剪时，可根据树体生长势及果实负载情况，疏除1～2个骨干枝，到第8年过渡期结束时，全树骨干枝由最初的10～12个过渡到4～5个。其后随着成形期的进一步调整，最终形成2～4个永久性主枝。

疏枝提干时对树体生长势的要求与落头开心基本相似，也必须在苹果树生长势基本稳定、花芽大量形成之后开始。疏枝提干之前，不但要考虑全树的果实负载，同时，还要考虑树冠中、上部永久性主枝的果实负载（图6-11、图6-12）。

（3）环剥促花　进入过渡期以后，开心形苹果树的树体及结果枝组逐渐形成。为了促进枝组成花，尽快完成树体过渡，并配合落头开心与疏枝提干的顺利实施，需要根据树体生长势进行环剥促花处理。

（4）主枝的选留与修剪　主枝的选留从第5～6年开始，直到8～10年时结束。因此，永久性主枝的选留贯穿过渡期与成形期两个整形期间。主枝的选留还与主干高度有关，最上边的主枝以朝北最好，有利于全树的光照。主枝修剪时，为了稳定树势，延长枝以轻剪缓放为主，同时，也需要选择培养大、中、小型结果枝。

（5）辅养枝的去留与修剪　在过渡期，树龄较小时应尽量利用辅养枝，尽可能缓放轻剪，促其及早结果。这一时期辅养枝担负着树体的主要产量，在空间允许的范围内尽可能利用，但对影响主枝、临时主枝生长的辅养枝、着生部位较低的辅养

图 6-11　过渡阶段的树冠

图 6-12　过渡后期的树冠

枝，要进行改造、缩小，甚至疏除。随着树龄的增加，永久性主枝上的结果枝组越来越多，辅养枝的结果功能也随之淡化，产量从辅养枝上逐渐向主枝转移。到第八年的过渡期结束时，开心形的苹果树上一般仅保留 3～5 个永久性主枝和少量辅养枝。

（6）**结果枝组的培养与修剪** 结果枝组一般较小并单轴延伸，经过自然甩放，形成花芽。为了缓和树势，结果枝组宜多留。当永久性主枝形成后，结果枝组也逐渐分化为不同大小和类型，部分枝组自然下垂，连续结果，形成下垂延伸的结果枝组。这类下垂枝组可增加树冠叶幕层的厚度和枝叶量，在开心形苹果树中对提高产量和果品质量起到重要作用（彩图6-4）。

3. 成形阶段的整形修剪

该阶段开心形苹果树的树体结构趋于稳定，整形修剪的主要任务是进一步完善树形结构，培养下垂结果的枝组体系。

（1）**果园间伐** 密植栽培的苹果园，在这一阶段及时控制临时株，并逐渐间伐。

（2）**主枝的修剪** 这时以主枝为中心的"扇状"枝群仍在缓慢向外伸展扩大树冠。同时，结果枝组也继续下垂延伸，扩大立体空间。多余的主枝要进行逐渐改造和疏除，最终实现预定的永久性主枝数量（图6-13）。

图6-13 成形阶段的树冠

由于苹果树已大量结果，主枝的延长枝也往往由于果实负载而下垂，因此，应在主枝背上部位注意培养有发展前途的枝组，成为将来的预备主枝头，以便在主枝衰弱后及时更新。

（3）**结果枝的更新与培养** 开心形的苹果树成形期，结果枝组枝龄达到6～8年时，一部分结果枝组生长势衰弱，需要考虑枝组的更新。更新之前，枝组基部拐弯处经常出现萌生枝，选择比较强旺的背上枝作为结果枝组的预备枝进行培养，待其形成结果能力后，将旧的结果枝组从基部疏除。结果枝组的更新需要循序渐进，逐年分批进行。

4. 成形后阶段的整形修剪

该阶段开心形苹果树的树形骨架基本稳定，主枝向外延伸较慢。该期整形修剪的任务，一方面是维持现有树形结构，平衡树势；另一方面还需要及时进行主枝更新、复壮树势，尽可能地延长经济结果年限。需要注意主枝延长头的定期更新，即当主枝延长头明显衰弱时，可由背上萌生枝代替。一般更新周期为 10 年左右。

在成形后期，开心形苹果树经济结果年限的长短，与结果枝组的维护与更新密不可分。为了平衡与复壮结果枝组的生长势，整形修剪时通常需要注意：适当降低结果枝的密度，提高结果枝组的通透性；定期进行枝组的更新，一般更新周期为 6~8 年，当结果枝组新梢势力明显衰弱时，由背上萌生的新枝或枝组代替；为了保持树势，应不做夏剪，并适当加大冬季的修剪量；注意多留中、长枝和多疏短、弱枝。

五、基部三主枝自然半圆形

该形是稀植大冠苹果园的基本树形，与其相近的有主干疏层形、双层五主枝自然半圆形等。其特点是：有中心主干、主枝分层排列，着重培养基部三个大主枝，其结果量和枝叶量占全树的 60%~70%，形成上小下大的半圆形树冠。

基部三主枝自然半圆形骨干枝少，分层排列，叶幕层厚度适中，分布均匀，树冠内部光照条件好。骨干枝牢固，枝组寿命长，结果体积大，果实品质优良，是乔砧稀植园典型的树形。但是，它成形年限较长，开始结果较晚，整形修剪技术复杂，难度大，不易达到整形的要求（图 6-14）。

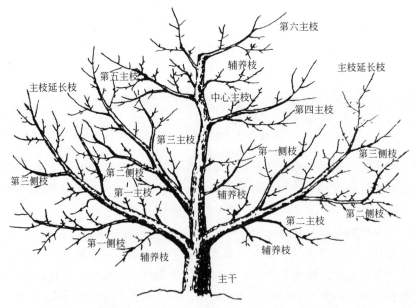

图 6-14 基部三主枝自然半圆形（引自马宝焜等《苹果精细管理十二个月》）

树体的结构特点是：干高50~70厘米，全树主枝5~7个；树冠分为2~4层，多为2~3层，通常为3-2-1排列或3-2-1-1排列，即第一层3个主枝，第二层2个主枝，第三层1个主枝，第四层1个主枝；层间距1~2层100厘米，2~3层60~70厘米；第一层三大主枝层内距20~40厘米，三大主枝的基角50°~60°，腰角70°~80°，梢角60°左右，三大主枝上可配置2~3个侧枝；第二层主枝与第一层主枝插空排列，二层及以上主枝角度稍小，但不小于45°，第二层主枝着生1~2个侧枝，第三层及以上主枝可有可无侧枝。幼树注意培养强健的中心主干，盛果期在最上层主枝形成后落头开心，树冠高度通常控制在4米左右。

基部三主枝树形有一些变化，主要表现在主枝的数量、层次、层间距离有所差异。基部三个主枝的留法有3种，一种方法是在一年内留成，主枝是由3个邻近芽形成的。这种树形，主枝过强时，可能影响中心主枝的生长，形成所谓的"掐脖"现象，特别是在栽培条件较差、树势较弱时，常会出现。另一种方法是3个主枝由两年留成，第一年留2个，第二年再留1个，或第一年只留1个，第二年再留2个。这种方法留成的3个主枝间有一定的间距，一般不会产生"掐脖"现象，常用于生长势比较弱、发枝量较少的情况。还有一种方法是3个主枝由3年留成，层内距离较大，用得较少。

整形过程如下：

（1）**定干** 栽植后立即定干，高度为70~80厘米，剪口留在迎风面，剪口下要求有8~10个饱满芽。

（2）**栽后第一年修剪** 春季萌芽前后进行刻芽，促发枝条。夏季疏除距地面50厘米以下的分枝。第一年冬季，整形带内可着生5~8个枝条，从上部选择位置居中、生长旺盛的枝条作为中心主干延长枝，留50~60厘米短截，注意剪口芽的方位。如果原头生长势较弱，竞争枝生长势较强时，可用竞争枝换头；如若原头生长势旺盛，则疏除竞争枝。在中心主干延长枝的下部选择三个方位好、角度合适、生长健壮的枝条作为三大主枝，留50~60厘米短截，剪口芽一般留外芽。选留1~2个中庸枝作为辅养枝进行缓放，其余过密、过旺枝一律疏除（图6-15）。

（3）**栽后第二年的修剪** 第二年春季对辅养枝、中心主干延长枝进行刻芽，辅养枝拉平，生长季做好夏季修剪，对中心干上萌发的新梢于夏、秋拉枝开角。第二年冬季在中心主干上所发出的枝条中，选留一个直立壮枝作为中心主干延长枝，留50~60厘米短截，并注意剪口芽的方位与上年的相反，竞争枝的处理同上年。剩余枝条疏除过旺和过密的，留下的枝条一律缓放。对上年留下的主枝再留50~60厘米短截，并注意剪口下第二芽为明年第一侧枝的方位（图6-16）。

（4）**栽后第三年及以后的修剪** 第三年春对中心主干延长枝、辅养枝继续环刻，对第一年留下的辅养枝于5月下旬至6月上旬进行环剥、拉平，以促进花芽形成。夏、秋要做好拉枝、扭梢等各项工作。

第三年冬季，选一直立、生长势强的枝条作为中心主枝延长枝，留50~60厘

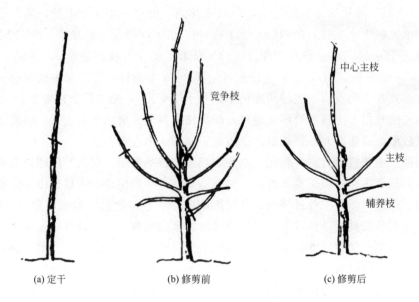

(a) 定干　　　　　　　(b) 修剪前　　　　　　　(c) 修剪后

图 6-15　栽后第一年的修剪

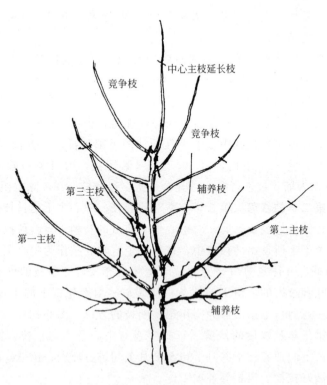

图 6-16　栽后第二年的修剪

米短截。在中心主干上距第一层80～100厘米处选留2～3个方位好、角度好的枝条作为第二层主枝，留40～50厘米短截，疏除过密枝、旺枝，其余枝条一律缓放。对第一层主枝、辅养枝的修剪同第二年。选出第一侧枝，并留30～40厘米短截，对辅养枝上的背上直立旺枝、大的分枝应疏除，使其单轴延伸（图6-17）。

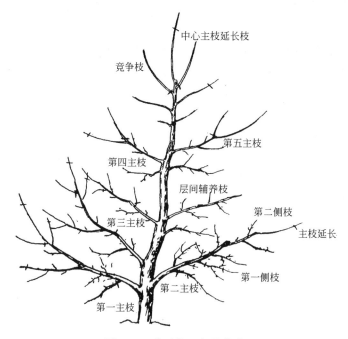

图 6-17　栽后第三年的修剪

第四年、第五年及以后的修剪和第三年基本相同。

(5) 需要考虑的几个问题

① 各枝头应适时缓放　根据株行距、树高及枝条生长状况决定缓放时间，以便早果、早丰并有利于生产操作。

② 合理利用辅养枝　该树形骨干枝较少，需要培养一些临时性枝条，称为辅养枝，起到填补空间、增强树势、提早结果的作用。树冠形成的前期，在不影响骨干枝生长的前提下，应多留些。但注意辅养枝不能过多、过大，以免影响骨干枝的生长和结果，因此应及时对其控制。控制方法：第一，疏间辅养枝上的过多、过密分枝，减少其枝量；第二，使辅养枝单轴延伸，其上不留大的分枝；第三，拉平、环割、环剥，促其早结果、多结果，以果控制其长势。随着骨干枝增大，有的辅养枝的生长空间愈来愈小，应及时疏除，以保持骨干枝的优势和生长空间。辅养枝是否得到有效的控制，常是整形成功与否的关键，应引起足够的重视。

③ 控制上层主枝不过大　三主枝自然半圆形是以基部3个主枝为基本特征，其枝量和产量应占全树的60%～70%，上层枝展应为下层枝展的1/2左右，这样的树体结构有利于树冠通风透光，保证立体结果和果品质量。

树冠形成过程中，前期要培养健壮的中心主枝，保持其优势，有利于迅速形成树冠，及时进入结果期；后期要防止上强，要及时控制上层主枝、侧枝的大小，保持上下层骨干枝的从属关系。

④ 适时落头　当树高达 4.0 米左右时，并且第二层主枝角度固定、粗度较大时，应考虑落头，控制树高，以解决内膛光照。但落头工作不能过急，应有计划地逐步进行。

该树形在各地表现有所不同。20 世纪 50 年代，我国苹果主要产区在辽南和胶东地区，主要是丘陵山地，土层比较薄，气候冷凉，又应用了生长比较缓和的砧木山荆子，树势比较缓和，树冠比较好控制，当地果农又有良好的技术基础，这种树形是比较合适的。但是，20 世纪 50～60 年代以来，在黄河故道、黄土高原、华北平原等苹果发展新区，土层深厚，夏季高温、多雨，又应用生长势比较强的砧木八棱海棠，苹果树的营养生长过旺，果农技术基础较差，树势难以控制，树冠过大、过高，骨干枝过多，很难达到该树形的标准，生产上常出现苹果树结果晚、适龄不结果现象，并且苹果大树产量低、质量差。随着栽植密度的增加，推行乔砧密植技术，基部三主枝树形的应用逐渐减少了。

第三节　冬季修剪

冬季修剪又称休眠期修剪，是指苹果树落叶后到第二年春季萌芽前进行的修剪。主要任务是培养骨干枝，平衡树势，调整从属关系，培养结果枝组，控制辅养枝，调整生长枝与结果枝的比例和花芽数量，控制树冠大小和枝条的疏密程度，从而改善树冠内的光照条件。根据目的不同可分为短截、疏枝、回缩、缓放等方法。

一、短截

是指剪去 1 年生枝的一部分。根据剪截轻重程度的不同常分为轻短截、中短截、重短截和极重短截。轻短截是指剪除 1 年生枝长度的 1/4，保留枝段较长。中短截多在春秋梢中上部饱满芽处剪截，大约剪掉枝长的 1/3～1/2。重短截在春秋梢中下部半饱满芽处剪截，剪去枝长的 2/3～3/4。极重短截指在春梢基部仅留 1～2 个瘪芽剪截。通过短截可增加新梢枝叶量，促进营养生长，但不利于成花结果，还易引起树冠内膛郁闭，影响通风透光，因此短截手段不宜应用太多太滥。目前生产上应用短截方法较多的是在幼树整形期间，为了快速培养扩大树冠，对骨干枝延长枝的短截修剪，以及小老树和大龄衰弱树为了刺激树体生长，恢复树势时利用壮枝壮芽带头的修剪等。

二、疏枝

是指将枝条从基部不留残桩地剪掉或锯掉，该方法是目前苹果生产中的主要修剪措施之一。通过疏枝去掉部分枝条，使留下的枝条分布均匀合理，稀密适中，可以改善冠内光照条件，提高叶片光和效能，增加养分积累，延长内膛果枝寿命，促进花芽饱满形成，提高坐果率，增加果实色泽，提高果实品质。疏枝时，疏除过旺枝可以平衡树势和枝势，疏除弱枝可以集中养分供给，促进其他枝条生长。在生产中，为了使幼树迅速扩大树冠，加速成形，仅疏除徒长枝、竞争枝、背上直立大枝，其他枝条尽量多留少疏，辅养树势。在树体生长势力不均衡时，对弱小骨干枝要少疏多留以增强长势，强大骨干枝多疏少留削弱其生长势。旺长树疏枝，要去强留弱，去直留斜（平），去长留短，多留结果枝，少留发育枝缓和树势；弱树要去平斜留直立，去弱留强，少留果枝，增强树势；衰老树疏除密生的大枝和小枝、重叠枝、交叉枝、并生枝、细弱枝、过多的果枝和芽枝、外围的多杈发育枝及触地枝，以恢复树势，延长经济寿命。在中心主干上疏除骨干枝时，可先疏除离地面50厘米以下者，再疏除与中心主干夹角小、基部粗大且严重影响通风透光者。不要操之过急或一次疏除过多，应分年进行，一次不能超过三个。在主干枝上疏枝时，先疏去与主枝夹角小的分枝，当中心主干上的主枝与主枝上的侧枝在同方位重叠时，疏除主枝上的侧枝，再疏大枝组极强旺的一年生枝。而对骨干枝背上的枝条疏除时，为防止伤口连片对其削弱太重，也应与其他修剪措施结合，分期进行。总之，疏除原则是：疏夹角小的、留夹角大的，疏基部粗的、留基部细的，疏长度长的、留长度短的。

具体操作时，疏除小枝的剪口要平滑，不留楂，不留桩，一次到位。疏除大枝时，锯口面积越小越好，一般要求伤口上部与母枝齐平，下部稍微突起，略呈倾斜，并用剪刀或利刃将锯口周边皮层削光滑，以利于伤口愈合。冬剪疏枝后，剪锯伤口（尤其是2厘米以上的锯口）一定要用调和漆涂抹或粘贴塑料薄膜，防止病菌侵染与风吹干裂，造成伤口加大而削弱树势（彩图6-5）。

三、回缩

回缩又称缩剪，对两年生以上枝进行剪截称为回缩。回缩可以调整枝组角度和方位，缩短枝轴，改造大枝，控制树冠或枝组的发展，改善通风透光条件，复壮和更新枝组，延长结果年限，提高坐果率和果实品质。在苹果生产中，利用回缩的修剪措施缩剪中心主干（又称落头），当树体高度达到或超过栽植行距时，开始对中心主干延长枝回缩，使树高小于行距0.5米以上。对主枝的回缩，是在株间主枝长度互相交接时进行，使主枝长度小于或等于株距的1/2。对主枝进行回缩时不能过重过急，一次只能回缩一个年龄枝段，当主枝回缩到所要求长度时，不再回缩，将永久保留固定其长度。对枝组的回缩应按照下列方法进行，首先是经连续缓放的中庸枝和果台副梢在花芽没有形成时坚决不回缩；其次是虽形成多个花芽，但枝条基部较细，又有伸展空间时可轻回缩或不回缩；三是虽然枝条较粗，花芽形成较少，生长势中庸可暂时不回缩，要待枝条生长势稳定后的下一年冬剪时回缩，可防止冒条或果台副梢旺长；四是对前一年结果较多的单轴枝组不回缩或轻回缩；五是对先端过于纤细或衰弱下垂的过长枝组，应适当回缩，增强其生长势。

四、缓放

又称长放或甩放，就是对枝条不进行任何剪截。这是目前在富士系品种中应用最广泛的修剪方法。缓放是利用枝条在自然生长状态下，生长势力逐渐减弱的自然规律，从而避免了刺激幼旺树发育枝的旺长，能使其生长势力逐年趋于缓和，中、短枝数量增加，营养积累增多，促其幼旺树提早成花结果。生产实践证明，缓放在生长势中庸、具有一定发展空间、开张角度达到水平状态的枝条上效果明显，容易形成中、短枝或中、短结果枝。而对于竞争枝、徒长枝、直立强旺枝缓放，枝条增粗快、生长势旺、效果差，易造成树上长树或主从不分、层次不明、喧宾夺主的现象。若由于缺枝空间较大，必须对其缓放才能填补空缺时，须先将其拉枝加大角度、改变方向后再缓放，否则应及时疏除。中心主干延长枝经过连续缓放后，顶芽每年向上自然延伸生长，而中心主干上的侧芽不断萌发后，均易形成夹角大、基部细、生长适中的主枝。在对主枝延长枝连续缓放时，枝条顶芽在向前生长的同时，在其中后部各年生枝段上的侧芽，均会形成中短枝或结果后抽生果台副梢。对中庸枝及果台副梢连续缓放，会形成结果部位相对稳定而生长势又相对适中的单轴延伸的结果枝组。

幼旺树缓放时，为达到早果、早丰的目标，应对其骨干枝两侧和背下枝连续缓放。对其背上枝等缓放时，须拉枝加大角度，使其角度低于骨干枝，或结合夏剪措施造伤后再缓放。成龄树，该期树龄稳定，缓放应掌握宜缓壮不缓弱、缓外不缓内的原则，防止越缓越弱的现象发生。对于树势衰弱的苹果园片，不宜片面采用缓放措施，应该与疏除过密枝、细弱枝、枯死枝，回缩缓放多年的结果枝形成枝组等措施相结合，综合灵活运用，才能达到预期的理想效果。

第四节 生长季修剪

生长季修剪是指苹果树从萌芽开花到果实采收和落叶前整个生长季节的修剪，不能狭隘地理解为夏季修剪。该期修剪是冬季修剪的补充和延续，是控制树冠大小，控制枝条旺长，打开层间距，调整叶幕层厚度，改善生长季树冠内部的光照条件，减少营养消耗，促进花芽形成，提高果实品质，增强树体越冬抗寒能力的大好时机。常用修剪措施有刻（芽）、环割（环剥、环锯）、扭、拉、捋等，其中以加大枝条角度、环割（环剥、环锯）为主要修剪方法。

一、刻伤

就是利用刀刃或钢锯条有齿的一面在芽下或芽上横刻皮层、深达木质部造成伤口的方法。在生产中，针对幼旺树枝条及发枝少的光腿枝条，春季萌芽之前，在芽上 0.5 厘米处刻伤，使向上运输的养分被阻挡集中在伤口下的芽或枝处，促其萌芽或抽枝；而在芽萌动后，在枝、芽下面刻伤，则抑制芽或枝的生长，使其生长势缓和，对抑制背上枝的生长势具有明显效果（彩图 6-6）。

二、抹芽、扭梢、摘心

抹芽是春季萌发后，对多余的萌芽从基部抹除。主要抹除剪口芽、锯口芽、拉枝后背上萌发的过多芽。扭梢是将各类骨干枝上直立旺长的新梢在长到 20～30 厘米时，用手捏住新梢中下部半木质化部位，扭转 180°，使新梢平伸甚至下垂，改变生长方向，以利于花芽形成。摘心是生长季节对旺长新梢去掉幼嫩生长点，属于生长季的短截。通过摘心，可提高坐果率，促进枝条成熟和芽体饱满，促发二次枝，有利于整体增加枝量（彩图 6-7）。

三、捋枝

捋枝（拿枝软化）是一种控制直立枝、竞争枝和其他旺长枝条的有效措施。具体作法是用手握住枝条，从基部开始用柔力弯折枝条，以听到轻微的"叭叭"维管束断裂响声为准，也就是果农所说的"伤筋不断骨"，以不折断枝条为度。如枝条长势过旺、过强，可连续捋枝数次，直至其呈水平状态。通过捋枝，改变生长方向和角度，缓和生长势，有利于成花结果（彩图 6-8）。

四、拉枝开角

指通过人为辅助措施改变枝条生长方向的方法。通过拉枝可使主枝或各级骨干枝的角度开张，从而缓和生长势，将无用枝转变成有用枝，既有利于树冠扩大和通风透光，又利于形成花芽和提早结果，并且可使骨干枝上的结果枝组生长势均衡，为立体结果奠定基础。

拉枝宜早不宜迟，栽植当年，即对新梢拉枝开张角度，有利于早期培养主枝和树冠扩大。拉枝时，要求被拉枝条应有一定长度，一般下部枝 1 米左右、上部枝 80 厘米左右。株行距越大，要求被拉枝越长，如过短，不利于扩大树冠。拉枝过迟，则易引起侧生枝直立旺长，使中心主干的生长受到抑制。

拉枝角度因树形、枝条长短和用途而定。如小冠疏层形，基角 70°，腰角、梢角逐渐抬头；纺锤形主枝基角 80°～90°，呈自然水平状。侧枝或辅养枝角度大于主枝角度，生长量大的枝条拉枝角度宜大于生长量小的枝条，需早成花结果的临时性枝条角度大于扩冠生长的永久性骨干枝。而矮砧密植栽培的细长纺锤形，树体紧凑，不分层，不留侧枝，直接在中心主干或小主枝上结果，主枝短小，角度开张，下部5～7个小主枝根据其生长势应达到水平或下垂（彩图6-9、彩图6-10）。

拉枝宜在树体生长初期（3月中下旬至4月上旬）和生长末期（8月下旬至9月下旬）进行。但以生长末期拉枝效果最好，此时拉枝芽体充实饱满，成花率高，背上不冒壮条，形成短枝和叶丛枝多。生长初期拉枝背上易窜条，须及时采取抹芽、扭梢等夏剪措施，否则造成背上旺条繁多，难以缓势形成短枝。

拉枝时不能将枝条拉成弓形或角度过大、枝头下垂，否则弓背上极易萌生徒长枝，不利于形成中、短枝，影响缓和枝势和花芽形成。骨干枝、延长枝下垂，极性部位转移，生长势力减弱，不利于迅速扩大树冠。盛果期以前的苹果树，必须坚持每年进行拉枝，以保持树体生长势力上下、内外均衡，若只注重前期树体下部骨干的拉枝，而忽视后期树体中上部的枝条拉枝，则易形成上强下弱，有碍中心主干形成良好的主枝、枝组系统，不能维持上小下大的树体结构。因此，拉枝在矮砧密植苹果栽培条件下更为重要。

拉枝开角的具体方法如下。首先选好需拉枝条的伸展方位，使其充分占领空间，不重叠、不交叉地均匀伸向四方。为防止枝条劈裂，拉枝前，对角度达不到要求的所有枝条基部先进行软化，方法是：把枝条多次反复向上扶，使枝背上软化，然后左手紧紧扶着枝基部，右手多次反复向下压枝，使枝上部软化，再左右多次捋枝，使其整个枝条的需开角部位完全变软，然后再拉。拉枝时，选好枝条的着力点拴系麻绳或铁丝，可避免枝条中部出现弓腰。拴系枝条的绳扣处需垫些鞋底条或小木棍，并且不能勒得太紧，以免枝条加粗后造成绞缢而断枝。拉绳的松紧要适度，枝条粗大时要稍紧，拉枝角度稍大些，以免数天后枝条上翘。另一侧的绳头一般不提倡拴到树干上，而应拴到埋入地下的木棍上较好（埋地锚）（彩图6-11、彩图6-12）。

拉枝开角应因地、因时、因树制宜，灵活运用，区别对待。平原果园土层深厚肥沃，浇水条件较好，树势生长旺盛，拉枝角度应大些。山地、丘陵和旱薄地果园土层薄且灌溉条件较差，树体生长势较弱，拉枝角度可适当小些。普通型品种比短枝型品种拉枝角度要大。同一株树，生长势强的主枝比生长势弱的主枝角度宜大些，临时性枝及辅养枝的角度比主枝角度要大些。

五、环剥

环剥（或环锯）措施，是目前苹果生产中为了控制树势旺长，达到早果、早丰、高效益的目的（尤其是红富士系品种），是采用纺锤形整形时应用最多的修剪方法之一。通过该项措施的实施，可以中断韧皮部的输导系统，阻碍树体叶片制造的光合产物向根系运输，限制根系矿物质的合成物通过韧皮部上升，使根系和地上部分的营养物质交换受阻，有利于光合产物向生殖器官输送、分配和积累，具有控制树体生长、促进花芽形成的双重作用（彩图 6-13）。

环剥是一项技术性较强的措施，必须掌握住以下七个要点。

（1）环剥时间 一般以新梢叶片大量形成后，在最需要同化养分时进行比较合适。如为了促进苹果的花芽形成，环剥时间以 5 月下旬至 6 月上旬为最适期。因该期新梢临近自然停长，大量叶片已经形成，花芽将要开始分化，通过环剥后，剥口以上的光合产物积累较多，可促进花芽形成。若环剥过早，新梢未停止生长，叶片制造的养分优先向顶端新梢运输，向花芽运输的较少，不利于成花；同时根系营养少，饥饿时间长，抑制新根的发生和生长，减少根系营养向上运输的数量，从而限制花芽分化。若环剥过晚，错过花芽分化盛期，地上部积累的营养物质优先用于营养生长，尽管能控制树体生长势，但促花效果明显下降。

（2）环剥树选择 环剥对树体生长势削弱程度很强，只能在旺树、旺枝上进行，而且要因品种酌情确定。一般普通型品种应用环剥较多，短枝型品种则较少应用。耐环剥品种如富士系、嘎拉系、澳洲青苹、粉红女士等可进行环剥，而元帅系等不耐环剥品种尽量少用或不用环剥。

（3）环剥宽度 不能过宽或过窄，以养分缺少期过后即能愈合为宜。一般以枝干直径的 1/8～1/10 为最适。环剥过宽，愈合时间长，根系长期处于饥饿状态，从而限制根系生长和肥水的吸收，造成树体极度削弱，严重抑制生长，甚至造成死亡；反之，愈合时间短，不能达到环剥的目的。

（4）环剥深度 环剥不宜过深或过浅。过深，伤其木质部，易造成环剥枝干折断或死亡；过浅，韧皮部残留，效果不明显。以深达木质部但不造成伤害，又能顺利剥下皮层时为最适宜。

（5）环剥部位 环剥可以在主干、主枝、辅养枝上进行，树冠较小，干周低于 20 厘米时不应在主干上进行，宜在主枝、辅养枝上进行；树冠较大，需全树控冠时，可在主干上进行。在果枝上环剥必须保持足够叶片数。无论任何部位在同样叶面积时，环剥部位越高效果越好。

（6）环剥方法 选择枝干基部光滑无伤疤部位，用环剥刀横切树皮两圈深达木质部，刀口要封闭对齐，宽度、深度一致，能一次性顺利剥下一圈皮层，使剥口整齐平滑，若需几次才能剥下皮层时，必然会损伤形成层，而影响剥口愈合。在树体主干上进行环剥时，上刀切割直立，下刀切割时，外宽内窄，稍有倾斜，以防止雨水存积和病菌滋生。树龄较大，皮层硬厚，采用环剥的方法操作困难时，可改用小钢锯环锯法（深达木质部），该方法操作简单，速度快，锯口容易愈合，但强度不及环剥，应遵照果农常用的"一次不行，二次奏效，三次安全又可靠"的口诀去做，才能实现控冠、促花的目的。

（7）剥后管理 环剥后，遇天气干旱或剥口稍宽，经 30 天剥口还不能愈合时，可用干净无菌的新塑料布包扎，以加速伤口愈合，避免死树和断枝。在发现被剥枝干、叶片等出现黄化时，应及时叶面喷施 0.2%～0.3%尿素溶液，每隔 7～10 天喷洒一次，连喷 2～4 次，直至剥口愈合和叶片转绿。

六、环割

是指在主枝或缓放枝的光秃带内，用利刀旋转切割皮层深达木质部的一圈或多圈。多道环割之间的距离一般应在 10 厘米以上，粗枝、旺枝距离可小一点，距离越近，作用越大，对促进枝条的萌芽率和花芽形成的作用越明显。与环剥、环锯相比，环割的作用强度最小，最安全可靠，适用于对环剥敏感的品种（如新红星、首红等）。不同时期的环割效果不同，生产上为促进萌芽常在萌芽前环割；为提高坐果率多在花前一周或初花期环割；而为了促进花芽多，成好花，常用三次环割法，即果农常说的"5 月一刀树不闲，6 月一刀收效全，7 月一刀花满园"的口诀。每次环割只能 1～2 道，不能多道，并且不能在上次伤口上重复环割（彩图 6-14）。

第五节　不同树龄时期的整形修剪

一、幼树期

是指从苗木栽植到第一次开花结果的这一段时期。该时期的修剪特点是促进树势健壮，轻剪长放多留枝，迅速增加枝条数量；调整骨干枝角度，加速树冠扩大，充分占领营养空间，合理利用光能。

1. 定干

根据所选定树形，确定合理的定干高度，一般要求在整形带内应保证 8～10 个饱满芽，如利用有分枝大苗或苗木整形带内饱满芽欠缺需提高定干高度时，可用刻芽法促发壮枝数量。

2. 抹芽、摘心和扭梢

从春季至秋季，及时抹除各类枝干上的无用萌芽，减少营养消耗。在骨干枝延长梢长达 50 厘米左右时摘心，可充分利用副梢扩大树冠，而秋季对旺枝摘心，能增强抗寒越冬能力。对骨干枝背上旺枝和竞争枝及时扭梢，不但可促其延长梢加速生长，而且还能提早形成花芽。

3. 拉枝、刻伤

在春、秋季，结合树形要求，采取支、拉、撑等方法，将主、侧枝拉到规定的角度，对于其他枝条应拉至下垂状态。而对于直立强旺枝和光秃带较长的枝条，可进行细致刻伤，以利增枝。

4. 骨干枝的修剪

对每年选留的中心主干延长枝剪留 60 厘米左右，主枝在保证留外芽的前提下，剪留 50 厘米左右。纺锤形整形时，小主枝应均匀排列伸向四方，而采取小冠疏层形时，第二层主枝不应朝南，并安排在第一层主枝的空档。侧枝间距按规定配置，各主枝上的侧枝按奇、偶分列两边。

5. 辅养枝的修剪

对辅养枝应轻剪长放多留枝，并且拉平甚至下垂，使其伸向冠外空间大的地方。为防止下强上弱或"掐脖"现象，对采取纺锤形整形的下层留 2～3 个辅养枝为宜，上层留 3～4 个即可。而采取疏层形整形时，第一层枝周围留 1～2 个辅养枝即可，在 1～2 层主枝间的中心主干上，可留 3～4 个较大的辅养枝。如果辅养枝对主枝有影响时，幼树期间为满足结果的需要一般只疏去辅养枝上的较大侧生分枝，使其单轴延伸。

6. 竞争枝的修剪

中心主干延长头的竞争枝，在原头长势太旺而竞争枝的长势和位置较好时，可疏去原头，利用竞争枝替代；反之疏除竞争枝。如果原头和竞争枝的长势都好，其下枝条较小时，可保留竞争枝，春季将其拉平，增加结果部位。主枝头的竞争枝，可用疏除、留短橛法处理，待短橛上发出强梢时，可用扭梢或多次摘心法控制其生长势。

二、初果期

指从开始见果到大量结果的这段时期，为了早果、早丰，尽快完成整形任务，应该采用"先促后缓、促缓结合、适当轻剪"的修剪方法，使其尽快形成牢固骨架，扩大树冠，增加全树枝量。

1. 骨干枝的修剪

当骨干枝的长度、高度已接近树形要求，株间冠距不到 1 米时，对长势较强的延长枝进行缓放不剪，任其自然延伸。如未达上述条件，则应将延长枝剪留 40～50 厘米。同时，注意开张各级枝的角度，使基角保持在 50°～60°、腰角 70°～80°、梢角 50°～60°。另外，调整好各级枝间的从属关系和平衡关系。就从属关系而言，要求中心主干生长势强于主枝，位置高于主枝，主枝又强于侧枝和高于侧枝。平衡关系就是要树冠上下、左右、同层枝间、树冠内外生长势相近。如中心主干过强时，须多疏上部强枝，加大枝条角度，少短截多留花果，对其加以消弱，而对下层主枝要采用相反的方法促其增强。同层枝间不平衡时，亦可用此法调整。

2. 辅养枝的修剪

枝龄小、无花果的强壮辅养枝轻剪缓放，拉枝补空，夏季促花，以形成结果部位。已结果、体积稍大并对骨干枝有一定影响的辅养枝，要疏剪其侧生分枝，缩小体积，继续单轴延伸。而对骨干枝影响较大的辅养枝，要在其后部良好的分枝处回缩，将其改造成大、中型枝组，无发展利用空间者可一次性疏除。

3. 培养枝组

这是该期修剪的重要任务之一，对向正常结果转化的枝条起着决定性的作用。培养枝组应以纺锤形中采用较广泛的先放后缩法为主，先截后放法为辅。

先放后缩法是对一年生中庸偏旺枝先缓放，待成花结果枝条转弱后再回缩。这一过程在富士系品种中一般为6～7年，对连续缓放枝，要加强拉枝、刻伤、环剥、环割等修剪措施，促生中、短果枝和成花，使其形成单轴、细长、松散和下垂状态的枝组，是此期树上枝组的主要形式。

先截后放法是对一年生枝先中、重短截，促生强壮枝后，再缓放几年，结合短截和回缩，容易形成大、中枝组，以占据较大的空间。

在枝组配置上，要求多而不密，分布合理，充分受光，结果正常。每株树上的枝组应是下层多于上层，外围少于内膛。每个主枝上要前、后部小枝组多，中部大、中枝组多；主枝背上以中、小枝组为主，两侧以大、中枝组为主。在稀植大冠条件下，大枝组占15%～20%，中、小枝组占80%～90%；而在密植条件下，中、小枝组占90%以上，大枝组占10%以下。该期对竞争枝和徒长枝的剪法与幼树期相同。

三、盛果期

指从初果期结束到一生中产量最高的时期。此期树体骨架已基本形成，整形任务完成，修剪的主要任务是改善光照条件，调整好花芽、叶芽比例，维持健壮的树势，培养与保持枝组势力，争取丰产、稳产、优质。

1. 改善光照条件

根据各树形规定的高度以及树高不能超过行距80%的基本原则（如行距5米时，树高应在4米以下），对于初果期没有落头或落头不适合的树，到盛果期一定要落头。通过落头，控制上层枝量，使第一层枝量与第二层枝量之比达到5：（2～3），打开天窗，解决上光问题。具体做法是：纺锤形可一次性落到需要高度，全园实行"一刀齐"。而小冠疏层形可分两次落头，首先在预落头处，培养好主枝和跟枝（跟枝是最后的主枝，其角度合适并已固定，粗度也已接近落头处中心主干粗度）后再落头。如果上部生长势较弱，也可采用一次性落头法落头。

在树冠间已出现交接或近交接时，如果主枝延长枝生长弱，应适当回缩，反之可采用拉枝、环剥等措施，待其缓和后再回缩。总之，修剪后应使行间保持1～1.5米的距离，株间互不影响为宜。

改造和疏除初果期保留下来的辅养枝，但不宜操之过急，中庸树利用2～3年时间，旺树利用4～5年时间改造完毕，酌情每年改造1～2个辅养枝，使夏季叶幕层保持在50～70厘米，冠内自然透光率达50%以上。此外，要根据树势和枝量，逐年疏、缩衰弱的下垂枝和近地枝，达到冠下地面有1/3的花影，"对面能见人"的程度。

2. 调整叶、花芽比例

根据品种特性和树势强弱确定合适的叶芽和花芽的比例，才能达到连年丰产、稳产、优质。如红富士苹果，在树体生长势中庸的前提下，叶芽与花芽之比应保持在3：1左右。树势衰弱时，可通过回缩多年生衰弱枝组，优化果枝年龄结构，疏剪过多花芽，使叶、花芽比达到（5～6）：1；而树势太强时，可适当轻剪，少短截，多疏壮条，将叶芽、花芽比控制在（2～3）：1。

3. 维持健壮树势

稳定而健壮树势的主要指标是：外围新梢平均长度达到30厘米以上，秋梢很少，树冠内部也有一定新梢生长；长枝占全树新梢总量的20%左右，中、短枝占80%左右。修剪前，根据上述指标进行树体调查，如果达不到上述指标时，则要适当增加修剪量和剪截程度，并以壮枝、壮芽带头，疏剪弱枝，回缩更新多年生衰弱枝组，逐年优化果枝年龄结构，减少花、果留量。如果调查数量超标，树势变旺时，应适当减轻修剪量，多疏少截，留弱枝弱芽带头，同时增加花果留量。如果树冠外围偏旺，应适当加大骨干枝梢角，适当疏除过多的旺壮新梢；而在树冠内偏旺时，则应抬高骨干枝梢角，并疏除内膛旺枝。

4. 培养与保持枝组势力

该时期培养新枝组时，要选择位置适当、生长健壮的一年生枝进行短截，促其抽发强壮分枝，以后通过2～3年长放、短截和回缩等方法，培养成新的结果枝组。同时，对其周围的枝龄老化、生长势极度衰弱、结果不良的枝组，有计划地逐年疏除，给新枝组的生长发育留出空间，以幼替老，保持树老枝壮、结果能力不衰和年年结果的状态。在目前的苹果生产中，对于大果型品种（如红富士等），每平方米骨干枝平均保留10个左右结果枝组，便能达到丰产、优质的要求。

保持结果枝组的健壮生长势，防止因枝组老化而结果能力下降，延长经济寿命，是一项细致而大量的工作。具体方法是：将原来初果期培养的单轴延伸、松散细长、极度衰弱的枝组，在其中、后部选良好分枝处进行回缩，使其逐渐缩短枝轴长度，促其树势达到中庸健壮，并转变成紧凑型枝组。调整时，应轻重适度，分批、分期改造，回缩比例一般不超过总枝量的15%，避免截、缩过多，而引起树势旺长，影响结果和使产量下降。

大多数苹果品种的结果枝组以3～7年生结果效能较高，特别是5～6年生为最好，并且在优质丰产的树体上，以中庸健壮的枝组结果最好。因此，需要采用不同的修剪方法，促其强旺枝组和衰弱枝组转化成中庸健壮枝组。

生长势强旺的枝组，在拉平的基础上，疏除直立强旺枝和密生枝，对其余枝条压平或抬剪打短橛，待来年继续缓放，去强留弱，促生中、短枝。针对有发展空间的斜生枝和中、长果枝，均不剪截，促其缓和生长势和结果。对于串花枝，不要进行缩剪，只能进行疏花、留叶和适量地留果。否则，枝条剪得越短，越是难以形成下垂生长的结果枝组。

对中庸健壮枝组，要采用看芽修剪法，调整叶芽、花芽比例达 3∶1 左右。用"抑顶促萌、中枝带头"法修剪，即抠去枝组顶上的直立强枝，对其下的水平、中庸枝缓放不截，使之成为带头枝。对枝组背上直立枝，多数可以疏除，但对有空间需要保留培养时，可抬剪留 2～4 芽的短橛，抽梢后进行连续摘心，促发短枝。对枝组背下的水平、斜生枝进行缓放，以利于形成中、短枝和成花结果。

对于衰弱枝组，应采取回缩的方法，缩剪到中、后部的壮枝、壮芽处。待以后抽出壮枝时进行短截。同时，疏剪枝组上的弱花芽和密生花芽，并对极度衰弱已无更新条件的枝组进行疏除。针对中、长果枝适度剪截，留下有一定枝轴长度的短果枝结果。果台上的果枝要剪前留后，集中养分供给，恢复枝组的生长结果能力。

第六节　整形修剪中常见问题及解决方法

在我国的苹果生产中，虽然广大果农的思想意识、技术水平逐渐改变和提高，但仍然存在密植稀管的现象，在整形修剪中出现许多弊病，使标准化树体结构的建立和果实产量、质量以及经济效益受到了严重影响。为了解决类似问题，尽快帮助果农走上富裕道路，现列举生产上主要存在的问题并提出纠错办法。

一、短截过多，树势旺长

有些果园的果农受传统修剪技术影响，尤其是还采用培养大冠型的修剪方法，连年对一年生枝进行过多、过重短截，结果是今年截一枝，明年剪口抽生 3～5 个长枝，用肥料换柴烧。如不及时调整，最终导致树势旺长，冠内郁闭，光照不良，长枝过多，中、短枝稀少，花芽不易形成，结果推迟，经济效益降低。针对这类果园，要彻底改变修剪方法，改短截为缓放为主，多疏少截。通过冬剪疏枝后，对于留下的枝条，除骨干枝延长头适度剪截外，尽量以轻剪长放为主，结合拉枝开张角度，使其单轴延伸缓和生长势力，增加萌生短枝数量，促进花芽形成。应用夏剪疏除外围强旺枝、竞争枝和过密新梢，加强拉、刻、割、剥等夏季促花措施，尽快达到早果、早丰的目的。

二、注重缓放，轻视拉枝

有的果园管理者不注意及时对幼树期的拉枝开张角度，待树体增大、枝条增粗不易拉枝时，不是走下过场就是干脆放弃，造成骨干枝尤其是上部骨干枝角度偏小，多头直立生长，树冠呈扫帚状。冠内大枝密挤，顶端优势很强，竞争枝和长旺枝多，后部严重光秃，棒子枝增多，花芽着生部位减少，花芽难以形成，结果年龄推迟。对于此类果园，主要工作任务是花大力气对各类枝条拉枝开角。于每年春季萌芽前后或秋季的9月份，将主枝、侧枝或侧生分枝（小主枝）拉枝开角到80°～90°，辅养枝角度拉到90°以上。在5～6月间，对旺树、旺枝进行环剥或环割，促进花芽大量形成。对于1～2年生枝光秃带较长的部位，于萌芽前采取刻芽增枝措施，缓和其生长势力，促发短枝和花芽形成。

三、主干太矮，下部枝多

有相当一部分果园，虽然按照纺锤形的株、行距栽植，但没有按该形的要求定干、整形。在实际生产中调查了解到原因有三：首先是由于栽植时苗木较弱，定干高度多在40～50厘米；其次是受低干矮冠的传统影响，最高定干60～70厘米；三是轻剪长放多留枝的目标不明确，使第一年萌生的侧生分枝全部留下，便造成基部小主枝过多，经拉枝开角结果后，出现枝条拖地现象，既影响田间日常管理和果品质量，又影响上部枝条的正常生长。解决办法是：新植园一定要选择健壮的一级苗（一级苗标准见第三章苗木选择部分），定干高度要求达80厘米以上，如果是坐地苗，还可不定干（其发生分枝部位多在距地面70厘米左右）；已栽植园，随着全树枝量的增加，消除惜枝思想，疏除中心主干上的低位枝及触地枝，提高树干高度达到80厘米左右；外围下垂枝尽量抬高枝头部位，疏除下部冗长枝，清除触地的临时枝及辅养枝。在疏除枝条时应分年逐步进行，防止一次疏枝太多，造成新梢旺长或树势衰弱。

四、注重冬剪，夏季不管

有些地方的果农，对果树只进行冬季修剪，而不进行夏剪管理，使生长期内在中心主干上、主枝、侧枝背上及基部、拉至水平的辅养枝上、剪口和锯口处，均匀生长着大量新梢，从而浪费大量的光合效能，恶化冠内的光照条件，直至影响树体整形、有用枝的生长和果品质量。因此，对这类果园，首先要提高生产者对夏季修剪的认识，转变陈旧传统观念，增强果品质量意识，精心做好夏剪工作。从萌芽期的抹芽开始，认真进行刻芽、拉枝、疏枝、环割（剥）、摘心和扭梢等各项夏剪措施，才能使树势稳定、大枝分布合理、枝组丰满均衡、花多果丰，才能经济有效地利用空间和地力。通过1～2年的综合管理调整可使树体面貌大为改观，从适龄不结果或结果少，转变为正常结果、结果多、结优质果的园片。

五、选形不当，全园郁闭

苹果密植栽培，增加了单位面积株数，早期枝量增加迅速，在适当的控旺、促花基础上，提早了结果和提高了早期产量。但是，有些果园的果农受传统整形方式的影响，在密植栽培条件下，仍沿用稀植大冠树形，造成树冠过高、过大，株、行间交接，树体大与空间小的矛盾难以调和，很多果园过早郁闭，严重影响果园的光照条件。为了提高产量和改善果品质量，亟需进行树形改造。树形改造要根据砧穗组合的生长势、土壤肥力、气候特性、栽植密度等因素综合考虑，可以从垂直和水平两个方向进行光照分布的调整。

1. 垂直方向的改造

缩小自由纺锤形的冠径，打开行间间距，使树体变瘦，树行变窄。具体的做法是抬高树干，锯除基部的大枝，把中层主枝拉至下垂，占据原来基部主枝的位置，再把上层主枝拉到原来中层主枝的空间，进一步疏除上部过密的大枝，调节枝条密度，必要时落头开心。总体上是大枝量减少，树冠变窄。这一方法适合树龄较小，大枝不过粗，能够把较大枝拉下垂的树体。若大枝太粗，不便拉弯，则不适宜。

2. 水平方向的改造

将纺锤形改成开心形，多主枝改成少主枝，多层次改成少层次，抬高树干，落头开心，打开层间，减少总叶幕层的厚度。具体步骤如下。

(1) 树形设计和骨干枝安排　改造后的开心形树体结构，干高 1～1.5 米，5～6 个主枝，2～3 层排列。下层主枝可培养侧枝和大型结果枝组，以充分利用空间。上层主枝不留侧枝，其枝展应控制在下层主枝的 1/2，形成上小下大的"凸"字形树冠，也可理解为全树有一层半骨干枝。

(2) 落头开心，降低树高　在中心主枝高的 2.5～3 米处，锯除枝头，选留一个生长势中庸的大枝作为新的中心主干延长枝，以便降低树高。上层主枝较大时，可以一步到位，否则需逐年进行。中心主干轻回缩，疏除上部大枝和生长势过旺的分枝，使其生长势减弱，待选留的新中心主干延长枝加粗、加大后再落头。

(3) 抬高干高　疏除着生在中心主干较低部位的骨干枝。由于下层较大的骨干枝已没有生长空间，并且重叠交叉严重，造成光照不足，花芽形成困难，结果量很少，果品质量严重下降，失去继续保留的经济价值。疏除这些大枝一般不会影响产量，相反可以腾出中层大枝上下垂结果枝组生长的空间，并且也方便田间管理。

(4) 疏除大枝　在疏除大枝的过程中，应首先确定选留的主枝，再疏除过密、重叠、过大、过强的大枝和结果枝组，以解决下层光照问题。若各个主枝分枝较少，仅保留几个主枝而造成枝量太少不能充分利用空间时，应选留一些临时性枝补充空间，随预留的主枝逐渐长大，再逐步疏除。

（5）**培养下垂结果枝组**　在树形改造中减少了骨干枝的数量，必须要增加结果枝组来补充空间。树干提高了，原来下层骨干枝留下的空间，需要上层骨干枝上缓放一些背上、侧生的枝条，逐渐培养成大型下垂结果枝组来补充。因此，随着树形的改造，结果枝组的类型也应有相应的变化。

3. 树形改造中应注意的问题

（1）**树形改造方案的确定**　根据砧木、品种、肥水管理水平和自然条件等因素，预测成龄后树冠形成的大小，针对现有群体结构和树体结构基础，决定改造后的栽植密度、选用的树形和树体结构。

（2）**因树做形，灵活应用**　树形改造的目的是解决果园和树冠郁闭带来的光照不足问题，减少树冠层次，缩小冠高，降低枝叶密度，减少叶幕层厚度。具体应用时，要根据每一株树的具体条件，确定改造的方法、进度，不可生搬硬套，不可强做形，不可操之过急，以免过重修剪，树势难以控制，可以分几年分批完成。

（3）**尽量减轻修剪量**　在树形改造过程中，难免要疏除大枝，这时要尽量多留小枝，即使有些部位比较稠密，从平衡树势的角度来考虑，也要暂时留下，以后再逐步清理。

（4）**回缩要适当**　回缩可以缩短骨干枝的长度，也就打开了行间。但在实际应用中，常常效果不佳。大枝回缩，会引起枝条生长过旺，改变了原有的枝类组成，不仅在前部发生大量旺枝、徒长枝，而且一些原来的短枝也发出长枝，花芽形成减少，要连续缓放数年，才能结果。但是，这时回缩发出的新枝头，已经延伸很长，大枝的长度又恢复到回缩前的水平。因此，回缩并不能带来好处，这是树冠直径缩小的难点。为此，在大枝回缩时，要有一定的条件，做好准备。如果大枝基部有较大的分枝，可以用"以侧代主"的办法，在分枝处回缩，或者大枝比较细，可以拉下垂，能够抑制先端的生长，而且诱发后部发生背上枝，这些新发枝条经缓放辅养成为预备枝，再于此处回缩则可起到缩短大枝的作用。

（5）**夏季修剪的配合**　改形过程中，锯除大枝比较多，修剪量比较大，必然会发出一些徒长枝、背上旺枝，夏季要及时处理。有发展空间的，可以通过缓放、扭梢、拿枝软化等措施，改造成结果枝组；没有发展空间的应及时疏除。

改形中大的锯口要削平，并涂以保护剂，促进愈合。同时要注意苹果树腐烂病的防控。

（6）**树形改造与其他措施的配合**　树形改造可以适当地控制树冠的大小，但是，如果栽植过密，也很难达到理想的效果，必要时需先间伐，再改造树形。

第七节 整形修剪的发展趋势

整形修剪是苹果栽培管理中的重要技术措施之一，同时也是技术难度大、用工多的项目，如何使整形修剪简单化，修剪用工量减少，生产成本降低，是苹果栽培发展的一个重要课题。

1. 应用砧木或品种控制生长

整形修剪是以苹果树的生长发育状况为基础的，苹果树的生长势强弱、生长量的大小，直接影响修剪的难易和修剪量的大小，应用矮化砧木或短枝型品种，使苹果树生长势缓和，生长量减少，则可使树体结构简化，修剪量减轻。

2. 简化树形

选用圆柱形、细长纺锤形等树形，该类树形树体结构简单，骨干枝级次减少，可在苹果树栽植后3～5年内，基本完成整形任务，是矮砧（矮化中间砧）和短枝型品种应用的基本树形。

3. 简化修剪

在修剪时，采用以疏剪长放为主的修剪技术，减少短截和回缩，应用长放后的水平或下垂结果枝组，使树势缓和，修剪量可以减轻。

4. 生长季修剪

生长季及时控制一些枝条的旺长，如扭梢、摘心、拿枝软化、拉枝等技术，可将一些旺长枝条生长势缓和，促进多萌发短枝或改造为中庸枝和结果枝，有效地控制生长，减少冬季修剪的修剪量。

<<< 第七章 >>>
促花促果

第一节　苹果早果和优质丰产的树相指标

一、苹果早期丰产的基本原理

苹果栽植后结果较晚，特别是在生长比较旺的地区，往往适龄不结果，使果农迟迟得不到效益，这是长期以来苹果生产中存在的主要问题。近年来随着果树生产技术的发展，苹果早期丰产已有成熟的经验，很多地方已建成 3 年见花，4～5 年丰产的标准化示范园。影响苹果结果早晚的因素很多，除栽培技术外，生态条件也是一个重要因子。果园所处的生态条件，影响树体扩大的快慢、枝条生长期的长短与节奏，进而影响花芽形成。因此，栽培技术要根据当地的生态条件，因地制宜。我国主要苹果产区处在北温带，夏季高温、多雨，雨热同季，苹果枝梢生长旺，特别是 6～7 月份是苹果花芽分化时期，过旺的营养生长，显著影响花芽分化的数量和质量。苹果栽培的一个重要任务就是调整枝梢的生长节奏，进而调整各类枝条的比例，促进花芽分化。这一问题在土壤深厚、雨水丰沛、生长期长的地区尤为突出。山地果园温差大，土壤水分较少，枝条生长量小，树冠扩大慢，花芽形成比较容易，在管理上采取促进树体生长的措施更为重要。

为了有目标地进行管理，可将幼树始果前后这一时期划分为 3 个阶段。不同阶段的要求不同，采用的栽培技术重点有所不同，达到一个阶段的目标后，即转入下一个阶段，技术的重点也随之转变。了解各阶段的特点可以使栽培技术目标明确，重点突出。现将各阶段的特点、任务和主要措施分述如下。

1. 促冠增枝阶段

苹果幼树结果是在一定的树冠大小和枝条数量的基础上进行的，尽早使树冠大小和枝量达到最初结果的指标，是幼树第一阶段的主要任务。在管理上，要在高标准建园的基础上，通过合理施肥、灌水、土壤改良措施，为营养生长创造良好的条件。同时，对地上部分采用以增枝促生长为中心的修剪技术，对幼树轻剪多留枝，多保留枝叶量，有利于树干加粗、枝叶量增加和树冠不断扩大。

增加枝量分为两个步骤。栽植后1~2年的主要任务是增加长枝的数量，因为长枝上着生的侧芽数量大，只要采用适当提高萌芽率的方法，增加枝量的效果比较好。例如富士苹果1.5米长的长枝，可以萌发60个左右的枝条，而1米左右的长枝，发枝量则大幅度减少。因此，栽植后最初1~2年应多短截，对缺枝部位进行目伤，促使局部旺长，形成较多的长枝。一般要求在1~2年内培养出8~10个长度在1米上下的长枝，即可进入第二个步骤，改变为以缓为主的修剪方法。

第二步是以提高萌芽率为中心的修剪。当幼树的长枝数量达到预定指标后，将60厘米以上的长枝，全部拿枝软化、插空拉平、甩放不短截，早春萌发前进行多道环割或进行刻芽，促使侧芽萌发，形成大量叶丛枝和中、短枝，增加枝量，达到一定数量要求后，即转入第二个阶段。

2. 缓和树势，调整枝类比，促进花芽形成阶段

幼树生长旺，长枝比例高，对扩大树冠、增加枝量有利，但苹果幼树的花芽形成，要通过缓和树势，培养适于形成花芽的枝条类型，调整适于成花的枝类组成，并采用各种促花措施来实现。为此，需要了解该品种始果期花芽主要着生部位和枝类。以红富士苹果为例，3~5年生幼树结果时，其花芽着生在长枝缓放后形成的一串中、短枝上。1~2年生培养出的长枝经缓放、拉平、软化、刻芽、环剥或其他措施，使其发生大量的中、短枝，并形成花芽。未形成花芽的中、短枝，第二年又容易形成一串中、短枝的结果枝组。从全树来看，花芽着生在中外部较多，内部较少。短枝型品种，长枝缓放压平，即会发生一串短枝，第2~3年形成大量花芽，而且中心主干上也能形成花芽。据辽宁省果树研究所调查，红富士幼树开始大量结果时，长、中、短枝的比例以2：1：7为宜。这不仅是花芽着生适宜的枝条类型，同时也反映了树势的变化，由旺长趋于缓和。对幼旺树来说，树势旺、长枝比例高是普遍现象，但进入结果期前，则需要进行枝类的转化工作，减少长枝的比例，增加中、短枝的比例，并且减少新梢平均生长量，以缓和生长势。其主要方法是在冬季修剪时，轻修剪、少短截、少疏枝。在此基础上，春季对缓放的长枝刻芽、目伤或多道环割，促进芽的萌发，增加枝梢萌发量，并开张各类枝条的角度，减缓先端优势，使营养分散，从而减少长枝发生的比例。在树势缓和、枝类组成逐渐改变的情况下，通过对背上新生旺枝的扭梢或压平、枝条开张角度、拿枝软化和环状剥皮、配合施用多效唑等生长延缓剂等措施，促进花芽形成。

3. 优质丰产、以果压冠阶段

这个阶段的主要任务是提高坐果率、保证产量、疏花、疏果、提高果品质量、

保持树势中庸、继续促花使连年丰产，并用果实的负载量来控制树冠的扩大。幼树形成的花芽，一般质量较差，而且树势不稳定，坐果率较低，要用人工授粉、放蜜蜂或壁蜂等方法改善授粉条件，用疏花、花期喷硼及花期或花后环剥、环割等方法改善营养条件，以增加坐果、保证产量。对密植果园，必须使幼树及时结果，用果实的营养消耗来控制树冠的扩大。有些果园，未能使幼树及时结果，导致树冠过大，早期交接，甚至全园郁闭，使密植栽培失败。

幼树虽然结果较少，但疏花、疏果，调整局部的果实分布、枝果比，并加强花果管理，提高果实质量也是非常重要的，不仅提高产品的市场竞争能力，而且使结果量适当，可以克服大、小年。有些品种如红富士，幼树结果后，仍需采用一定的促花措施，保证第二年有足够的花芽，这一点也不可忽视。

二、幼树早期丰产的树相指标

从上述苹果幼树早期丰产的基本原理来看，管理好苹果树，应该根据苹果幼树的生长状况采取相应的技术措施，虽然一些措施是具普遍性的，但措施实施的"火候"究竟如何掌握，则需要一定的经验。例如幼树在结果前，有时需要"促"，促其生长，有时则需"控"，抑制其生长。什么时候促，什么时候控？促、控的程度往往不易掌握，其效果则不易达到最佳程度，这就给技术的普及和推广带来困难。应用一些生长、结果的形态指标，表示树的生长发育状况，用以作为判断技术措施的标准，使技术指标化、规范化，也容易学习和推广，这就是所谓的"树相指标"。这些指标总结了幼树早期丰产的典型经验，并在实践中反复验证，可以作为前述阶段的划分和确定栽培技术措施的依据。

苹果产量高低依赖单位面积枝叶量的多少，在一定范围内，产量与枝量呈正相关，也就是说留枝量愈多产量愈高。但是，枝量过多，枝叶相互遮阳，使部分枝叶处在低光照条件下，光合效率差，营养积累不够，影响花芽分化，减少产量。光照不足同样影响果实发育、糖的积累和果面着色，降低品质。因此，枝叶留量必须适当，同时枝叶分布也很重要，要通过整形、修剪培养及维持合理的群体结构和树体结构，两行树的树冠有足够的间距，树冠叶幕呈层状分布，以解决树冠内部的通风透光问题。常用树冠覆盖率、叶面积系数、枝条数量等指标来衡量枝叶留量和枝叶分布。苹果产量的稳定和品质的提高，还要靠培养中庸、健壮的树势来实现，其形态特征表现在枝类组成、新梢生长量、叶片大小和颜色等指标上。长枝占总枝量的比例不宜超过20%，过高的长枝比例和过长的新梢生长量，说明新梢生长期过长，停止生长过晚，营养积累不足，影响花芽分化的数量和质量。连年丰产也是以树体营养积累为基础的，单位面积花芽数量，花芽分化率，花、叶芽比例，单位面积留果量，枝果比等指标，说明果实负载量、营养生长和生殖生长的关系。只有当年产量不超过树体负载能力，树体有充足的营养积累，才能使树体健壮，持续丰产。如果当年果实显著小于往年，有可能是因为当年留果过多，诱发大小年现象的发生。

全国红富士优质生产技术推广协作组，综合了各地的经验，于 1992 年 11 月提出了 17 项红富士树相指标。

(1) 树龄 矮砧或短枝型 3~6 年生，乔砧树 5~8 年生。

(2) 亩产量 300~500 千克。

(3) 亩枝量 1.5 万~3 万个。

(4) 亩花芽量 1800~3000 个。

(5) 亩留果量 1600~2800 个。

(6) 单果重 200 克以上，一级果率占 80％以上。

(7) 果实质量 果实着色度 70％以上，果实可溶性固形物含量 14％以上。

(8) 干周 距地面 30 厘米处，乔砧树 20 厘米以上，矮砧树 15 厘米以上。

(9) 新梢生长量 15 厘米以上的新梢平均长度 35 厘米左右。

(10) 枝类比 长枝（16 厘米以上）、中枝（6~15 厘米）、短枝（5 厘米以下）的比例为 2：1：7，其中优质短枝应占 60％~70％。

(11) 封顶枝 新梢在 6 月底以前停止生长的枝，占全树枝量的 80％。

(12) 枝果比 当年生各类枝与果实数量比，新梢指有 5 片叶以上的枝。枝果比为（5~6）：1。

(13) 花芽与叶芽比 修剪前计算应为 1：（3~4）。

(14) 花芽分化率 修剪前计算占全树总芽量的 30％左右。

(15) 单叶面积 30~38 厘米^2。

(16) 叶色值 按 8 级区分以 5~5.5 级为宜，叶片呈淡绿色。

(17) 叶片含氮量 以 7 月份外围新梢中部叶片计算，为 2.3％~2.5％。

在这一系列指标中，对从生长阶段向结果转化的时期来说，产量、质量指标是这套指标的主要技术指标；干周、亩枝量、枝类比及新梢生长量是最重要的生长指标，可以作为各阶段转化时的依据。在干周、亩枝量不足时，不可过早促花，并立足于促进生长，达到这个指标时，重点应放在枝类比的转化。若这 4 项指标均已达到，应考虑促花措施，使幼树及时结果。砧木、砧穗组合、栽培方式和栽培条件不同，各个果园达到以上指标的早晚会有不同。栽培密度不同，指标也会有差异。如亩枝量与栽培密度有密切的关系，株行距 3 米×5 米时，4~5 年生可达每亩 2 万~3 万个枝条，而株行距 4 米×6 米时，则需推迟 1~2 年。干周 20 厘米是株行距为 3 米×5 米开始结果的生长指标。若干周已达到 20 厘米，花芽形成尚无把握，就应环剥、施用生长抑制剂，而 4 米×6 米的果园，应将这一指标提高一些，以免过早控冠，影响以后的覆盖率、亩枝量和产量。花芽率、花芽留量及果实平均重量等，是重要的结果指标，反映了适当的负载量。若花芽过多，就要通过修剪、疏花来调整，最后负载量是否恰当，可用果实大小来衡量。果实过小，在一定程度上反映了留果过多。

当然，树势、肥水等条件也会对果实大小有影响，但直接影响果实大小的因素是结果量，在选择栽培技术措施时，应综合考虑。

三、成龄树高产、稳产、优质的树相指标

红富士成龄树的树相标准共有 20 项，分别为：

(1) 亩产量 2000～2500 千克，株行距为 4 米×6 米时，单株平均产量 72～90 千克，株行距为 3 米×5 米时，单株平均产量为 45～56.3 千克。

(2) 亩枝芽量 5 万～9 万，每立方米需枝量 40～60 个。

(3) 亩花芽量 1.2 万～1.5 万个。

(4) 亩留果量 1.0 万～1.3 万个。

(5) 单果重 200 克以上，一级果率占 80％以上。

(6) 果实质量 果实着色度 80％以上，果实可溶性固形物含量 14％以上。

(7) 树冠体积 每亩 1200～1500 米^3。

(8) 树冠覆盖率 60％～80％。

(9) 叶面积系数 3～5。

(10) 新梢生长量 25～30 厘米。

(11) 枝类 长枝（16 厘米以上）占 20％左右，中、短枝（16 厘米以下）占 80％左右。

(12) 果台副梢 结果果台能抽生 1 个长约 10 厘米以下的果台枝。

(13) 花芽与叶芽比 1:（3～4）。

(14) 花芽分化率 花芽占总枝芽量 30％左右。

(15) 枝果比 （5～6）:1。

(16) 封顶枝 6 月末以前有 70％～80％的枝停止生长。

(17) 单叶面积 30～38 厘米^2。

(18) 叶片及枝条颜色 叶色：绿色稍淡；枝表皮色：粗枝表皮出现红褐色及灰褐色。

(19) 落叶 在采收后，叶色变黄，落叶一致。

(20) 叶片含氮量 2.3％～2.5％。

第二节　树相诊断

第一节中红富士苹果丰产、优质的树相指标，是综合各个苹果产区经验得出的。具体应用时依不同地区、不同砧穗组合、不同生态条件和栽培条件、树体生长势和花芽分化能力都会有一些差距，所以要有一定的灵活性。例如，矮化砧和乔化砧苹果的生长势和花芽分化难易不同，就应该有不同的指标。

许多产区苹果质量较差，为了增加着色，果实套袋已成为生产优质果的常规技

术。在日本苹果套袋已近 30 年，近年来又开始逐步推广"无袋栽培"。如若富士苹果不套袋，也能生产出着色优良的果实，就要有一套新的技术。为此，日本果农在果实套袋时期，要对树体表现作一评判，即进行树相诊断，诊断重点是与果实质量有密切关系的树相因素，主要有叶色、叶片氮含量、新梢长度以及新梢停长率等。据研究，富士的叶色从 5 月下旬至 6 月上旬逐渐变浓，其后稳定下来，至 7 月下旬再度变浓，一直维持到 9 月下旬几乎无变化，9 月下旬以后，叶色进一步变浓，直至落叶。因此认为，6 月下旬是叶色诊断的最适宜时期。另据研究认为，6 月下旬叶色指数与叶片中的含氮量有极为密切的正相关，与果实着色指数及底色指数之间有极显著的负相关。因此，把叶色调整在适宜的叶色指数之内，对提高富士苹果的果实品质，具有重要的意义。

叶色诊断的具体方法：将叶色由黄绿到深绿分作 8 级。富士的叶片在 1～4 级者，叶片含氮量在 2.2％以下；5～6 级者叶片含氮量为 2.5％～2.6％；7～8 级者，叶片含氮量大于 2.6％。一般认为 5～6 级时，是高产叶相，理想树势。供作叶相诊断的叶片，是树冠外围与人的眼睛等高处，中庸新梢的中部叶片。观察叶色时，要避开直射阳光，按色卡定级。

6 月中、下旬新梢生长长度和新梢停长率，对富士的果实品质也有重要影响。据研究表明，6 月中旬富士的新梢长度与单果重之间，有极显著的正相关，但与果实含糖量之间，却表现为极显著的负相关。新梢诊断时，在树冠外围同眼高的部位，每树选择 20 条新梢，测定其平均长度，计算已形成顶芽的停长梢比例，以新梢停长率表示。

综合各地研究结果，富士苹果 6 月下旬到 7 月上旬，适宜的叶色指数为 5 左右，叶片含氮量 2.4％～2.5％，新梢平均长度 20～30 厘米，新梢停长率为 80％左右。根据诊断结果，如果基本相符，则不必套袋，亦能获得优质果；若树势过旺，诊断结果的指标大于上述标准，则应控制氮肥施用，并进行果实套袋及进行夏季修剪；若树势偏弱，诊断结果的指标低于上述标准，则应加重疏果，增施氮肥。我国各苹果栽培区气候条件差异很大，随着生产的发展、技术的进步，各地可以根据经验，制定自己的标准，以作为生产的指导。

为了实现上述目标，就要从基础做起，进行科学的标准化管理，加强肥、水管理及技术投入，促使树体健壮生长，应用促花促果的各项措施，达到适龄结果和品质优良、增产增收的目的。

第三节　促花措施

苹果的花芽形成比较困难，尤其是在密植条件下，要想达到早果、早丰的目的，必须采取有效措施，才能促进花芽提早形成。现将促花措施分述如下。

一、环剥和环割

通过环剥和环割暂时切断了有机营养运输的上下通道，剥口以上部分积累营养物质较多，可以明显地促进花芽形成，具体方法详见第六章第四节。据河北农业大学调查，石家庄地区红富士苹果幼旺树在不环剥的情况下成花率很低，仅为0.65%～8.29%，而通过环剥（5月下旬到6月上旬）成花率为7.25%～18.3%，甚至高达22.9%；在河北省抚宁县山地果园，不环剥成花率为9.4%，环剥树能达41.5%。环渤海湾诸省的调查也说明环剥是红富士苹果幼旺树成花的必需措施。另据河北农业大学调查，红富士苹果1年生枝缓放后萌芽率仅为27.7%，环割后萌芽率可提高到49.9%，短枝率高达75.8%，说明环割也具有提高萌芽率、促进花芽形成的作用。

二、缓放

缓放（甩放）的作用是削弱顶端优势，分散缓和枝条生长势力，增加中、短枝数量，有利于营养物质的积累，是促进幼树成花的主要措施之一，具体方法详见第六章第三节。据河北农业大学调查，对于水平中庸枝缓放，第二年萌芽率为27%～58%，中短枝比例为85%左右。由此说明，缓放对促进花芽提早形成的效果是比较明显的。

三、开张枝条角度

拉枝开角是人工促花的重要方法。通过开张枝条角度，有利于扩大树冠、缓和树势，改善光照条件，增加枝条自身光合产物的积累，调节内源激素的平衡，促进花芽形成（具体方法详见第六章第四节）。据河北农业大学调查，枝条缓放拉平后萌芽率可达50.5%，其中短枝和叶丛枝占72%。另据抚宁县林业局孙跃民调查，对当年刻芽后于6月20日环剥的缓放枝条，在8月初拉枝，短枝率达77%，成花率高达38.25%。

四、扭梢

通过扭梢可抑制新梢旺长，利于有机养分积累，促进花芽形成（具体方法详见第六章第四节）。据河北农业大学调查，幼龄红富士苹果树通过扭梢当年成花率为4.9%，再加上环剥的情况下当年成花率为25.2%，第二年成花率可高达73.1%。

综上所述，使用任何一种人工促花措施均能促进花芽形成，提高花芽数量。若一项措施不尽如人意，多种促花措施综合运用效果明显。因此，生产中应根据实际情况，将不同［缓放＋拉枝＋环剥（割），扭梢＋环剥（割）］方法相互组合运用，以便尽快达到理想效果。

五、利用生长调节剂

植物生长调节剂的作用是控制旺长树的营养生长向生殖生长方向转化，以达到控冠促花的目的。现将目前生产上应用效果较好的 PBO 控冠促花的方法介绍如下。

PBO 是一种新型多功能果树促控剂，由江苏省江阴市果树促控剂研究所钦少华先生研制而成，注册商标华叶牌 PBO，已获国家专利。具微毒，对人和天敌无害，经多年实践，效果理想，作用明显，深受果农欢迎。

（1）成分与作用　主要成分有细胞分裂素、生长素衍生物、增糖剂、延缓剂、早熟剂、膨大剂、防冻剂、防裂剂、杀菌剂以及十余种微量元素。其作用机理是调控激素平衡，抑制树体旺长，有利于养分积累，可提高坐果率和增大果个，促进花芽形成，提高产量和树体抗寒能力。

（2）使用时期　叶面喷施 PBO 后，一周左右即可见效，喷施时间以 5 月中旬至 9 月中旬为宜。此时期正值苹果花芽分化期和新梢旺长期，可有效地抑制新梢旺长，促进花芽形成。

（3）使用方法　该药剂以叶面喷施为主，除碱性农药（如波尔多液）外，一般农药均可混合施用，如与其他微量元素营养剂混用，效果更好。PBO 的持效期比多效唑短，一年内需要使用 2～3 次，才能有效地抑制枝条旺长，促进花芽形成。一般中庸树于 5 月下旬至 6 月上旬、7 月下旬至 8 月上旬各喷一次 300 倍液，旺长树于 5 月中旬至 6 月上旬、7 月中旬至 8 月上旬、9 月上旬各喷一次 200 倍液。为有利于叶片吸收，每次喷布时宜在晴天的上午 10 点以前和下午 4 点以后。无论喷施浓度高低，必须喷布均匀周到。

（4）注意事项　该促控剂要求在正常管理和树势健壮的情况下使用，使用 PBO 后，坐果率提高，应严格疏果调节合理负载。为了防止果柄变短，于中心花开放后 4～5 天，喷 1 次赤霉素，浓度为每克 75% 赤霉素粉剂对水 10 千克。各地气候、品种不同，应因地制宜使用，避免盲目用药，造成损失。

第四节　促果措施

在改善树体营养条件的基础上，创造适宜的授粉环境或采用人工辅助授粉，人为调节合理负载量，即可达到花果满枝头的丰收景象。常用促果措施主要分为两大类。

一、人工辅助授粉

苹果的自然坐果率较低，一般不足 10%。花期辅助授粉是解决花期天气不良、授粉品种树数量不足或搭配不当的问题的途径之一。

(1) 采集花粉 在主栽品种开花前，从适宜的授粉树上采集含苞待放的铃铛花，带回室内，两花对搓，脱取花药，去除花丝等杂质，然后将花药平摊在光洁的纸上。若果园面积大，需花粉量较多时，则可采用机械采集花粉。在花药成熟散粉过程中，室温应保持在 20～25℃之间，湿度保持在 60%～80%之间，每昼夜翻动花粉 2～3 次。经 1～2 天花药即可开裂散出花粉，过箩即可使用。如果不能马上应用，最好装入广口瓶内，放在低温干燥处暂存。通常每亩产果 4000 千克的盛果期树，人工点授时需 0.5～0.75 千克铃铛花（彩图 7-1）。

(2) 授粉时期及次数 人工授粉宜在盛花初期进行，以花朵开放当天授粉坐果率最高。但因花朵常分期开放，尤其是遇低温时，花期拖长，后期开放的花自然坐果率很低。因此，花期内要连续授粉 2～3 次，以提高坐果率。

(3) 人工点授方法 人工点授可用自制的授粉器进行。授粉器可用铅笔的橡皮头或旧毛笔，也可用棉花缠在小木棒上或用香烟的过滤嘴。授粉时，将蘸有花粉的授粉器在初开花的柱头上轻轻一点，使花粉均匀沾在柱头上即可，每蘸一次可授花 7～10 朵。每花序可授花 2～3 朵，花多的树，可隔花点授，花少的树，多点花朵，树冠内膛和辅养枝上的花多授（彩图 7-2）。

(4) 喷粉和液体授粉 果园面积较大时，为了节省用工，也可采用喷雾或喷粉的方法。取筛好的细花粉 20～25 克，加入 10 千克水、500 克白糖、30 克尿素、10 克硼砂，配成悬浮液，在全树花朵开放 60% 以上时，用喷雾器向柱头上喷布。也可在细花粉中加入 10～15 倍滑石粉，用喷粉器向柱头上喷撒（彩图 7-3）。

(5) 插花枝授粉 授粉树较少或授粉树当年开花较少的果园，可在开花初期剪取授粉品种的花枝，插于盛满清水的水罐或矿泉水瓶中，每株成龄树悬挂 3～5 瓶，每瓶中应有 10 个以上花丛。为了使全树坐果均匀，应将瓶悬挂在树冠外围中等高度和不同方向，并且需要每天调换 1 次挂瓶位置。同时应注意往瓶内添水，以防花枝干枯。

(6) 蜜蜂授粉 苹果为虫媒花，果园内花期放蜂既可节省大量劳力，又能明显地提高授粉率，从而提高坐果率。果园内设置蜂箱的数量因树龄、地形、栽培条件及蜂群大小强弱而不同，一般每 3～4 亩果园放一箱蜂即可。蜂箱应放在果园内，果园面积较大，需要多箱蜂放置时，蜂箱之间距离以不超过 500 米为宜。要注意花期气候条件，一般蜜蜂在 11℃ 即开始活动，16～29℃ 最活跃。放蜂期为了使蜜蜂采粉专一，可用果蜜饲喂蜂群，也可用授粉树花泡水喷洒蜂群或在蜂箱口放置授粉树花粉，从而提高蜜蜂的采粉专一性。需要注意，花期切忌喷药，以防蜜蜂中毒死亡（彩图 7-4）。

(7) 壁蜂授粉 由于壁蜂的放蜂时间短，传粉能力强，繁殖较快，既便于驯养管理，又基本不受果园喷药防控病虫害的影响，故在苹果产区应用发展较快。常用于苹果园授粉的壁蜂有角额壁蜂、凹唇壁蜂、紫壁蜂等。壁蜂 1 年 1 代，以卵、幼虫、蛹、成虫在巢管内越夏、越冬。授粉时利用壁蜂成虫在巢管外活动约 20 天的时间放蜂授粉，壁蜂开始飞翔的气温为 12～15℃，1 天中以 10～16 时飞翔传粉最活跃，传粉较好的飞翔距离在 40 米内。苹果园利用壁蜂授粉的主要技术如下。

① 巢管制作　巢管常用旧报纸或牛皮纸卷成内径 6 毫米、壁厚 0.9 毫米、长度 16 厘米左右的纸管制成，两端用利刀切平，将 50 支巢管扎成一捆，在巢管一端涂白乳胶后贴上牛皮纸封严，另一端敞口并用油漆染成红、黄、绿、白、蓝、橙等不同颜色，以便壁蜂识别颜色和位置归巢。

② 巢箱制作　用瓦楞纸叠制成内径长 20～25 厘米、宽 20 厘米、高 25 厘米的巢箱，仅留一面敞口，其他五面用塑料薄膜包严，以免雨水渗入。每个巢箱内装巢管 4～6 捆，共计巢管 200～300 根。

③ 巢箱安置　选择前方 3 米内无树木等遮挡物的宽敞明亮处，将巢箱安置在高 40 厘米左右的牢固支架上，巢箱敞口朝向东南或正南。巢箱一旦安置好后，切记不要轻易移动位置，以便壁蜂准确还巢。为预防蛇、蛙、蚂蚁等危害壁蜂，可在支架上涂抹废机油，箱顶盖用遮荫防雨板压牢。然后在巢箱前方 1 米处，挖长、宽、深分别为 40×30×60 厘米的坑，将黏土放入坑中，每晚加水一次并调和黏泥土，以便壁蜂产卵时采湿泥筑巢。

④ 放蜂时间和数量　在苹果树开花前的 2～3 天，从冰箱中取出并剪破蜂茧，每个巢管装入 1 个蜂茧或成蜂，然后将巢管放入巢箱中，大约在 20 天之内可完成苹果园的授粉和壁蜂的筑巢产卵。每 1.5～3 亩苹果园放置 1 个巢箱即可满足其授粉（彩图 7-5、彩图 7-6）。

⑤ 巢管回收与保存　苹果树落花后，在傍晚壁蜂全部还巢后收回巢箱，取出巢管并将其平放吊挂在常温下的室内通风阴凉处保存。翌年 2 月，拆开蜂管剥出蜂茧装入罐头瓶中，并用纱布将瓶口封严，放置在 0～5℃ 的冰箱内保存到苹果树开花前的 2～3 天。

二、疏花疏果

苹果树进入结果期后，如果开花坐果过多，超出树体负荷量，消耗营养过多，不仅造成"满树花半树果"，当年不能丰产，还会影响花芽形成和下一年产量，甚至出现大小年结果现象。为此，严格科学的疏花疏果是增效提质的重要工作之一。

(1) 疏花疏果时期　疏花疏果进行得越早越好，疏果不如疏花，疏花不如疏花芽。当花芽量较大时，可利用冬剪、花前复剪疏除部分花芽。如果树体健壮，花期气候条件较好，花量能满足丰产要求，特别是疏花后能够配合人工辅助授粉保证坐果率时，就可以进行疏花，以后再少量疏果加以调整。反之就应在首先保证充分坐果的前提下，根据果量于花后疏果。疏果的时期一般在盛花后一周开始，在落花后30 天内完成。

(2) 疏花疏果的程序　一般先疏坐果率低的品种，后疏坐果率高的品种；先疏大树，后疏幼树；先疏弱树，后疏强树；先疏骨干枝，后疏辅养枝。在一株树上，先疏上部，后疏下部；先疏外围，后疏内膛；先疏顶花芽花、果，后疏腋花芽花、果。为防止漏疏，最好按枝顺序疏花、果，这样可以做到均匀周到，准确无误，合理留果。

（3）疏花的方法　在花序伸出期，按 25～30 厘米的间距，留下位置适宜的花序，余者疏除。在花蕾分离期，留下中心蕾，去除边蕾；在开花期，留下中心花，疏去边花。

（4）疏果的方法

① 距离法　在确定全树适宜留果量的基础上，按一定距离留果，使果实均匀分布于全树各个部位。留果间距，小果型品种（如金红等）为 15～20 厘米，大果型品种（如金冠、新红星等）为 20～25 厘米，红富士系品种以 25 厘米左右为宜。在实际操作中，应根据树势、枝组和果枝粗度及果台副梢长短等酌情留果（彩图 7-7）。

② 枝果比法　据研究表明，多数苹果品种按枝果比法疏果时，以（4～5）:1 的比例留果最为适宜，即 4～5 个生长点（枝）留 1 个果。按平均每个生长点能长出 10 片叶计算，这样就能保证有 40～50 片叶制造养分供给果实生长发育。树势较弱时，生长枝较短，每枝平均不到 10 片叶时，可增加枝的比例。

第五节　套袋增质

套袋可提高果实外观品质，有效地防止多种病虫危害，减少喷药次数，降低果实农药残留，提高优质果率和生产效益，增加果农收入。此方法是目前生产优质、高档、无污染果品的重要技术措施，已在我国苹果主产区广泛应用。

一、果袋选择

目前生产中常用果袋的规格是：双层袋的外袋宽 14.5～15 厘米、长 17.5～19 厘米，内袋长 16.5～17 厘米、宽 14～14.5 厘米；单层袋宽 14.5 厘米、长 18 厘米。纸袋种类不同，造成袋内微环境（光照、温度、湿度等）有一定差异，进而对果实的色泽以及内在品质产生重要影响。因此，优质果袋应全部采用全木浆纸制成，应具有强度大，不易破损，耐水性强，遇风吹、雨淋、日光曝晒不变形，有良好的透气性的优点。在生产实践中，应根据当地果园的环境条件、栽培品种和生产目标等选择既经济又实用的果袋。如环渤海湾果区，红色品种宜选双层纸袋；西北黄土高原果区，可选单层、双层纸袋或塑膜袋；黄河故道果区，宜选排水透气好的纸袋或多微孔塑膜袋。而在品种上，如金冠、王林等黄色或绿色品种，可选用石蜡单层纸袋或原色单层袋，以降低生产成本；较易着色的红色品种，如新红星、新乔纳金、红津轻等，可选用遮光单层纸袋，以促进果实着色；而较难着色的富士系红色品种，要想生产出高质量的果品，必须套质量合格的双层遮光纸袋。以生产高档出口果为目的时，最好选用质量高的双层纸袋，如小林袋、小川袋、佳田袋等。以生产内销优质果为主的，宜用质量可靠的双层袋，如天津现代袋、青岛青和袋等；为了防止果锈，提高果面光洁度，则可选用成本较低的石蜡单层袋或木浆原色纸袋。在全套袋果园中也可配合塑膜果袋（彩图 7-8、彩图 7-9）。

二、套袋前喷药

套袋前 1～2 天全园必须喷 1 次优质杀虫、杀菌剂，以保证不将病虫套在袋内。常用杀菌剂可选择 30％戊唑·多菌灵悬浮剂 800 倍液、70％甲基硫菌灵可湿性粉剂 800 倍液、50％多菌灵可湿性粉剂 600 倍液等，杀虫剂可选择 10％高效氯氟氰菊酯水乳剂 8000 倍液、25％灭幼脲胶悬剂 1000～1500 倍液等。果实通过套袋后容易出现苦痘病、痘斑病等缺钙病状，应预先进行补钙处理，在落花后至套袋前喷施 2～3 次 300 倍的氨基酸钙、腐殖酸钙或 0.3％硝酸钙溶液等。喷药时喷头应距果面 50 厘米以上，不能过近，以免因冲击过大而形成果锈，并且为了避免污染果面和形成果锈，幼果期禁用铜制剂（如波尔多液）等。近年来，有的套袋果萼洼处出现水纹状粗皮，多是由于幼果期喷布锰锌类杀菌剂，造成锰过剩，应引起广大果农注意。

三、套袋时期

果实套袋时期应根据当地气候条件、品种及果袋种类灵活掌握。套纸袋时，一般应在花后 35 天左右套完，在不影响果面光洁度的情况下，可适当晚套袋。套塑膜袋时，一般应于花后 15～30 天套完，并且越早越好。对于金冠系列品种，应于落花后 10～15 天内套完，能有效预防果锈症产生。对于元帅系、乔纳金系等生理落果重的品种，应在生理落果结束后套袋。

四、套袋时间

套袋的适宜时期确定以后，还应掌握一天中具体套袋的适宜时间。为避免露水和强光的不良影响，一般情况下，自早晨露水干后到傍晚都可进行。但在天气晴朗、温度较高、太阳光较强的情况下，以上午 8 时以后到 12 时以前，下午 2 时以后至傍晚返潮以前套袋为宜。这样可以提高袋内温度，促进幼果发育，并能有效地防止日灼和果实萼端斑点的发生。

五、套袋方法

套袋的顺序要按照在一株树上先上部后下部、先内膛后外围逐一进行。套袋前，先将果袋放于潮湿处，使果袋返潮、柔韧，以便于操作。套袋时，先用手或吹气使果袋鼓起，使袋底两角的通气放水孔张开，小心地将果实装入袋中，使果柄处于纸袋中间切口的基部，幼果处于袋体中央，不能紧贴果袋，应悬空于袋内，这样可以防止纸袋摩擦果面、果皮灼伤、蜡象叮害等。然后将袋口两侧按"折扇"方式折叠于中间切口处，将捆扎丝反转90°，扎紧袋口于折叠处，捆扎丝千万不要缠在果柄上。尽量让袋顶朝上（彩图7-10）。

套塑膜袋时，先用手搓开袋口，吹气使其胀起，套果后扎紧袋口或用香火烧后用手捏牢。无论套纸袋还是塑膜袋，在套袋时用力要轻，尽量不要碰触、拉伤幼小的果实。并且尽量提倡全园全套袋，这样可以减少喷农药次数，降低生产成本，提高经济效益。

六、摘袋

摘袋时期应根据气候条件、品种、果袋种类及市场需求综合确定，不能过早或过晚。过早摘袋后果实裸露时间长，果皮易变粗糙，果面光洁度差，颜色发暗；过晚，果实着色差，含糖量低、风味淡，且贮藏中容易褪色。容易着色的红色品种如新乔纳金、新红星等一般在果实采收前15～20天摘袋；海拔较高、昼夜温差大的地区以采收前10～15天摘袋较为适宜；富士系等不容易上色的晚熟品种，一般在果实采收前30天摘袋；昼夜温差较大的地区和冷凉地区，在采收前20～25天摘袋；摘袋最好在阴天或多云天进行；晴天摘袋应避开袋内外温差较大的中午进行，可采取上午摘树冠东部和北部、下午摘树冠西部和南部的方法。另外，摘袋早晚也要根据市场需求确定，若市场需求淡粉红色果实，则采收前7天左右摘袋；若市场需求深红色果实，则需在果实采收前20～30天摘袋。

套塑膜袋的果实一般不摘袋，带袋采收，带袋贮藏。一些黄色品种如金冠等也可不摘袋，或在采收前5～7天摘袋。

摘除纸袋一般分一次摘袋法和两次摘袋法。一次摘袋法指一次性摘除单层纸袋或双层纸袋。两次摘袋法指摘袋时先摘除双层袋的外袋或将单层袋在背面撕开，隔4～7个晴天后，再去除内袋或将单层袋全部去除（彩图7-11～彩图7-14）。

七、果实增色及提质增效

（1）**摘叶** 需直射光着色的红色品种如红富士等，于摘袋后3～5天进行摘叶，先摘除果实附近5厘米范围内影响果实光照的老叶、小叶、薄叶（保留叶柄）；3～5天后摘除果实周围10厘米左右的遮光叶片。摘叶前剪除直立枝、徒长枝及密生枝，以改善光照条件（彩图7-15、彩图7-16）。

（2）**转果** 转果主要是为了使果实着色更加均匀。果实摘袋后，经5～6个晴天，果实阳面充分着色后，将果实旋转180°，使阴面转为阳面，几天后果面便可全面着色。

（3）**铺反光膜** 铺反光膜主要是为了使果实萼洼部分及树冠中下部和树冠北部的果实能够充分受光着色。在果实着色期，顺行间方向修整树盘，在树盘的中外部覆盖银色反光膜，反光膜外缘与树冠外缘平齐，固定四周。每亩用反光膜 400 米^{2}左右，注意保持膜上清洁。采果前，清理掉膜上杂物，小心揭起，洗后晾干，备下年再用（彩图 7-17）。

（4）**贴字（画）** 为了进一步提高果实礼品质量，还可在摘袋后在果面上贴字或贴画，利用遮光处不能着色的原理在果面上晒字或晒画，以进一步提高果实销售价值和经济效益（彩图 7-18）。

<<< 第八章 >>>
防灾护树

我国地域辽阔，自然条件复杂，各地常有特殊的灾害，如冻害、抽条、冰雹、霜害等，给苹果生产带来难以弥补的损失。因此，摸清当地自然灾害的发生规律，采取积极有效的防御措施，也是保证苹果产量和品质的重要途径。

第一节 冻 害

冻害是苹果生产中最常见的灾害，是越冬期间气温或地温低于苹果树某器官或某部位所能忍受的温度下限值，引起冷冻伤害或死亡的现象。

一、发生原因

引起果树冻害的内在原因与砧木、品种、树龄、生长势、当年枝条的成熟度及锻炼情况等有很大关系，例如：矮砧苹果树比乔砧苹果树的抗寒性差，红富士苹果树比国光、元帅系苹果树的抗寒性差。又如大年树由于树体内贮藏的营养水平低比正常树容易受冻。其外部原因则是冬季绝对低温降至树体不能忍受的临界点以下或持续时间过长，有时早春转暖后骤然回寒也常造成树皮（形成层）受冻。冻害的轻重常与果园地理位置有关。例如，阳坡地果园早春树体开始活动早，白天枝干向阳面温度较高，而夜间温度急剧下降到0℃以下后，致使枝干皮部的形成层难以适应而遭受冻害。

二、发生时期及部位

（1）**枝干冻害** 在秋末冬初或深冬季节，由于绝对最低温度太低，使枝干遭受冻害。多数苹果品种当绝对最低气温降到−25℃时，枝干发生一定程度的冻害；降到-30℃时，则发生严重冻害；而当气温降到-35℃时，则全树被冻死。主干受害部位大致是距地表15厘米以上至1.5米以下，主要表现为皮层的形成层变黑褐色，严重时木质部、髓部都变成黑褐色。如2009年冬季，我国北方地区遭受五十年不遇的严寒危害，致使1~3年生苹果幼树遭受严重冻害，枝干变色、干枯、发芽晚、甚至死亡。有时在主干的西南方向受冻后形成纵裂，较轻时裂缝仅限于皮部，随气温升高，一般可以愈合；严重时树皮沿裂缝脱离木质部，甚至外卷不易愈合，常引起树势衰弱或整株死亡。一年生枝冻害，表现为自上而下的脱水、干枯，但其皮层和木质部很少受害。多年生枝，特别是大骨干枝的基角内部、分枝角度小的分叉处或有伤口的部位，很易遭受积雪冻害或一般性冻害。常表现为树皮局部冻伤，最初稍微变色下陷，用刀挑开时可发现皮部成黑褐色，而后逐渐干枯死亡，皮部裂开和脱落；如受害轻形成层没有受伤，可以逐渐恢复。受冻枝干易感染腐烂病、干腐病，应注意防控（彩图8-1、彩图8-2）。

(2) 根颈冻害 在冬初、冬末春初气温变化骤烈时，根颈所处的部位接近地表，温度日变幅最大，经常有冻融交替现象发生，并且由于该部位进入休眠期最晚，解除休眠期最早，因此抗寒力较低，最易遭受低温的伤害。根颈受冻后表现为皮层变黑褐色、易剥离，轻则只在局部发生引起树势衰弱，重则形成黑褐色，环绕根颈一周后全树死亡。例如2009年11月初的一场大雪和冬季五十年不遇的长期严寒，造成我国北方地区大面积新植苹果幼树根颈受冻甚至死亡（彩图8-3）。

(3) 花芽冻害 花芽冻害多出现在冬末春初，当春初气温上升后又遇回寒天气时易受冻害。另外深冬季节如果气温有短暂的升高（如1~2天），也会降低花芽抗寒力，可能导致花芽冻害。花芽活动与萌发越早，遇早春回寒就越易受冻。苹果花期受冻的临界低温，花蕾期为-2.8~3.18℃，开花期为-2.2~-1.6℃。一般来说，花芽比叶芽容易受冻害。花芽受冻表现为芽鳞松散，髓部及鳞片基部变黑，严重时花芽干枯死亡，俗称"僵芽"。花芽前期受冻是花原基整体或其一部分受冻，后期为雌蕊受冻，柱头变黑、干枯，有时幼胚或花托受冻，严重时整个花序均可受冻（彩图8-4）。

三、防控方法

预防苹果树发生冻害的主要措施有五个方面。

(1) 选择抗寒品种和砧木 根据当地气象条件，充分利用良好的小气候环境，因地制宜，适地适栽，这是预防冻害最为有效而可靠的途径。对于成龄果园，如果所栽植品种抗寒能力差，则应考虑选用抗寒能力强的品种，进行高接换种。

(2) 增强树体抗冻性 做好疏花疏果工作，合理调节负载量，使苹果树不超量结果，树体贮藏营养物质不减少；适时采收，减少营养消耗，使树体在生长季后期能够充裕地制造和积累养分，增强树体抗冻能力。秋季早施基肥，有条件的果园再混施少量氮、磷、钾速效肥料，利用秋季根条生长高峰加强营养的吸收和合成，以提高树体贮藏营养水平。此外，还应于生长季后期停止或少量施用氮肥，并对叶面多次喷布磷酸二氢钾、速效磷、钾肥等，提高叶片光合能力，增加树体养分贮藏，提高树体抗冻性。

（3）适时做好枝干保护　上冻前后对果树主干和主枝涂白、干基培土、主干包草和灌足封冻水。主干和主枝涂白可以反射阳光，使树皮温度不会过高，防止昼夜温差过大对树体的伤害（彩图8-5）。

涂白剂的常用配方有以下两种：水10份（重量，下同）、优质生石灰3份、石硫合剂母液0.5份、食盐0.5份、动（植）物油少许；水15份、优质生石灰6份、食盐1份、豆浆或600倍"6501"黏着剂0.5份。

另外，苹果树冬剪后留下一些较大的剪口和锯口，为防止剪、锯口感染病害、失水抽干及促进伤口愈合，一般在修剪后对较大的剪锯口应及时涂抹保护剂（彩图8-6）。

常用保护剂有以下几种：清油·铅油合剂，清油（防水漆）3份（重量，下同）、白铅油1份，混合均匀即成；桐油·铅油合剂，桐油3份、白铅油1份，混匀即成。

伤口愈合剂：主要是促进伤口愈合的一些药剂，如：2.12%腐殖酸铜、生长素类等。

主干包草和培土可在入冬前进行，用稻草或其他柴草包扎主干，同时培土20～30厘米高盖住稻草，翌年3月底解除防寒物（彩图8-7）。秋季，在土壤冻结前，对全园灌封冻水，以利于水分结冰，放出潜热，提高果园近地面处的温度而减少冻害。在多雪易成灾的地区，雪后应及时振落树上积雪，并扫除树干周围的积雪，防止因融雪期融冻交替、冷热不均而引起的冻害。

（4）阻挡冷气入园　新建苹果园应避开风口处、阴坡地和易遭冷气侵袭的低洼地。已建成的果园，应在果园上风口栽植防风林或挡风墙，减弱冷气侵入果园的强度。

（5）受冻树的保护　对已遭受冻害的苹果树，应及时去除被冻死的枝干，并对较大伤口和锯口进行消毒保护，以防止腐烂病菌侵害。

第二节　抽　条

苹果树是比较耐寒的树种，但是，有些苹果品种如红富士、王林、金冠等抗寒性较差，幼树越冬期间常发生抽条现象，不同地区生态条件差异很大，越冬时树体的表现也不相同。

抽条也称冻旱、灼条，是指幼树越冬后枝条（干）失水干枯的现象。早春苹果幼树的枝条失水抽干，皮层皱缩，芽子不能萌发，轻者部分外围枝条抽干，重者危及大的枝干，甚至地上部全部抽干、死亡，是我国西北、华北以及东北部分地区影响幼树安全越冬的主要障碍。这种现象多发生在1～5年生幼树上，尤以1～2年生树发生最为严重。一般地下部分不会受害，春季在受害部位以下，发出新的枝条，经细致管理，可重新形成树冠。如若管理不善，第二年还会发生抽条，造成园貌不整齐，影响幼树适龄结果和早期产量及效益。

一、发生原因

抽条主要是因早春土壤水分冻结或地温较低，使根系不能吸收水分，而此时地上部枝条蒸腾强烈，以致造成植株严重缺水。当苹果枝条失水达到一定程度时先表现皱皮，如果此时及时补水，枝条则可恢复；如补水不及时，枝条继续脱水，就会干枯死亡。

（1）内因 苹果品种之间抗抽条的能力不同。元帅系品种抗抽条能力强，而红富士系、乔纳金系、金冠系品种抗性较弱。M系矮化砧由于砧穗输导组织的差异，抗抽条能力差，而SH系抗抽条能力强，这些均由品种的生理机能、形态特征的差异所致。

不同品种在年周期中生长特性有一些差异，越冬抽条的程度有所不同。有的品种秋季停止生长晚，还未完全停止，气温已明显下降，甚至结冻，表现出苹果幼树不能正常落叶，叶片未能变黄，而被冻死在树上。因此，树体贪青旺长、落叶推迟、枝条组织幼嫩疏松及成熟度低等可看作是休眠准备不足的一种表现，也是造成抽条的主要原因。

据河北农业大学园艺学院苹果课题组调查，嫁接在不同矮化砧上的红富士苹果2～3年生幼树，从晚秋叶色变化比较可以看出矮化砧对嫁接品种的秋季叶片变色有一定的影响，其中75-7-1变色指数为零，田间表现越冬抽条最严重，而SH系几种砧木，变色指数最高，越冬抽条最轻。不同中间砧红富士幼树秋季叶片变色情况详见表8-1。

表 8-1　不同中间砧红富士幼树秋季叶片变色表

砧木	总株数	变色级数			变色指数	备注
		0	1	2		
78-43	11	5	2	4	0.45	三年生
SH5	6	1	5	0	0.42	三年生
M26	7	4	3	0	0.21	三年生
75-7-1	9	9	0	0	0.00	三年生

砧木	总株数	变色级数			变色指数	备注
		0	1	2		
M26	23	18	5	0	0.11	二年生
Maek	21	20	1	0	0.02	二年生
B9	20	16	4	0	0.10	二年生
SH28	22	4	2	16	0.77	二年生
SH38	17	0	0	17	1.00	二年生
SH40	18	0	7	11	0.81	二年生

（2）**外因**　抽条的外因主要是低温和干旱。苹果幼树抽条常发生在西北、华北以及东北部分地区的原因是：这些地区秋季比较短，温度下降很快，幼树越冬准备不足，营养积累不够，枝条不够充实，枝条皮层保护组织不健全；早春气温回升比较快，而土壤温度回升慢，根系分布层温度低，根系吸收水分的能力差，而枝条处在较高的气温下，枝条表面的蒸腾强度大，导致枝条失水得不到及时补充而抽干。

苹果抽条的主要时期不在温度最低的 1 月份，而是在气温上升、蒸发量较大、土壤温度仍较低、根系不能吸收水分或吸收的水分不能满足树体大量蒸腾需要的 2 月至 3 月底。同时由于冬季低温造成的木质部、形成层伤害，冬季昼夜温差大而造成的日灼，也会使抽条程度加重。秋季叶蝉产卵危害枝条，形成多处伤口，也会加重抽条现象发生。

二、防控方法

（1）**适地建园**　根据各地区划，如需大面积发展红富士系苹果时，只能在 1 月份平均气温 −10℃ 线以南地区。至于小面积栽植，可选择小气候好、背风向阳、地下水位低、土层深厚和疏松的地段建园，应避开阴坡、高水位和瘠薄地建园。

（2）**保持树体中庸健壮**　栽植后的前 5 年，幼树的抽条率较高。因此，对幼龄树应本着"促前抑后"，促进枝条成熟的原则。促进幼树新梢前期（8 月份以前）生长，在 8 月份以前根据土壤墒情灌水 2～3 次，8 月底以后停止灌水，直至 11 月初灌冻水。在控水期间，还要做好排水工作。追肥一般结合前期灌水于 5～6 月份追少量氮肥，7～8 月份追施磷、钾肥。生长后期结合喷药叶面喷施 2～3 次磷酸二氢钾。

采取措施控制枝条后期生长，减少养分消耗，增加树体贮藏营养。一般于 8 月底到 9 月中、下旬对未停长的新梢进行摘心。若摘心后再萌发，进行再次摘心。对长枝拿枝软化，开张角度，辅养枝拉平，可以控制旺长。生长后期于 8 月中、下旬连续喷两次 500 毫克/升的多效唑或喷一次 500 毫克/升的 PBO，可抑制新梢秋季旺长，提高枝条成熟度，增强抗寒能力，具有预防抽条的良好效果。

(3) 增强树体抗寒能力　为了提高树体营养水平，增强抗寒性，应注意叶片的保护，及时防治早期落叶病、红蜘蛛、食叶毛虫等，保证叶片完好，提高叶片光合效能。

栽植前挖大坑和栽植后结合秋施基肥深翻扩穴，促其下层根条扩展，提高吸收能力，并减小根际土壤冬季冻结程度。

大青叶蝉（俗称浮尘子）发生较多的果园，由于其雌成虫产卵时破坏枝干皮层结构，造成许多伤口，会加剧幼树越冬抽条。一般于 9 月下旬至 10 月上旬大青叶蝉成虫产卵期，在树上、间作物和杂草上喷洒菊酯类杀虫剂，清除杂草，且不能在果园内间作白菜、萝卜、甘薯等绿叶多的晚秋作物，从而预防叶蝉对新梢的危害。

(4) 树体保护　埋土防寒是防止幼树抽条最可靠的保护措施。具体做法是在土壤冻结前，在树干基部有害风向（一般是西北方向），先垫好枕土，将幼树主干适当软化后，将其缓慢弯曲压倒在枕土上，然后培土压实，使其枝条全部盖严不外露，不透风，翌年春季土壤解冻后、树体萌芽前撤去覆土并将主干扶直。此法可有效防控幼树抽条的发生，但主干较粗时不宜使用，所以在栽植后 1 年生树上应用较多。

(5) 营造良好的根际环境　对于主干较粗不宜埋土防寒的幼树，培月牙土埂是防止抽条的有效方法。具体操作方法是在土壤冻结前，在树干西北方向距树 20～30 厘米处，培一个高 40～60 厘米的月牙形（半圆形）土埂，为幼树根际创造一个背风向阳的小气候环境，缩短树盘土壤冻结时间，升高树盘土温，从而使地温回升早、解冻提前，及时供给植株地上部的蒸腾失水，进而减轻抽条（彩图 8-8）。

有条件的果园，若能在 1 月下旬至 2 月上旬，在土埂内覆盖 1～1.5 米见方的地膜，可明显提高根际温度，防止抽条效果更佳。

(6) 树体喷涂保护剂　保护剂是一种抑制蒸腾剂，喷涂到苹果树的枝干上，形成保护膜或抑蒸层，从而减少水分蒸发。保护剂于 12 月下旬和 2 月中下旬各喷 1 次。常用的保护剂有：2%～3% 的聚乙烯醇、100～150 倍液的羧甲基纤维素、150 倍液的高脂膜、京防 1 号、5～10 倍液的石蜡乳剂（抚顺石油化工研究院生产）等。

上述各项措施对预防幼树抽条均有一定效果，若在生产实践中综合应用，效果更加显著。

(7) 抽条树的保护　对已发生抽条的幼树，在萌芽后，剪除已抽干枯死部分，促其下部潜伏芽抽生枝条，并从中选位置好、方向合适的留下，培养成骨干枝，以尽快恢复树冠。

此外，防止幼树抽条的方法还有在幼树枝干上缠旧报纸条、塑膜条、树干涂白等，各地应根据气象因素、人力、物力、财力等实际情况，灵活运用。

第三节　雹　灾

我国北方大部分苹果产区，偶有冰雹发生，而局部地区尤其是山区却常有周期性雹灾发生，给苹果生产带来了严重的损失。

一、雹灾的危害

冰雹粒小、量小、时间短，危害较轻时，使叶片洞穿或脱落，树体叶面积减少，光合效率下降；果实受伤，使当年产量和质量下降。危害严重时，折伤树枝，打伤树干，使树体缺主少侧，枝量不足，结果面积缩小，伤疤遍树，为病虫滋生创造了适宜条件，造成树势严重衰弱，不仅使当年产量和品质下降、甚至绝收，也会对以后的高产稳产形成较大影响。例如：2004年8月发生在河北省保定市满城县的冰雹灾害，不仅雹粒大、数量多、时间长，还伴有7级以上大风，在重灾果园，使近20年生红富士大树枝断干伤，造成毁园刨树现象（彩图8-9、彩图8-10）。

二、灾后管理

雹灾后应根据受灾情况，积极采取措施加强管理。适当减少当年负载量，以恢复树势；对枝干上的雹伤要及时喷布30%戊唑·多菌灵悬浮剂或70%甲基托布津可湿性粉剂等杀菌药剂，以防病菌侵害；采取综合技术措施严格控制病虫害的发生和蔓延，对受伤的枝条酌情修剪；加强土、肥、水管理，注意树体越冬保护，以尽早恢复树势。

第四节　霜冻（害）

在果树生长季由于急剧降温，水气凝结成霜而使幼嫩部分受冻，称为霜冻。由于霜冻是冷空气集聚的结果，造成越近地面气温越低和霜害发生时的气温逆转现象，因此小气候环境、湿度等对霜冻发生有很大影响，如空气流通不畅的低洼地、闭合的山谷地容易形成霜穴，使霜害加重，这就是果农常说的"风刮岗，霜打洼"。而湿度可以缓冲温度，故靠近大水面的地方或霜前果园喷水都可减轻霜害。

一、发生时期及危害

霜冻对果树生产影响很大，有些地区，由于温度变化剧烈，霜冻频繁，几乎每年都因此而减产。根据霜冻发生时期分为早霜和晚霜，在秋末发生的霜冻称为早霜。早霜只对一些生长结束较晚的品种和植株形成危害，常使叶片和枝梢枯死，果实不能充分成熟，进而影响品质和产量。早霜发生越早，危害越重。在春季发生的霜冻称为晚霜，并且是自萌芽至幼果期霜冻来临越晚，危害越重。在苹果主产区晚霜较早霜具有更大的危害性。春季随着气温上升，苹果树解除休眠进入生长期，抗寒力迅速降低，从萌芽至开花坐果，其低温极限为花蕾期约−2.8℃、花期约−1.7℃、幼果期约−1.1℃，达到上述低温，苹果树组织即会受到不同程度的霜冻伤害。

早春萌芽时遭受霜害，嫩芽或嫩枝变成黑褐色，鳞片松散而干于枝上。花蕾期和花期受害，较轻时只将雌蕊和花托冻死，花朵照常开放；发生严重霜冻时，花瓣变枯脱落。幼果受害轻时，果实幼胚变黑色，而果实还保持绿色，后逐渐脱落；受害重时全果变黑并很快脱落。有的幼果经轻霜害后，还可继续缓慢发育成畸形果，近萼端有时出现霜环（彩图8-11、彩图8-12）。

二、防控方法

1. 果园熏烟

熏烟防霜是利用浓密烟雾防止土壤热量的辐射散发，同时烟粒吸收湿气，使水气凝成液体而放出热量，提高地温。这种方法只能在最低温度不低于−2℃的情况下才有作用。发烟物用防霜烟雾剂效果较好，其配方各地不一。常用的配方是：硝酸铵20%～30%、废柴油10%、锯末50%～60%、细煤粉10%（锯末和煤粉越细越好）。按比例配好后，装入纸袋或容器内备用。发烟物也可用作物秸秆、杂草、树叶等能产生大量烟雾的易燃材料。配置熏烟堆的方法：在预定发烟地点，先树立一木桩，再与其呈"十"字形横放一木桩，然后将备好的发烟材料干、湿相间，堆放在木桩周围，最后在其上盖一层薄土。烟堆一般高1～1.5米，堆底直径1.5～2米，每亩果园设置3～4堆即可。随时观察室外温度表，当气温降到2℃时，及时点燃放烟。点燃时，将两根木桩抽掉，用易燃物放入近地面孔内点燃。如果烟堆燃烧太旺，可加盖些细土，使其熄火而大量发烟。

2. 延迟萌芽期、避开霜灾

有灌溉条件的果园，在花前灌水，可显著降低地温，推迟花期2～3天。

(1) 枝干涂白　通过反射阳光，减缓树体温度升高，可延迟花期3～5天。

(2) 喷洒药剂　在树体萌动初期，全树喷布氯化钙200倍液后，可延迟花期3～5天。

(3) 激素防霜　苹果花芽膨大期（开花前7天左右）和落花后各喷施1次芸苔素内酯3000倍液，能显著提高树体抗霜冻能力。

第五节　桥接和寄根接

在苹果生产中，由于病虫害、人畜损伤或自然灾害等造成树皮严重损伤时，会严重影响树体的生长发育。此时采用桥接或寄根接的方法进行枝接搭桥手术，重新接通输导组织，有利于恢复树势。实践证明，这是挽救受害果树的一项有效措施。

一、接穗采取与贮备

供桥接用的接穗，要选用生长粗壮、充实、无病虫危害的一年生尚未萌动的枝条。可在冬季修剪时将接穗留在树上，桥接时随接随采。也可结合冬剪采集接穗，采集后整理成 20～30 根 1 捆，接穗长度依据伤疤大小而定。贮藏温度保持在 0℃左右，相对湿度控制在 80% 左右，一般采用在地窖内一层干净湿沙一层接穗贮藏的方法沙藏备用。桥接前，取出接穗浸入水中，使接穗充分吸水，以促进成活率。

二、伤疤的处理

桥接时，首先要对病疤、伤疤进行处理。对腐烂病的病疤进行桥接时，必须经过严格的刮净和消毒，露出新鲜组织或愈伤组织形成层后再行桥接。桥接砧木的切口，要距离病疤（或伤口）上下边缘 10 厘米以上，以免与病疤或伤口相连处再次感染。人为或机械造成的伤口（如火烧、兽害、劈枝等），可将伤疤刮到好皮处，并涂杀菌剂保护伤口，以利于加速伤口愈合。

三、嫁接时期

桥接和寄根接的适宜时期是在早春，树体刚开始生长活动、树皮容易分离时进行。在河北保定地区以 3 月下旬至 4 月上旬为最好。

四、桥接方法

（1）两头接　将伤口刮净并消毒后，把接穗的两端削成平面，削面长度要在 3 厘米以上。然后，在伤口上下选平滑处切成与枝条粗度相等的接口或接槽，将接条嵌入接口或接槽内，并用小钉固定。桥接时应使接穗呈弓形，这样，接穗和砧木的触面较大，结合紧密，有利于愈合。为了保证接穗在成活前有适宜的湿度，当接穗较长时，接前需用薄膜全部缠严，接后要将接口全部绑紧缠严。如果伤口面较大，可同时桥接数根接穗，以便及早恢复树势（彩图 8-13、彩图 8-14）。

（2）一头接　如在伤口下边或枝干上生有萌蘖或徒长枝，或树下生有根蘖，均可用作桥接的接穗。操作时，将其上端削平，插入预先切好的倒"T"形接口内，然后用塑料条绑紧缠严即可。一头接的形式较多，可根据具体情况灵活运用。如几个根蘖可同时接在各主枝上，也可利用主干上的徒长枝接在主枝上（彩图8-15）。

五、寄根接

寄根接是针对主干或根颈部位受害所采取的补救措施，在苹果树遭受冻伤、烂根、主干病疤太大而造成树势衰弱时，应立即在树干附近补栽旺盛的砧木苗多株，待其成活后把上端接在枝干上。小树的根系可替代原树根系，当小树加粗到足以能够支撑树冠的程度时，就会使病危树起死回生，再创较高的经济效益（彩图8-16）。

六、嫁接后的管理

嫁接后要进行妥善管理，保护好接穗，防止摇动和干燥。伤口愈合后要及时解绑，以防影响接穗加粗生长。在接穗上萌发的新梢应全部除去，但如果伤口过大或其一端未接活时，仍可保留一个新梢，以备再次嫁接。此外，还应加强肥水管理，增强树体生长势力；对于树势弱、结果多的植株，应将花果疏除或保留少量果实，以利于树体尽快复壮。

第九章
果实采收和分级包装

第一节　果实采收

果实采收是苹果园一个生长季生产工作的结束，同时又是果品贮藏或运销的开始，如果采收不当，不仅使产量降低，而且影响果实的耐贮性和产品质量，甚至影响来年的产量。因此，必须对采收工作给予足够的重视。

一、采收期的确定

苹果采收期的早晚对果实的质量、产量以及耐贮性均有很大影响。采收过早，果实尚未充分发育，果实个小，外观色泽和果实风味较差，产量和品质下降。采收过晚，虽能在一定程度上能提高食用品质，但易使果肉变绵，产生裂果和衰老褐变现象，降低耐贮性。

1. 果实成熟度

根据用途不同，果实成熟度有三种表述方式。

（1）可采成熟度　这时果实大小已长定，但还未完全成熟，应有的风味和香气还没有充分表现出来，肉质较硬。该成熟度的果实，适用于贮运、蜜饯和罐藏加工等。

（2）食用成熟度　果实已经成熟，表现出该品种应有的色、香、味，营养价值也达到了最高点，风味最好。达到食用成熟度的果实，适用于供当地销售，不宜长期贮藏或长途运输。作为鲜食或加工果汁、果酱等原料的苹果，以此时采收为宜。

（3）生理成熟度　果实在生理上已经达到充分成熟的阶段，果实肉质松绵，种子充分成熟。达到此成熟度时，果实变成淡而无味，营养价值大大降低，不宜供人们食用，更不能贮藏或运输。鲜食和加工用的果实，决不能到此时采收。一般只有作为采集种子时，才在这时采收。

2. 判定果实成熟度的方法

(1) 根据果实的发育期 某一品种在一定的栽培条件下，从落花到果实成熟，有一个大致的天数，即果实发育期。由此来确定采收时期是目前绝大部分果园既简便而又比较可靠的方法。早熟品种一般在盛花期后 100 天左右采收，中熟品种在 110～150 天，晚熟品种在 150～180 天。金冠、元帅系品种生长期 140～150 天，乔纳金系 155～165 天，红富士系品种生长期为 170～180 天，加工型极晚熟品种澳洲青苹、粉红女士等生长期在 180～200 天。

(2) 根据果实脱落难易程度 果实成熟时，果柄基部与果枝之间形成离层，稍加触动，即可采摘脱落。

(3) 根据果肉硬度 近成熟的果实，果肉变软，硬度下降，口感松脆，过成熟时开始发绵。

(4) 根据果实的风味 有些苹果品种如红富士，甜度增加，酸度减轻，达到了该品种的风味；但有些品种如国光，采收时酸味仍然较浓，需经后熟后风味才能变佳。

(5) 根据果皮的色泽 目前我国多数地区，生产上大多根据果皮的颜色变化来决定采收期，此法较简单也易于掌握。果实颜色是判断果实成熟的主要标准之一，果实成熟时，果皮色泽呈现出本品种固有的颜色。判断成熟度的色泽指标是果皮底色由深绿变为浅绿、变黄，或颜色稳定不再变化。红色品种果面由淡红转为浓红，金冠、王林等黄色品种，果面由深绿变白绿、浅绿或微黄。

(6) 根据色谱变化 随着果实逐渐接近成熟，淀粉水解为糖，淀粉含量下降。首先从子房周围的组织中开始消失，逐渐外扩。可用碘与淀粉呈蓝色反应并与标准色谱对照，确定其反应级别，决定采收期。

采收期的确定不能单纯根据成熟度来判断，还要从调节市场供应、运输、贮藏和加工的需要、劳动力的安排、品种的特性及气候条件等来确定。

二、采收方法

依据我国的苹果生产方式，目前，果实采收方法主要是人工采收。

采果时，采收人员应剪短指甲或戴上手套，以免划伤果面。为了不损伤果柄，应用手托住果实，其一手指顶着果柄与果台处，将果实向一侧转动，使果实与果台分离。不可硬将果实从树上拽下，使果柄受伤或脱落而影响贮藏。采果时，应根据果实着生部位、果枝类型、果实密度等进行分期、分批的采收，以提高产量、品质和商品价值。另外，为使果面免受果柄扎害，对于果柄较长的品种如红富士等，要随摘随剪除果柄。

在采收过程中，应防止一切机械伤害，如擦伤、碰伤、压伤或掐伤等。果实有了伤口，微生物极易侵入，促进呼吸作用的加强，降低耐贮性。还要防止折断树枝，碰掉花芽和叶芽，以免影响翌年产量。采收时要防止果柄掉落，因为无果柄的果实，不仅品级等级下降，而且也不耐贮藏。采收时还要注意，应按先下后上、先外后内的顺序采收，以免碰落其他果实、造成损失。

为了保证果实的品质，采收过程中一定要尽量使果实完整无损，要在采果篓（筐）或箱内部垫些柔软的衬垫物。采果捡果要轻拿轻放，尽量减少换篓（筐）的次数，运输过程中要防止压、碰、抛、撞或挤压果实，尽量减少和避免果实的损伤。采收时如遇阴雨、露、雾天气，果实表面水分较大时，采摘下的果实应放在通风处晾干，以免影响贮藏。晴天采收的果实，由于温度较高，应在遮阴处降低果温后入库，以免将田间热量带进贮藏库而造成不必要的损失。

第二节　果实分级

采收后的果实，需要进行商品化处理，首先要进行果实分级。果实分级就是按照一定的品质标准将果实分成相应的等级。通过分级，可以区分和确定果品质量，以利于以质论价、优质优价及果品销售标准化等。

一、分级标准

苹果分级一般按国家或行业有关等级标准进行，有时由于贸易需要，也可根据目标市场和客户要求进行分级。例如，我国内售的鲜苹果一般按果形、色泽、新鲜度、果梗、果锈和果面缺陷等几个方面进行分级。而出口销售时，主要按果形、色泽、果实横径、成熟度、缺陷和损伤情况等方面，分为 AA 级和 A 级两个等级。2008 年我国发布了苹果质量等级规格指标（国家标准 GB/T 10651—2008），可供参考利用，具体要求详见表 9-1～表 9-3。

表 9-1　苹果质量等级规格指标（GB/T 10651—2008）

项　　目	优　　等	一　　等	二　　等
色泽	具有本品种成熟时应有的色泽,苹果主要品种的具体规定参照表 9-2		
单果重	苹果主要品种的单果重等级要求见表 9-3		
果形	具有本品种应有特征	允许有轻微缺点	可有缺陷,但不能有畸形果
果梗	果梗完整(不包括商品化处理的缺省)	果梗完整(不包括商品化处理的缺省)	允许果梗轻微损伤

项 目		优 等	一 等	二 等
果锈	褐色片锈	无	不得超出梗洼的轻微锈斑	轻微超出梗洼和萼洼之外的锈斑
	网状浅层锈斑	允许轻微而分离的平滑网状不明显锈斑,总面积不超过果面的 1/20	允许平滑网状薄层,总面积不超过果面的 1/10	允许轻度粗糙的网状果锈,总面积不超过果面的 1/5
果面缺陷	刺伤(破皮划伤)	无	无	无
	碰压伤	无	无	允许轻微碰压伤,总面积不超过 1.0 厘米^2,其中最大处面积不得超过 0.3 厘米^2,伤处不变褐,对果肉无明显伤害
	磨伤(枝磨、叶磨)	无	无	允许不严重影响果实外观的磨伤,面积不超过 1.0 厘米^2
	水锈	允许轻微薄层,面积不超过 0.5 厘米^2	轻微薄层,面积不超过 1.0 厘米^2	轻微薄层,面积不超过 2.0 厘米^2
	日灼	无	无	允许浅褐色或褐色,面积不超过 1.0 厘米^2
	药害	无	无	允许果皮浅层伤害,总面积不超过 1.0 厘米^2
	雹伤	无	无	允许果皮愈合良好的轻微雹伤,总面积不超过 1.0 厘米^2
	裂果	无	无	无
	裂纹	无	允许梗洼或萼洼内有微小裂纹	允许有不超过梗洼或萼洼的微小裂纹
	病虫果	无	无	无
	虫伤	无	允许不超过 2 处 1.0 厘米^2 的虫伤	允许干枯虫伤,总面积不超过 1.0 厘米^2
	其他小疵点	无	允许不超过 5 个	允许不超过 10 个
果实直径/毫米	大型果	≥70		≥65
	中、小型果	≥60		≥55

注:二等果,允许对果肉无重大伤害的果皮损伤不超过 4 项。

表 9-2 苹果主要品种的色泽等级要求

品 种	最低着色百分比/%			
	色泽	优等	一等	二等
元帅系	浓红或紫红	95	85	70
富士系	片红/条红	90/80	80/70	65/55

品　种	最低着色百分比/%			
	色泽	优等	一等	二等
寒富	浓红或鲜红	90	80	65
华冠	鲜红	90	80	65
秦冠	暗红	90	80	65
秋锦	暗红	90	80	65
嘎拉系	红色	80	70	55
乔纳金系	浓红或鲜红	80	70	55
津轻系	红色	80	70	55
国光	暗红或浓红	70	60	50
金冠系	绿黄	所有等级均应表现出其固有色泽		
王林	黄绿或绿黄			

注：1. 未涉及的品种，可比照表中同类品种参照执行；

2. 提早采摘出口销售或用于长期贮藏的金冠系品种允许淡绿色，但不允许深绿色。

表 9-3　苹果主要品种的单果重等级要求

品　种	单果重/克≥		
	优等	一等	二等
元帅系	240	220	200
乔纳金系	240	220	200
富士系	240	220	200
王林	200	180	160
秦冠	200	180	160
寒富	200	180	160
金冠系	200	180	160
华冠	200	180	160
津轻系	200	180	160
秋锦	200	180	160
嘎拉系	180	150	120
国光	180	150	120

二、分级方法

苹果的分级常见的有手工分级和机械分级两种方法。

1. 手工分级

采用手工分级是目前我国大部分苹果产区应用较多的传统方法。果实大小常以横径为准（以重量为准的较少），用分级板分级。分级板上有直径分别为 80 毫米、

75毫米、70毫米和65毫米等不同规格的圆孔。分级时，分级人员通过选果比对，将果实按横径大小（即能否适宜某个等级圆孔）分成1、2、3级。而果形、色泽、果面光洁度等指标，完全凭分级人员目测和经验判断确认。因此要求每个选果分级人员，必须熟练掌握分级标准，高度负责，规范操作，使同级果具有较高的均一性。但手工分级时容易掺入主观因素，标准度低，果实损伤多，劳动成本高，经济效益低，该方法已不适应规模化生产和当前国内外市场的需要。而小规模生产时，为减少果实的倒箱次数和伤害，提高工作效率，亦可在采收时目测每一个果实进行分级，并随时套上泡沫网套，装入不同级别的箱中。

2. 机械分级

是采用果品分级机进行分级。由机器的自动化程度不同而分多个类型。生产规模大或企业化生产时，可选用工作效率高、自动化程度高的大型设备。根据果实的尺寸、重量和颜色自动分级，并可与其他商品化处理同时进行，分级效率和精确度高，是现代果品营销中最为常用的分级方法，但投资成本高。在生产规模较小时，可选用人工与机械设备相结合的小型分级机。首先由分级人员按照果品外观和着色等进行初步分级，然后将其放入分级机，通过机械按照单果重量自动分级，分别进入不同的区域，再由分级人员包装装箱。该类机型操作简单，价格便宜，适宜"公司＋农户"的生产模式应用。

第三节　果实包装

果实包装，即销售包装。是苹果商品化处理不可缺少的重要环节。通过包装，可以保护果实，便于贮藏、运输和销售，提高商品价值，同时可使其果品具有较准确的重量、数量和容积。适宜的销售包装可减少果实之间的相互摩擦、挤压和碰撞，保证果实品质，增加苹果作为商品的附加值。

一、包装形式

苹果包装应随着果品的档次和消费市场而定，优质、高档的果品应配以精美的包装，才能进入超市，提高经济效益和市场的竞争力。中档果品则应采用简易包装，降低包装成本。无论采用哪种包装，均要求干净卫生、美观大方、轻便牢固、便于贮藏堆码和运输。目前，在苹果销售市场上，常用的包装形式有两种，即普通包装形式和装潢包装形式。

1. 普通包装形式

(1) 纸箱　一种是瓦楞纸箱。该类纸箱原材料来源广、生产成本低，但箱体软，较粗糙，易吸湿受潮，可作为短期贮藏或近距离运输和销售用。如将其材料进一步加工成瓦楞纸板，两面均涂防潮剂后制成纸箱，既可防潮又能增加其抗压性（彩图9-1）。另一种是由木浆纤维制成的纸箱，质地较硬，可作为远距离运输和销售用。

（2）钙塑瓦楞箱　用钙塑瓦楞板组装而成的不同规格的包装箱。该箱具有轻便、耐用、抗压、防潮、隔热等优点。虽然价格较高，但可反复使用，从而降低生产成本。

上述两类包装形式均可制成容量为 10 千克、15 千克、20 千克、25 千克装不等的包装箱。如需出口外销时，一般要求应制成容量为 17 千克装的包装箱。

2. 装潢包装形式

用竹皮、藤皮、柳条等材料制成造型精美、漂亮的筐、篮、盘等，作为高档礼品的包装容器。现已进入超级市场，并且深受广大消费者所青睐。

外观精美、高雅的便携式、套盖式礼品盒，随着广大顾客消费水平的提高和消费习惯的改善，现已越来越受欢迎。也可根据品种、市场和客户的实际需要，设计小巧玲珑的包装盒。有的用硬质透明塑料制成，苹果外观好坏清清楚楚，也有的包装盒上留有透明的观察孔，以便于消费者观察和选购（彩图9-2）。

以上几种装潢包装形式均可制成 1 千克、2 千克、3 千克、4 千克装或 2～8 个果装的小型礼品筐、篮、盘或盒。

二、包装方法

在对苹果进行包装时，理想的包装方法应该是容器装满但不隆起，使承受堆垛负荷的是包装容器而不是果实本身，从而减少因挤压碰撞而造成的损失。因此，在包装时应参照以下方法进行。

（1）清洗、上蜡　通过清洗和上蜡，不仅可以减少果品水分蒸发，延长货架期，还可以清除掉果面的污物和病菌，使果面更加光洁和卫生，进一步提高果实的商品档次，增加经济效益。目前，由于专用设备价格昂贵，在国内仅在经营出口的大型企业中应用。

（2）贴标签　在每个果面的同一部位，贴上具有自己品牌特点和表现内容的标签（已注册商标的，标签必须与其相一致），标签上可注明品种、产地、重量或个数（彩图9-3）。

（3）包纸与装箱　果品包纸在我国有悠久的历史。具体做法是，先将果梗朝上（果梗已用剪刀剪过）平放于包果纸的中央，随手将纸的一角包裹到果梗处，再将左、右两角包起，向前一滚，使第四个纸角也搭在果梗上，随手将果梗朝下平放于已加有衬垫物的箱内。要求果与果之间尽量缩小空隙，并呈直线排列，装满一层后，上放一层隔板，直至装满为止。上盖衬垫物后加盖封严，并用宽胶带或封箱带封严、捆牢，同时在每个果箱上注明品种、级别、个数或重量。

（4）**套泡沫网** 操作时，先将泡沫网用左手撑开，然后右手将苹果装入网内即可。如果先包纸后套泡沫网，对果实的保护效果更好，但费工费料使生产成本提高。只有在高档果品远距离运输或客商要求时才作使用（彩图 9-4）。

（5）**礼品盒包装** 首先在盒内放入衬垫物，或带凹坑的制模，然后在相同规格的礼品盒内，要装入相同级别的果品，且果数与模坑数一致，盒内果实净重误差不超过 1%。不透明礼盒可包纸或泡沫网，为了便于运输和防止挤压，可根据礼盒大小，将 2～8 件礼盒装入大的外包装箱内。外包装箱应具有坚固抗压、耐搬运的性能，并且应美观、大方，具宣传广告的特点（彩图 9-5）。

（6）**散装法** 是目前除高档果品以外，采用比较多的方法。将同一级别的果实轻轻放入已垫衬物的箱中，待将装满时，轻轻晃动箱体，使果品相互靠拢，果实间尽可能保持最小的孔隙度。随后将箱装满，上盖衬垫物后，加盖并用宽胶带封牢。这种散装法一般是按重量标准计算。

<<< 第十章 >>>
苹果盆栽与盆景

苹果盆景树体矮小，树姿优美，枝干粗壮而节短，古朴苍劲。春季花序由粉渐白，婀娜多姿，夏季叶片碧绿青翠，摇曳婆娑，入秋硕果累累，挂满枝头，红、黄、绿、青、紫，色泽多变，光彩夺目。取"苹"之音，昭示平安之意，既可观赏又可食用，观之心旷神怡，食之甘甜爽口，实为馈赠之佳品（彩图 10-1～彩图 10-4）。

第一节　品种选择

我国是世界第一苹果生产大国，近年来从国外引进和国内选育的苹果品种（品系）有 700 多个，但实际应用到生产中的品种（品系）仅有 10 多个。生产上常用的优良品种几乎都可用于盆栽与盆景。从观赏性和食用性综合考虑，苹果盆栽与盆景应选择果形美观，色泽艳丽，观赏期较长，鲜食风味优良的品种。

（1）泰山早霞　山东农业大学选育出的新品种，2007 年通过山东省科技厅组织的专家鉴定。

果实平均单果重 238 克，最大果重 260 克。果面光洁，底色淡黄，果面鲜红色，极美观。果肉白色，肉质细嫩，酸甜适口。果实发育期 70～75 天。该品种幼树长势较旺，成龄树树势中庸，树姿开张，萌芽率高，成枝力较强。具有腋花芽结果能力，表现出较强的早果性和丰产性。

（2）萌　又名嘎富。亲本为嘎拉×富士，是日本和新西兰合作育成的优良早熟品种。

果实平均单果重 200 克左右。果面底色黄绿，全面着鲜红色或深红色，鲜艳美观。果肉白色，肉质致密，风味酸甜适中。果实发育期 90 天左右。该品种树势中庸或较旺，树姿半开张，萌芽力、成枝力均强，短果枝多，有腋花芽结果习性，结果早，丰产性好，3 年树开花株率100％。

（3）信浓红 日本用津轻×贝拉杂交培育而成。

果实平均单果重 200 克，最大果重 280 克。果面红色至浓红色。果肉松脆多汁，酸甜可口，品质上等。果实发育期 90 天左右。该品种树势强健，树姿半开张，枝条粗壮，萌芽率高，成枝率中等，长、中、短果枝和腋花芽均可结果。易成花，早结果性好，高接树第二年可开花结果。自然授粉结果率高，采前落果轻。

（4）首红 美国品种，属于红星的芽变。

果实平均单果重 200 克。果面色泽艳丽，着色能力优于元帅系其他品种，肉质细脆，汁液多，风味酸甜，香味浓，品质上等。果实在河北保定地区 9 月中、下旬成熟。该品种树形紧凑，长势中庸，萌芽率高，成枝力弱，均以短果枝结果为主，早果性强，一般栽后 3 年开始结果。

（5）短枝华冠 中国农业科学院郑州果树研究所从华冠中选出的芽变新品种。

果实平均单果重 237 克。果面洁净无锈，果皮底色绿黄，多半着鲜红色，果肉致密，脆而汁液多，风味甜酸适宜。在河南郑州地区 9 月下旬成熟。该品种树势中庸，树姿开张，短果枝结果比例高，成花容易，坐果率高，早果性强，应严格疏花疏果。

（6）短枝富士

① 天红 2 号 河北农业大学园艺学院苹果课题组历经十余年选出的红富士优系。果实平均单果重 262～301 克。果实着色容易，浓红艳丽，果面光滑，蜡质多。果皮较薄，果肉淡黄色，肉质细腻酥脆，香气浓，品质上等，果实发育期 180 天。

② 烟富 6 号 山东省惠民县从惠民短枝富士中选出的优良品种。果实平均单果重 253～271 克，果面光洁，着色容易，色深浓红，果肉淡黄色，肉质致密硬脆，汁液多，味甜。品质优良，果实 10 月下旬成熟。

③ 礼泉短富 陕西省礼泉县发现的富士系列株变。果实平均单果重 270 克，果面鲜红色，果皮光滑，无锈斑。果肉黄白色，肉质致密细脆，酸甜适口。果实在陕西礼泉县 10 月中下旬成熟。

④ 海珠短富 山西省晋中市发现的长富 2 号短枝型芽变品种。果实平均单果重 320 克，最大果达 370 克。果实着色艳丽，果面光洁无锈。果肉细脆多汁，酸甜适度，品质极上。果实在山西晋中市 10 月中下旬成熟。

⑤ 福岛短富 日本福岛县果树试验场选出。果实平均单果重 231 克，最大果达 494 克。果面光洁，着色艳丽，果面色相片红。果肉质脆、致密、多汁，酸甜适度，品质极上。果实在河北保定市 10 月中下旬成熟。

⑥ 宫崎短富 日本选出，在我国苹果产区已引种栽培。果实平均单果重 175 克，最大果重 295 克。果面光洁，着色容易，被有深红色长宽条纹。果肉细脆，软硬适中，果实 10 月下旬成熟。

以上短枝型富士各个品种的生物学特性基本相似，其主要特点是：树势健壮，树姿半开张，树冠紧凑，树体矮小，枝条粗壮，节间短，短枝性状明显，萌芽率高，成枝力低。以短果枝结果为主，有腋花芽结果习性。成花易，结果早，坐果率高，丰产稳产，一般定植后 2～3 年即可大量开花。

（7）寒富　沈阳农业大学李怀玉教授用东光×富士杂交选育而成。

果实平均单果重 250 克以上，最大果重达 900 克。果面着鲜艳红色，果面光洁无锈。果肉酥脆，香气浓，甜酸适口，品质上等。果实在河北保定市 10 月中旬成熟。该品种树冠紧凑，枝条节间短，短枝形状明显。有腋花芽结果习性，早果性强。抗寒性明显超过国光等大型果苹果品种，是寒冷地区栽培的首选大型果品种。

（8）粉红女士　又名粉红佳人、粉红丽人。澳大利亚品种，由威廉姆斯小姐×红冠杂交育成。

果实平均单果重 220 克。果实底色黄绿，果全面粉红色或鲜红色，果面洁净，无锈斑，外观极美。果肉硬脆多汁，酸甜适口，果实发育期 200 天左右，在河北保定地区 11 月上旬成熟。该品种树势强健，树姿直立，萌芽率高，成枝力强，以短果枝结果为主，有腋花芽结果习性。极易成花，结果早，丰产稳产。

（9）斗南　日本青森县从麻黑 7 号实生苗木中选育的优质晚熟品种。

果实平均单果重 280 克，最大果重 340 克。果面着鲜红色，光洁无锈，外观艳丽，果肉细脆，甜酸适口，品质上等。果实发育期 165 天。该品种树势强旺，枝条粗壮，萌芽率高，成枝力强。中、短枝及腋花芽均能结果，结果早，丰产性强，采前落果现象极轻。

（10）望山红　辽宁省果树研究所从长富 2 号的早熟浓红型芽变中选育而成。

果实单果重 260 克，果面着鲜红色条纹，光洁无锈。果肉酥脆，品质上等。果实发育期约 160 天。该品种树势强健，顶端优势明显，树体健壮，树姿开张，短枝率高。2004 年专家鉴定认为达到国内同类品种领先水平，经多年试栽示范表现良好，具有广阔的开发推广前景。

除上述品种外，如早熟品种鲁丽、红盖露、皇家嘎啦等，均可盆内栽植作反季提早成熟。而中晚熟品种如信浓甜、瑞雪、新 2001、乙女、冬红果等亦适宜盆内栽植或作反季延迟成熟上市销售（彩图 10-5）。

第二节　苗木来源

苹果盆栽与盆景的苗木来源途径主要为自繁自育和市场购买。生产盆栽苹果时，宜选用 2～3 年生小苗，而生产苹果盆景时，宜选用苹果园淘汰的老桩或野外野生苹果砧木群落。

一、苹果树老桩的采集

据考察，河北省的太行山、燕山和山东省沂蒙山以及东北小兴安岭均多少不等地分布有苹果的野生砧木群落，如山定子、海棠、林檎等。此类砧木历经多年的人类砍伐、牲畜践踏，加之恶劣的生态条件，往往形成矮小紧凑、形态奇异的桩形。采集并利用多年生树桩养护嫁接，具有成型快、结果早、观赏价值高等优点。

桩材采集宜在苹果生理活动缓慢的春、秋、冬时节。采集前，应准备好铁镐、铁铣、手锯、修枝剪，以及草袋、绳索等运输工具，挖掘前首先初步确定地上部分的选留位置。剪截部位应离预选留位置10～20厘米，以便留有余地。采掘从距主蔓较远的地方开始，逐渐向内挖掘，至分根30厘米以下，大致可以看清楚造型所需根系后，再行断根。切断根系时也要稍长，留有余地。采掘过程要注意尽量保留须根，防止根干严重受伤、劈裂。

采掘到的树桩应及时蘸泥浆保持水分。做法是，先将黏土用水调成泥糊状，再将树桩根部浸入泥浆，使全部根系蘸上泥浆即可。待泥浆稍干后即可用稻草、蒲包等包装、运输。运输要及时，否则应暂放避风背阴潮湿处保存或临时埋入土中并浇水假植起来。

二、采集后的初加工

对采集的树桩进行初加工之前，要对树桩从前后、上下、左右各个角度反复观察和仔细琢磨，对其根、干、枝的选留进行审慎推敲，考虑上盆后其坐落方位，宜竖或宜斜、宜俯或宜仰等，做到"心中有树"，方可开始剪截。

经剪截后的伤口，应用利刀削平刮净以便愈合。然后使用2%硫酸铜溶液或5波美度石硫合剂药液消毒。最后涂上桐油、铅油、接蜡、油漆等保护剂，防止失水或腐烂。

1. 干的初加工

较理想的盆景树干，应具粗、矮，表面节多而苍老，走向曲折而自然，分枝较多而分布合理，虽有孔洞腐朽部位但无病虫危害且生长健旺的特征。在实际生产中，不可能所有桩材都十分理想，干的初加工也应因材造型，不拘一格。尤其是苹果园淘汰的老桩或野外野生苹果砧木群落往往呈多干形态，在加工时，应从其形态与基础的配合，其上枝的分布以及培养方向等各方面综合考虑其去留，并确定其观赏正面。也可考虑选择与第一主干配合较好的第二主干形成双干式或多干式以及其他形态。

干的高度应因材而异。应特别注意在干的中、上部采取以枝代干的方法，使保留的新干逐渐削细，以便形成高大而自然的树干形态。粗、短、直、平的"桩"应尽量避免，不得已而留之，也应在成活后逐渐加工。

总之，干的加工是以后造型的基础。自然生长的砧桩形态千变万化，进行加工也不能有统一的模式，即使同一树桩，也往往可产生多个加工方案，如何选优去劣，化平淡为神奇则是盆景艺术家技艺风格和水平的体现。

2. 根的初加工

采掘的树桩根系往往粗根多，须根少，且劈裂、磨、折损伤较多。对此，应适当短截，多保留，省疏除。对伤、残应剪截至健壮部位。较长且较细的侧根可尽量保留并做盘根处理。为利于生根成活，根系的剪口部位要保持平滑，除去细根外应全部剪一遍，形成新的剪截口，以利萌发新根。

粗壮根的截留长度应视用盆的大小而定，宁可稍短不可过长，以免将来装盆（盆景）时困难。一旦选留过长，上盆（盆景）时再次截根，必伤及大量须根致使树体元气大伤。

提根是盆景艺术的重要环节，因此，在根的初加工过程中，必须注意到今后上盆提根后的形态。这就要求选好上层根系并设计上盆角度和土平线，而后检验设计上盆角度与整体形态是否配合，设计土平面所裸露的根系是否理想。如不满意，可重新设计，反复比较，仔细审定。确定后的上层粗根不宜剪截过短，截口宜向下倾斜，不宜半截和上倾斜，以免提根后根系伤口外露。

3. 枝的初加工

苹果园中采集到的多年生砧桩基部很少有理想的分枝，因此，树桩基部的分枝是十分宝贵的，应尽可能在发展成盆景时予以利用。另外，分枝的枝龄一般都比较小，生命力强，有利于栽植后的成活。根据整体造型需要，尽可能多保留分枝级次，可使树桩由粗渐细呈自然大树的姿态，从而加速整体的造型。

往往有些主枝的下部没有合适的分枝，加工时只好在适合的部位锯截。据观察，在具有十几年其至数十年枝龄的枝干上锯截，其潜伏芽仍可发出一些新枝。对第一年发出的新枝，除过密的外，应尽量多保留，以增加制造养分的叶面积，使树桩复壮。第二年以后，再根据造型需要有目的地选留培养，此后随枝加粗和分枝增多逐渐造型。

较粗的高龄枝锯截后，要涂油或蜡保护好截口，以免水分大量散失而影响成活。如果品种不适宜盆内栽植影响观赏价值时，亦可待新梢萌出后直接嫁接优良品种枝条。嫁接多用"T"字形芽接或蘸蜡腹接。接穗应选用健壮枝条，以利成活后尽快恢复生长势。

三、苹果树老桩的初期养护

经初加工后的苹果树老桩要及时入盆或入圃进行养护。这个时期的养护要点是提高成活率和迅速复壮，常采取以下方法。

上盆时，应选用透气性良好的泥盆和疏松通气性良好的营养土，营养土含肥量不超过10%，且肥料一定经过腐熟。如入圃养护，圃地应选背风向阳、土质疏松、排水良好的砂壤土。在辅地土壤黏重的情况下，可开沟栽植，沟内填入配制好的疏松营养土。栽植密度视苹果树老桩大小而定，以生长季互不影响为原则。

为提高砧桩的成活率，可采用盆底加温和激素处理的方法。盆底加温法是挖一相当于盆深的沟，沟底铺设电热线，将刚入盆的老桩连盆放入沟内，盆内填蛭石等保温保湿物，使沟内温度保持在 $20\sim25℃$，于早春老桩萌动前应用效果良好。激素处理的方法是用 $50\sim100$ 毫升/升的生根粉或 1000 毫升/升的萘乙酸溶液将根系速蘸并立即上盆，其促根作用也很明显。

第三节 营 养 土

土壤是苹果盆栽与盆景生长发育的基础，苹果在生长、结果过程中需要从土壤中吸收大量水分和营养物质。由于盆植的苹果植株是在有限的土壤中完成开花结果、生长发育等一系列生理活动，因此需要土壤疏松、肥沃、排水，透气性能良好，具有较强的保水保肥能力。但任何一种土壤均不具备上述条件，所以需要人工调制混合土壤。通常将这种盆栽用土称为营养土。

一、营养土的配制材料

选择营养土的材料应考虑就地取材，除来源便利和不带病菌害虫外，还要求具有良好的物理性状和化学性质。配制而成的营养土具有干时不裂、湿时不黏、灌水后不结皮、能保持水分和养分、且不致很快流失等优点。常用的配制材料有以下几种。

(1) 腐叶土 该土含腐殖质丰富，质地疏松，通透性好，并为具有保水性强的轻质土壤，是配制营养土的良好材料。人工制作：将容易分解的植物落叶、农作物秸秆或蔬菜废叶等层层堆积，并注入粪肥，浇足清水，经 $1\sim2$ 年腐熟沤制后即成良好的腐叶土。也可从森林中的沟内或低洼背风处，收集由树木落叶长期自然腐烂堆积而成的腐叶土。

(2) 旱田土 是指菜园、果园、花圃、旱粮栽培地以及消毒灭菌后的旧盆土等，一般多为壤土。含有较高的营养物质，团粒结构较好，排水及透气性能较强。适于作盆景用土。

(3) 稻田土 是指将稻田土壤晒干后，碾碎过筛分离出的小粒土壤。该小粒土壤很容易吸收水分，且土壤间空隙较大，利于水分和空气流通，适于根群发育和须根伸长。

(4) 厩肥土 由家畜粪尿堆积腐熟而成，是配制营养土的最富养分的材料，多分为较黏重的奶牛粪和较疏松的马粪、羊粪两类。在配制营养土时，可根据所选土壤质地与之配合。

（5）河沙 是内陆河中的泥沙，多用来改善营养土的物理性质。河沙的粗细应根据需要确定。

（6）炉渣 是煤燃烧后剩余的残渣，它具有较好的透气性和排水性能，富含磷、钾、钙、镁、铁等多种矿质元素。在配制营养土时，可根据土壤性状来选择粗细炉渣。

（7）草炭土 又称泥炭土，是古代湖沼地一带的植物被埋在地下，在淹水或缺氧条件下分解不完全的有机物。呈酸性或中性，其质地疏松，持水力强，富含有机质，与重黏土混合，能有效改善理化性状，若与疏松的壤土或砂壤土混合可改善其保水保肥性，所以是配制营养土的最佳材料。

二、营养土的配制

根据栽植苹果不同生长发育阶段所要求的土壤条件及各种材料的理化性状，集各种材料的独特优点，选择两种以上的材料，按一定体积比例配制，使其优点集中，从而达到营养土的要求。配制前先把所需材料按要求研碎，过筛分离后再进行混合。现将常用的营养土配方总结如下：

配方一　旱田土 50%＋粗细适中炉渣 20%＋腐熟马粪 30%。

配方二　旱田土 40%＋粗河沙 30%＋腐熟马粪 30%。

配方三　旱田土 40%＋腐叶土 40%＋厩肥土 20%。

配方四　稻田土 30%＋腐叶土 20%＋炉渣 20%＋腐熟牛粪 30%。

配方五　腐叶土 40%＋蛭石或珍珠岩 30%＋厩肥土 30%。

配方六　草炭土 50%＋旱田土 30%＋厩肥土 20%。

配方七　草炭土 50%＋蛭石或珍珠岩 20%＋腐熟牛粪 30%。

配方八　炉渣 40%＋珍珠岩或蛭石 60%（无土栽培用）。

三、营养土消毒

营养土消毒的目的是清除土壤中的病菌、虫卵，并使杂草种子失去生命力。最常用的方法是高温和药剂消毒。

（1）高温消毒 将配制好的营养土摊开，在太阳强光下曝晒并经常翻动，使之均匀受热，中午过后趁热堆积，用塑料布盖严加温，连续反复翻晒七天左右，从而达到杀菌消毒、清除杂草的目的。

（2）药剂消毒 使用 0.3%～0.5% 的高锰酸钾溶液，均匀喷洒营养土，然后堆积并用塑料布盖严，消毒后密封一昼夜使用。营养土需量较大或使用厩肥土较多时，可用 1000 倍辛硫磷加 600 倍多菌灵混合液均匀喷洒消毒，密封堆放 2～3 天后待用。

第四节　花盆选择

花盆种类很多，通常按质地、大小、专用目的而分类。主要类别有素烧盆、紫砂盆、陶瓷盆、水泥盆、木盆、塑料盆等。

(1) 素烧盆　又叫泥盆、瓦盆。以黏土烧制而成，有红色、灰色两种，质地较粗糙，外表美观度差，但排水透气性能良好，有利于苹果植株生长，且价格低廉，规格较多，适于栽培苹果植株。一般多在养坯阶段使用。

(2) 紫砂盆　采用特制矿山黏土经过 1000℃ 以上高温烧制而成，质地细腻。具吸水透气性能，适合苹果生长。但其价格较贵，且不比素烧盆更利于苹果植株生长，故常用作观赏期或只在苹果盆景的成品阶段使用。

(3) 水泥盆　用水泥、石子、河沙按一定比例制成混凝土，放入模具制成。这种盆虽不够十分精致美观，但造价较低，宜于制造，其形状、规格、色泽等均可根据需要而定。

(4) 木盆　较大规格的苹果盆景采用素烧盆时易于破碎，可改用木盆。木盆的形状、规格可根据需要制作。制作时木盆应上大下小，盆底部要有矮脚，盆底中间留有排水孔。用材宜选用材质坚硬不易腐烂的树木板材，用防腐剂处理，外部涂刷油漆（也可绘制图案、文字）。此盆多用于生产特大型的苹果盆栽或苹果盆景。

(5) 陶瓷盆　该类盆为上釉盆，质地细腻而坚硬，做工精细，款式多样，外形美观。盆上常绘有图案、文字，极其美观，具极高的观赏价值，但水分、空气流通不良，不宜栽种苹果植株，且价格较高，一般多作套盆使用。

(6) 塑料盆　盆质较轻，坚固耐用，规格、形状、色彩多种多样，价格便宜，但有水分、空气流通不良的缺点。为改进这一缺点，在使用时可在营养土的配制上多加注意，使营养土疏松、透气，从而减少对植株的影响。成品销售时可用作套盆起装饰作用。生产应用时可在盆壁适当打孔，增强通透性能。

第五节　场地选择与规划

苹果盆栽与盆景的生产场地要具备良好的自然条件、经营条件，需做好用地规划。选择排水良好、地势较为平坦的 1°～3° 的缓坡地，周围没有不利于苹果盆树生长的地形、地貌，同时还要避开雹线（雹灾经由的路线）。需阳光充足，空气流通良好，周围无大气和水质污染源。

土壤质地以砂质壤土或轻黏壤土为宜，此种土质对地栽育苗养坯和作为盆树摆放的场地都有利，盐碱地不宜选用。

要有充足的水源。场地内或附近有良好的河流、池塘最好，否则，也应有充足的地下水源供盆树灌溉用水。所用水含盐量要低于 $0.1\% \sim 0.15\%$，地下水位不宜太高，应在 2 米以下。

注意要远离苹果生产基地，以利于隔绝外来病虫害。

经营环境条件要好，并且离村镇不要太远，便于解决电源、生产物资和劳动力等问题，尤其是便于补充临时性劳动力。要交通便利或有平坦的公路相连，以便于产品的销售和运输。

用地规划之前，先对场地进行测量，绘制场地平面图，注明地热、水文、土壤等自然情况，再根据生产任务和品种特点、生产工序等综合考虑进行规划。

苗木繁育区要设在地势平坦、土质深厚肥沃、背风向阳之处，同时还要临近水源。大苗培养区可设在场地内中上等地力条件之处，所占面积视生产规模而定。

树坯培育区主要是将上盆后的树坯培养成成品。该区要求地势平坦，适于盆树摆放；水源要充足，便于及时浇水。场地渗水及排水良好，利于盆树浇水或降雨后及时排去多余水分，避免地面泥泞影响管理操作，该区应靠近成品销售区。

成品保养及销售区应设在场内地势高燥及出口附近，应地面平整，排水良好，应铺设道路保证客户及游人能随时进入该区选购和观赏苹果盆景。该区应单独设置，若条件不具备也可与树坯培育区设置在一起，树坯培育区和成品保养销售区要设防雹网。

场地内道路系统要设置完善以利于生产管理及产品销售。

第六节 上盆与倒盆

一、上盆

上盆是指将自己繁育、市场购买、废弃苹果园采集的苹果苗木移入花盆的操作过程。

（1）**上盆准备** 根据苹果苗木的大小，选好相应规格的花盆，准备好垫盆底排水孔的碎盆片。整理苗木，将树苗的病、老、伤残根及过长根系进行修剪，并对地上部分的病虫枝及干枯枝全部剪除。

（2）**上盆** 把碎盆片凹面向下覆盖在排水孔上，其上放一层粗粒介质（营养土中筛出的粗粒或碎盆片、碎砖石、矿粒、炉渣等）作为排水层。上盆时，左手拿修剪好的苹果苗，扶正植株放于盆中央并掌握好深度，右手加营养土，添满苗根周围的空间直到满盆，轻轻震动花盆并用细木棒将粗大根系间土壤捅实，防止形成较大的空隙。留出盆高的1/5作为浇水的水口（俗称沿口），取出多余土壤。然后将盆树顺行放好摆平，立即浇足水，使其达到排水孔流出的程度，待水全部渗完后再浇水一次方能浇透。

上盆时间最好选在早春树液未流动前或晚秋落叶后。

（3）换盆 又称翻盆，就是把盆栽苹果移入另一个花盆的操作。换盆一般在以下几种情况下进行：一是随着树体的生长，树冠逐渐扩大，树体生长受到限制；二是已长成的植株经过一定时间后，原盆土中的土壤肥力不足；三是盆树根系绕盆生长，养护时间过长后造成根土分离，根系老化，形成根垫层。

换盆应在秋季停止生长后或春季生长开始前进行，特殊情况下也可在生长季进行。

（4）换盆方法 春秋季正常换盆，将盆树从原盆中取出，剪除根垫层并将根部周围及底部的旧土去除1/4左右，换入新的营养土重新栽植；生长季换盆，要注意少伤根系（吸收根），适当遮阴、喷水。换盆时可对盆树地上部分适当修剪，以保持地上部和地下部的供需平衡。

二、倒盆

苹果苗木上盆后经过一定时期的生长，株形变大，造成盆树间拥挤，影响生长。此时，需要倒盆，以加大盆间距，改善通风透光条件，使盆树苗壮成长。盆树在同一地点摆放时间过久，盆树的周围滋生杂草，堆积落叶，此时也需要倒盆，以便清除杂草，保持场地清洁，有利于预防病虫害发生。

盆树在同一位置摆放一定时间后，根系自排水孔伸出扎入土中，如时间过久移动花盆时易将根系拉断，影响盆树生长，严重者可造成盆树焦叶甚至死树现象发生。因此，盆树每隔一定时间就要进行一次倒盆。另外，为利于果实均匀见光、着色良好，也应隔几天倒盆（或转盆）一次。

第七节 浇 水

浇水是最常用又不易掌握好的盆栽技术，因此，浇水技术在苹果盆景生产养护过程中尤为重要。

一、水分散失途径

苹果盆景在生长季水分散失较多，休眠期因温度低散失水分较少。一般情况下，生长季主要通过枝叶蒸腾、盆壁四周散失和盆内土壤表面散失等三个途径散失水分。

由于枝叶量大小、品种不同，盆树蒸腾量不同，水分散失量有异。枝叶量大，蒸腾量相对也大，水分散失多；反之，水分散失少。皇家嘎啦、粉红女士、冬红果等叶片中大品种，蒸腾量相对较小，水分散失少；而乙女、斗南等叶片较大品种，蒸腾量相对较大，水分散失也较多。

其次，选用不同的盆时，水分散失量也有所不同。如瓷盆、塑料盆、釉盆的通透性差，几乎不能从盆壁散失水分。而一般的瓦盆，从盆壁散失的水分约占盆内总水量的 30% 左右，木桶散失水分比瓦盆还要多。

盆内土壤水分散失的速度和量因基质和环境而异。保水性较好的草炭土水分散失慢，砂质壤土水分散失快；阳台或其他干燥处的盆土水分散失快，庭院及泥土地上放置的盆树，盆土水分散失稍慢。晴天、刮风时盆土水分散失比阴天时多。

二、浇水原则

根据盆土墒情来确定如何浇水，应保持盆土上下湿润一致。湿时不浇，盆土表面发白变干时浇透水；稍干时多浇水，绝不可等到盆土与盆壁之间有缝隙时再浇水，此时盆树缺水较多，易造成叶片失水，严重时整株叶片焦枯。

浇水时应浇透，以盆底孔有少量水渗出为宜。如长期浇不透时易造成"半截水"，下部根系因缺水死亡，影响上部植株正常生长。干旱高温时，植株水分蒸发较快，如不及时补水，会使盆内上部根系缺水死亡。

此外，追施肥料后，必须浇透水，否则会因肥料浓度过大造成肥害。

三、浇水时间

苹果盆景生长季浇水宜在气温较低的上午 10 点以前或下午 4 点以后进行，早春和冬季在午后温度较高时浇水为宜，避免因温度剧烈变化而伤及根系。

四、浇水量

浇水虽然有原则，但是因用盆种类不同，树种、品种不同，以及土壤质地和环境条件不同，浇水量也有所差异，应灵活掌握浇水量的大小。

一般来讲，较小或通透性强的盆应多浇，反之则少浇水。耐涝品种需水量大应多浇水，耐旱品种应少浇水。选用草炭土或疏松的松针土时少浇水，保水性差的土壤应多浇水。天气晴朗、干燥、风大时多浇水，阴天、雨天不浇或少浇水。

此外，生长的各个时期对水需求量不等。春季干燥，花朵开放时需要有一定的空气湿度，此时，应适量浇水（1 天 1 次或 2 天 1 次）或在盆树周围地面浇水，提高空气湿度，从而保证花粉正常释放和柱头生命力延长。夏季温度高蒸发量大，枝叶生长和果实发育等都需要很多水分，此期应多浇水，一般每天浇 2～3 次，以利植株正常生长发育。夏末秋初，花芽分化期应适当控制浇水量，抑制新梢生长，促进花芽分化，一般每天浇 1 次水。秋季气温降低，植株生长渐慢，蒸发量减少，此时应根据盆土墒情浇水，多 2 天或 3 天浇水 1 次。冬季需水量较少，可 5～10 天 1 次或 15 天 1 次，保持盆土湿度适宜即可。

五、水的温度

水温直接影响盆树根系生长，过高或过低均对生长不利。夏季井水比盆土温度低 25℃左右，较大的温差，刺激植物根系，使其失去吸水功能，造成叶片萎蔫和加快失水植株的死亡速度。应将井水放在气温与盆土温度接近的地方，等水温与盆土温度相近时，再浇入盆内，一般以水温与盆土温度的差异不超过 5℃为宜。冬季水温可稍高于盆土温度，夏季可稍低于盆土温度。

六、叶面喷水

春季气温上升快，空气干燥而多风，向叶面及周围适当喷水增加空气湿度，降低叶面粉尘污染，增强光合作用，利于盆树正常生长。夏季对抗旱能力差的品种注意叶面及时喷水，可减少蒸发量，降低树体温度，防止幼嫩组织焦枯，促进生长发育。连续阴雨时，枝叶生长快，叶片幼嫩，经不住阳光的突然曝晒，易形成日灼。因此连雨后骤晴时，需要给叶片喷水，使其渐渐适应强光照射。秋冬季放入室内延长观赏期养护的观果盆景隔几天喷一次水，使叶片光亮清洁，增强光合作用，促其冬季生长正常，延长观赏期。

另外，生长季为增强紫砂盆观赏效果，需要将瓦盆或木桶换上高档的陶瓷盆。换盆时，难免会伤及根系，这时应及时给叶面喷水，保持其正常生长。一般喷水次数不等，早上、上午、下午喷水次数少，中午高温时多喷水，保持叶片湿润为佳。连续喷水 5～10 天，长出新根后，渐渐减少喷水次数，生长正常后，结束喷水。

七、涝害、缺水植株养护

水分供应正常时，叶片支撑有力，生长旺盛，叶色为正常绿色。产生涝害后，根系缺氧死亡，叶片因水分供应不上而脱落。缺水后叶片变软下垂、萎蔫，影响正常生长。当发现植株受涝害后，盆内不宜再浇水，将盆树带土坨取出，放置阴凉通风处，使其多余水分尽快散发，待土坨稍干后再放回盆内。在此期间不浇水，结合叶面喷水，保持叶片不致因水分供应不上而变黄脱落，喷水持续到根系恢复正常生长为止。缺水时，先浇水，然后再给叶面喷水，可解决根系输送水分较慢而造成叶片萎蔫的问题，使叶片在短时间内恢复正常。缺水严重的，将植株放在阴凉处，先少浇水，多次给叶面喷水，恢复正常后再浇透水。

第八节　施　肥

盆栽苹果的树体生长、开花结果及果实发育需要有较多的肥料供应，但盆土体积小，土壤养分储备少且易随水流失。因此，仅靠有限盆土内的养分远远不能满足植株需求。为使植株能够保持旺盛生长和开花结果正常，就要在生长季内及时追施多种营养元素。

一、施肥原则及规律

在观果盆景的肥料供给上，为充分发挥肥料的特殊功效，必须有机肥和无机肥、长效肥和速效肥、大量元素和微量元素相配合。在施用方法上土壤追施和叶面喷施相结合，才能达到理想效果。为保证既能较多地补充营养，又避免因施肥过多而发生肥害，应遵循"薄肥勤施"的原则进行。

为达到合理施肥的目的，必须做到适树、适肥、适时、适量，因地制宜，灵活掌握。耐肥量较强，生长、结果量较大的树种，如苹果、梨、桃、葡萄、柑橘等树种应多施肥；耐肥性较差的树种，如枣、柿、石榴、银杏等就应少施。结果少而生长势旺的盆树应少施，特别是含氮较高的肥料；结果多，生长势偏弱的盆树应多施肥。春季旺长期和秋季养分积累期应多施肥；夏季高温季节为防止营养过旺应少施肥；休眠季节多数树种可不施肥。盆土理化性状好，含营养元素全面而充足的刚上盆暂不施肥；但含肥量较贫乏或长时间未倒盆换土的应多施肥。追肥或喷肥宜在晴天温度较低时进行，避免引起肥害或肥分流失。

二、施肥方法

观果盆景常用的施肥方法有两种，即盆内追肥和根外追肥。

1. 盆内追肥

常用的肥料种类有有机肥和无机肥两种。有机肥包括饼肥、人粪尿、鸡粪等。

日常养护中利用有机肥作盆内追肥时，多采用两种方法，以饼肥为例，即干粉施肥和液体施肥。

（1）干粉施肥　将饼肥加水充分淋湿后，搅拌均匀装入塑料袋内密封，放置太阳光下使其升温，促其充分发酵。高温季节约 15～20 天后腐熟过程完成。施用时碾碎过筛，用其粉末撒到盆土表面，或结合倒盆，浅埋土中施用，然后浇足水。施肥时注意不能让肥料与根系直接接触，且施用量不超过 20 克为宜。干施饼肥不但方法简便，而且可减少空气污染，特别适宜养植数量较少和观赏期居家环境养护使用。

(2) 液体施肥 将较大块肥打碎，放入容器内加 10 倍于干肥的清水，用塑料布覆盖密封加温。高温季节需经 20 天以上才能促其充分发酵，间隔 7 天左右上下翻一次。待充分发酵的肥液变成黑褐色时，即可稀释后施用，稀释倍数为 150 倍左右。在华北地区土壤 pH 值较高地区或盆植喜微酸性的树种时，沤制饼肥时可加入相当于饼肥 1/10 的硫酸亚铁，即成微酸性矾肥水营养液肥。施用液肥的优点是：肥效快，对盆树安全。但应注意不能将液肥淋到叶果上，以免局部肥害发生，若不慎沾上应立即用清水洗净。

无机肥又称化肥，包括尿素、硫酸铵、硫酸钾、磷酸二铵等。观果盆景生产中施用无机肥时，可根据盆树不同时期的需肥特点，采用多种单一无机肥料交替使用，使盆内营养保持齐全均衡。并且要严格掌握和控制施用浓度，观果树种生长季施用以加水稀释后液肥的浓度在 0.3%～0.5%为宜。

将无机肥直接撒于盆土表面使用时，盆口直径在 30 厘米左右且需肥量较小的盆树，一次施用不能超过 5 克，而需肥量较大的苹果、梨等盆树，可增加到 8～10 克。无论干施或液施无机肥料，施肥量过高或间隔时间较短均易造成肥害。为保证盆树安全，施肥间隔期以不少于 7 天为宜。

2. 根外追肥

将能溶于水、对叶片和嫩梢无不良反应的肥料，溶解成所需浓度直接喷洒于枝干、叶、花、果表面，使之通过气孔、皮孔和角质进入树体，从而使树体营养不良或某种元素缺乏的矛盾得到缓解。根外追肥比土壤施肥见效快，用量少，简单易行，且不受养分分配中心的影响，可及时满足树体急需。但是根外追肥不能从根本上代替土壤施肥，只能作为辅助施肥措施使用。常用于根外追肥的肥料有以下几种。

(1) 尿素 中性氮素肥料，具有促进叶片增大和转绿，促进果实发育，快速补充树体氮素的重要作用。当氮素供应不足时，可间隔 5～7 天喷一次，常用浓度为 0.3%～0.5%。

(2) 过磷酸钙 属速效磷肥，具有促进花芽形成，以及促进花、种子、生长点的发育及细胞分裂的作用。该肥不易完全溶解，使用前应加水浸泡 24 小时，用时过滤取澄清液喷洒，常用浓度为 0.1%～0.3%。

(3) 磷酸二氢钾 属磷、钾两种元素复合肥。在开花前和幼果发育期及秋季喷施，可促进开花、坐果和枝条成熟等，常用浓度为 0.1%～0.3%。

(4) 硼砂或硼酸 属硼肥，具有促进受精和保花保果的作用。盆树花期及幼果发育期喷 1～2 次硼肥，具有良好促进作用。喷施浓度为 0.05%～0.1%。

(5) 硫酸亚铁 属酸性铁肥，间隔 7～10 天，连续喷 2～3 次或直到叶色转绿，可防治盆树土壤 pH 值偏高而产生的缺铁性黄化症。施用浓度为 0.05%～0.1%。

(6) 硫酸锌 该肥具有促进树体生长、枝条伸长、叶片增大、叶色转绿、花芽形成的作用。早春盆树未发芽前，使用 1%～3% 浓度的硫酸锌溶液喷洒病树枝干一次，发芽后再使用 0.05%～0.1% 浓度的硫酸锌溶液喷布全株 2～3 次，间隔 7～10 天一次，能有效防治小叶病发生。

根外追肥的时间及方法：根外追肥主要是通过叶片表皮的气孔吸收，叶片上湿润时间越长，越有利于吸收，效果越明显。一般喷后叶面需保湿 1 小时以上。因此，根外追肥应选择在空气湿度较大的晴天早晨、傍晚、雨后或阴天进行。在高温或风大和强日照条件下，不能进行喷施，以免营养液急速蒸发，肥料沉积，既不利于叶片吸收，又易灼伤叶片造成肥害。喷施时，喷雾器喷头的雾化要细，要将全株叶片喷匀喷透，特别是叶片背面必须喷匀，一般应达到滴水为止。

第九节　促花保果

苹果盆栽与盆景受外界环境的影响较大，花芽较难形成并且落花落果比较严重。因此，在培育过程中常采取以下促花保果技术措施。

一、促进花芽形成的技术措施

（1）调节养分供应，控制旺长、徒长　花芽分化期（5 月底至 6 月），为控制新梢生长，促进成花，应控制氮素供应，并增施磷、钾肥，一般 10 天左右追施一次 150 倍的有机液肥或 2%～3% 的磷酸二氢钾、磷酸二铵等。

夏秋季节（7～9 月上旬），应控制新梢旺长，防止树形混乱，确保花芽形成，应将有机液肥的追施时间间隔加大到 15～20 天一次。

9 月上旬至 11 月上中旬，该时期除应增加有机液肥的浓度和施肥次数外，还应增加氮、钾、磷三元素的供应，为第二年开花结果奠定基础。

（2）控制水分，促进成花　在花芽分化临界期（开始进入生理分化期）进行干旱处理，使盆树处于水分胁迫状态，可强烈地抑制营养生长，调节激素平衡，促进营养积累和花芽分化。对苹果盆景进行处理后，其花芽形成的数量可成倍增加，其花芽数量也极显著高于对照。

（3）改善光照条件　培育苹果盆景与培育观叶类盆景有所不同，苹果盆景应摆放在背风向阳的场地进行日常养护，尤其在花芽分化前更要满足其对光照的要求，避免在室内厅堂摆放，室外也不可摆放过密而造成通风透光不良。

（4）生长季修剪　利用生长季的整形、修剪、拉枝、摘心、环剥、环割、绞缢、折枝、拧枝、扭枝等措施，控制生长势，使输导组织受到暂时的损伤和短期干扰，阻碍水分和养分的输送，改变内源激素的分布与平衡，使其损伤以上部位的生长点受到强烈抑制，促进养分积累。

（5）合理调节留果量　过多留果大量消耗体内养分，同时种子中形成大量的赤霉素起到抑制花芽形成的作用。适量结果可使营养生长缓和，有利于当年花芽的形成。应根据"树体小，留果少；树体大，留果多；旺树多留，弱树少留"的原则，调节树势与果量的平衡。

（6）应用植物生长调节剂　植物生长调节剂是指可以调控果树生长和结果而非营养物质的化学药物。有些药物对抑制生长、促进成花有显著作用。

PBO是一种新型多功能果树促控剂。经多年实践，效果理想，作用明显，深受欢迎。叶面喷施后，一周左右即可见效，喷施时间以5月中旬至9月中旬为宜。一般中庸树于5月下旬至6月上旬、7月下旬至8月上旬各喷一次300倍液；旺长树于5月中旬至6月上旬、7月中旬至8月上旬、9月上旬各喷一次200倍液。此时期正值盆树花芽分化期和新梢旺长期，可有效地抑制新梢旺长，促进花芽形成。

（7）控制根系的体积　实践证明，在相同的管理条件下，小树大盆往往造成盆树生长过旺，延迟成花。因此，选盆适当，缩小根系体积，能减弱地上部的生长势，有利于成花。

二、提高坐果率的技术措施

（1）辅助授粉　苹果的大部分品种需经异花授粉才能结实，因此花期进行人工辅助授粉是提高坐果率的重要措施。苹果的授粉时间以花朵刚刚开放、柱头新鲜花粉附着力强时为最适。

① 人工点授　人工点授可用自制的授粉器进行。授粉器可用铅笔的橡皮头或旧毛笔，也可用棉花缠在小木棒上或用香烟的过滤嘴。授粉时，将蘸有花粉的授粉器在初开花的柱头上轻轻一点，使花粉均匀沾在柱头上即可，每蘸一次可授花7～10朵，每花序可授花2～3朵。花多的树，可隔花点授，花少的树，多点花朵，盆树外围枝上的花多授（彩图10-6）。

② 插花枝授粉　培植数量较少，品种单一时，为避免采集花粉的麻烦，可采集不同品种适时开放的花朵，用两花相对的方法授粉，使花粉散落到盆树花朵柱头上，完成授粉。也可在开花初期剪取授粉品种的花枝，插于盛满清水的水罐或矿泉水瓶中，放在盆树旁边，花期经昆虫传播授粉，同样能达到授粉目的。同时应注意往瓶内添水，以防花枝干枯。另外在同一盆中栽植或嫁接两个以上品种，既省去授粉麻烦，又增强观赏价值。

③ 蜜蜂授粉　大部分果树树种为虫媒花，果树盆景园内花期放蜂既可节省大量劳力，又能明显地提高授粉率，从而提高坐果率。盆景园内设置蜂箱的数量因树龄、地形、栽培条件及蜂群大小、强弱而不同，一般每2000～4000盆树放一箱蜂即可。栽植面积较大，需要多箱蜂放置时，蜂箱之间距离以不超过100米为宜。要注意花期气候条件，一般蜜蜂在11℃即开始活动，16～29℃最活跃。放蜂期为了

使蜜蜂采粉专一，可用果蜜饲喂蜂群，也可用授粉树花泡水喷洒蜂群或在蜂箱口放置授粉树花粉，从而提高蜜蜂的采粉专一性。在花期切忌喷药，以防蜜蜂中毒死亡。

（2）加强营养管理 春季开花结果的盆树，其萌芽、开花、受精、幼果发育所需营养，都是由上年形成并贮备的。因此，秋季应加强肥水管理，保护叶片完好，抑制秋梢旺长，提高树体贮藏营养水平。同时，春季从萌芽至花前追施以氮素为主的速效化肥或无机液体肥料，满足营养需求，使坐果率提高。

（3）花期喷硼 盛花期及幼果期喷施 0.1%～0.2% 硼砂加 0.2% 尿素混合液 1～2 次，具有促进受精、提高坐果率的明显作用。

（4）夏季修剪 花期及生理落果期环剥、环割和摘心，抑制营养生长，促进生殖生长，使营养分配趋向得到调整。

（5）合理确定留果量 根据盆树生长势、树体大小、果实大小，在达到观赏要求的基础上，及时确定合理的留果量，可减少养分消耗，集中营养供应，减少落果。

此外，合理的肥、水供应，充足的光照条件，适宜的温度等均能促进坐果率提高。

第十节 造型与修剪

一、造型

苹果盆栽与盆景适合于规则型和自然型等多种形态造型。但应根据品种和砧木特性、生长发育规律、结果习性等因势利导，才能达到理想的效果。

（1）弯曲整形 将盆树主干作弯成形，使其活泼潇洒，灵活多变，宛如游龙，达到柔中见刚、清秀俊丽的效果。此法多用于初上盆幼树或多年生主干直径 5 厘米以下、干部光滑无疤、分枝点较高的盆树。

（2）劈裂和雕凿 从山野采集来的树桩，形态各异，对缺乏苍老古朽之态者，常采用劈裂或雕凿的手法，使作品达到完美的观赏效果。

（3）蟠扎枝条 苹果大部品种的枝条比较柔软，韧性较强，蟠扎作弯时不易折断。每年 5 月份以前，对 1～3 年生枝条进行适度蟠扎，有利于形成花芽和第二年结果。但应避免蟠扎过多过重，造成树势衰弱。

（4）嫁接枝组 利用 1～3 年生枝组作为接穗，在苹果盆树上进行嫁接，既可快速成型，又可提早结果，而且嫁接不同品种后，可形成五彩缤纷的观赏效果。此法常用于上盆成活后的山野树桩或其他大型砧木，此外，对于那些有欠缺的盆景，或在展览过程中受到较大损伤的盆树进行补救，往往达到事半功倍之效。

（5）**提根造型** 提根在苹果盆景中采用较多，但应根据所选用的不同砧木品种适度进行。如乔砧类根系强大、粗壮，宜作提根式盆景，而以须根为主的矮化自根砧只可略提即止。

（6）**借根造型** 即嫁接根条，待其成活后再提出土表，形成完美的根部造型。此法用于根部有缺陷的盆树或根系不发达的砧木品种。嫁接应结合上盆时进行，选形态、粗度、长度均适合的新鲜根条，用皮下插接的方法，力求结合部自然，使其根部虬曲有力。

二、修剪

苹果盆栽与盆景每年都要结合造型进行多次修剪，促进每年花芽的形成、结果部位的调节、生长势的均衡等主要都是通过修剪来达到的目的。因此，苹果盆景的修剪是其养护过程中不可缺少的一个环节。修剪时，首先确定主枝、骨干枝的数量和伸展方位，将平行枝、交叉枝、重叠枝、轮生枝、对生枝等进行调整，去除多余部分，保留精华，使树形美观，枝干苍劲有力。

（1）**冬季修剪** 苹果盆景可从晚秋落叶后到早春萌芽前进行。根据其特性，修剪时应采用截、疏、放相结合的技法，达到早成型、早结果的目的。

（2）**夏季修剪** 苹果盆景的拉枝、扭枝、折枝、抹芽、摘心等均是夏季修剪整形的主要内容，并且是根据不同需要在生长季节多次进行的。

（3）**出圃前修剪** 在生长季节，为保证果实发育的需要，一般保留枝条和叶片较多。秋季在作为商品或展品出圃前，应对影响整体造型的枝条予以短截或疏除，并摘除一部分遮掩果实的叶片，以提高观赏效果。

第十一节　越冬防寒

苹果盆栽与盆景的抗寒性与品种、砧木的遗传特性有关。越冬场所应保持在 $0 \sim 5 ℃$ 之间，最低不能低于零下 $5 ℃$，保持盆土湿度 $50\% \sim 60\%$。

一、埋土沟藏

苹果盆栽与盆景生产规模较大时，适合于挖沟埋土防寒越冬。沟深以低于当地冻土层为宜，沟宽以并排摆放两盆树较好。盆树入沟后要浇足水，其上覆盖秸秆、树叶、杂草或少量埋土，随降温情况随时覆土，一般覆土厚度应达 $30 \sim 50$ 厘米。

二、地窖越冬

地窖是苹果盆栽与盆景越冬的良好场所。盆树入窖前应充分浇水，并根据窖内湿度情况每月检查一次盆土墒情。如将盆树在窖内用湿沙掩埋，越冬期间可不浇水。

三、走廊或室内越冬

适用于家庭或少量养植。由于环境条件变化较大，往往不好掌握。首先要注意应符合苹果越冬对温度和湿度的要求。在干燥的室内应注意及时浇水，防止盆土过干。为方便起见，可采用塑料膜包缚保湿。早春应防止室温增高造成过早萌发，必要时白天搬到阳台（或院内）降温。一旦提早萌动，要搬到见光较好、温度适宜处养护（彩图10-7）。

《《《 第十一章 》》》
主要病虫害防控技术

第一节　主要病害防控技术

苹果病害据记载约 100 余种，我国经常造成为害的约 20～30 种。可以造成果园毁灭的主要是腐烂病和枝干轮纹病，在黄河故道地区银叶病也可导致树体死亡、甚至果园毁灭。为害果实、造成产量严重损失甚至有产无收的主要是果实轮纹病（轮纹烂果病）、炭疽病，有时霉心病、褐腐病、套袋果斑点病也可造成严重为害，多雨潮湿环境或果园水锈病（霉污病、蝇粪病）、疫腐病亦经常发生，有的果园近几年泡斑病发生为害较重。苹果叶部病害，以褐斑病和斑点落叶病发生为害最普遍，严重时常造成早期落叶；白粉病、锈病在有些果园也发生较重，特别在风景绿化区锈病的发生有加重为害的趋势；炭疽叶枯病近几年发展迅速，防控不及时果园常造成大量早期落叶；黑星病在西北果区有加重发生及蔓延趋势，应当引起密切注意。根部病害多为零星发生，但一般很难及时发现，故极易造成死树，常见的有根朽（腐）病、紫纹羽病、白纹羽病、圆斑根腐病等，圆斑根腐病近几年在许多管理粗放果园发生为害有逐年加重趋势。病毒类病害以锈果病、花叶病为主，发病后连年造成为害。另外，近几年由于栽培技术的不断改进与提高，许多生理性病害的为害正在逐年加重，如缺钙症、缺铁症、缺锌症等，特别是缺钙综合征对果实质量和品质造成极大影响，应引起高度重视。

一、根朽病

症状诊断　根朽病又称根腐病，主要为害根部，造成根部皮层腐烂，其主要症状特点是：皮层与木质部之间及皮层内部充满白色至淡黄褐色的菌丝层，菌丝层前缘呈扇状向外扩展，新鲜菌丝层在黑暗处有淡蓝色荧光，并具浓烈的蘑菇味。发病后期，病部皮层腐烂，木质部腐朽；雨季或潮湿条件下，病部或断根处可产生成丛的蜜黄色蘑菇状物。轻病树，叶片小、颜色淡，叶缘卷曲，新梢生长量小；重病树，发芽晚，落叶早，枝条枯死，甚至全株死亡（彩图11-1～彩图11-3）。

病原及发生特点　根朽病是一种高等真菌性病害，由发光假蜜环菌（*Armillariella tabescens*）引起。病菌除侵害苹果树外，还可侵害梨树、桃树、核桃、杨树、柳树、槐树等300多种果树及林木。病菌主要以菌丝体在田间病株及病残体上越冬，并可随病残体存活多年，病残体腐烂分解后病菌死亡。病健根接触及病残体移动是病害蔓延的主要方式，病菌直接侵染或从伤口侵染。该病多发生在由旧林地、老果园、河滩地或古墓坟场改建的果园中，前作没有种过树的果园很少受害。

防控技术　根朽病必须以预防为主，关键是注意果园的前作；及早发现病树并及时进行治疗也非常重要。

（1）注意果园前作及土壤处理　新建果园时，不要选择旧林地、老果园及树木较多的河滩地、古墓坟场等场所。如必须在这样的地块建园时，要彻底清除树桩、残根、烂皮等树木残体，并促进残余树木残体腐烂分解、病菌死亡（夏季盖膜高温闷闭等）。

（2）及时治疗病树　发现病树后，寻找发病部位，彻底刮除或去除病组织，并将病残体彻底清除干净，集中烧毁；而后涂抹77％硫酸铜钙可湿性粉剂100～200倍液、或2.12％腐殖酸铜水剂原液、或1％～2％硫酸铜溶液、或3～5波美度石硫合剂、或45％石硫合剂晶体30～50倍液等药剂，保护伤口。轻病树或难以找到发病部位时，也可直接采用打孔、灌施福尔马林的方法进行治疗。在树冠正投影范围内每隔20～30厘米扎一孔径3厘米、孔深30～50厘米的孔洞，每孔洞灌入200倍的福尔马林溶液100～150毫升，然后用土封闭药孔即可。注意，弱树及夏季高温季节不宜灌药治疗，以免发生药害。

（3）其他措施　发现病树后，挖封锁沟封闭病树，防止扩散蔓延，一般沟深50～60厘米、沟宽30～40厘米。病树治疗后，增施肥水，控制结果量，及时换根或根部嫁接，促进树势恢复。

二、紫纹羽病

症状诊断　紫纹羽病主要为害根部，多从细支根开始发生，逐渐向上扩展到主根基部及根颈部，甚至地面以上。其主要症状特点是：病根表面缠绕有许多淡紫色棉絮状菌丝或菌索，条件适宜时在病部周围形成暗紫色的厚绒毡状菌丝膜，后期病根表面可产生紫红色的半球状菌核。发病后期病根皮层腐烂，木质部腐朽，但栓皮不腐烂呈鞘状套于根外，捏之易碎裂，烂根有浓烈蘑菇味。轻病树，树势衰弱，发芽晚，叶片黄而早落；重病树，枝条枯死，甚至全树死亡（彩图11-4～彩图11-6）。

病原及发生特点　紫纹羽病是一种高等真菌性病害，由桑卷担菌（*Helicobas-*

idium mompa）引起。病菌可侵害苹果、梨树、桃树、槐树、甘薯、花生等多种果树、林木及农作物。病菌在田间病株、病残体及土壤中越冬，菌索、菌核在土壤中可存活5～6年。在果园中，该病主要通过病健根接触、病残体及带菌土壤的移动进行传播；远距离传播主要通过带菌苗木的调运。病菌直接穿透根表皮进行侵染，也可从各种伤口侵入为害。刺槐是紫纹羽病菌的重要寄主，靠近刺槐或旧林地、河滩地、古墓坟场改建的果园易发生紫纹羽病；果树行间间作甘薯、花生的果园容易导致该病的发生与蔓延；地势低洼、易潮湿积水的果园受害严重。

防控技术　培育和使用无病苗木、注意果园前作与间作，是预防紫纹羽病发生的关键措施；及时发现并治疗病树，是避免死树的重要措施。

(1) 培育和利用无病苗木　不要用发生过紫纹羽病的老果园、旧苗圃和种过刺槐的旧林地作苗圃。调运苗木时，要进行苗圃检查，坚决不用有病苗圃的苗木。定植前仔细检验，发现病苗必须彻底淘汰并烧毁，同时对剩余苗木进行药剂消毒处理。使用硫酸铜钙或硫酸铜药液浸泡苗木消毒，有较好的杀菌效果。

(2) 注意果园的前作与间作　尽量不要使用旧林地、河滩地、古墓坟场改建果园，必须使用这样的场所时，则应做好土壤消毒处理。方法为：夏季用塑料薄膜密闭覆盖土壤，高温闷杀病菌；或休闲或轮作非寄主植物3～5年，促进土壤中存活的病菌死亡。另外，不要在果园内间作甘薯、花生等紫纹羽病菌的寄主植物，防止间作植物带菌传病。

(3) 及时治疗病树　先将病部组织彻底刮除干净，并将病残体彻底清出园外烧毁，然后涂药保护伤口，有效药剂如：腐殖酸铜、硫酸铜钙、甲基硫菌灵、石硫合剂等；其次，对病树根区土壤进行灌药消毒，常用有效药剂为：代森铵、硫酸铜钙、克菌丹、甲基硫菌灵等。

(4) 其他措施　增施有机肥，科学调整结果量，培强树势，提高树体的抗病能力。病树治疗后及时根部桥接或换根，促进树势恢复；同时，在病树周围挖封锁沟（沟深50～60厘米、沟宽40厘米左右），防止病害蔓延。

三、白纹羽病

症状诊断　白纹羽病主要为害根部，多从细支根开始发生，逐渐扩展到主根基部，很少扩展到根颈部及地面以上。其主要症状特点是：病根表面缠绕有白色或灰白色的网状或绒毛状菌索或菌丝，有时呈灰白色至灰褐色的绒布状菌丝膜。发病后期病根皮层腐烂，木质部腐朽，但栓皮不烂呈鞘状套于根外，烂根无特殊气味。腐朽木质部表面有时可产生黑色颗粒状菌核。轻病树，树势衰弱，发芽晚，落叶早；重病树，枝条枯死，甚至全树死亡（彩图11-7）。

病原及发生特点　白纹羽病是一种高等真菌性病害，由褐座坚壳（*Rosellinia necatrix*）引起。病菌可侵害苹果、梨树、桃树、柳树、榆树、花生等多种果树、林木及农作物。病菌在田间病株、病残体及土壤中越冬，菌索、菌核在土壤中可存活 5～6 年。果园内主要通过病健根接触、病残体及带菌土壤的移动进行传播；远距离传播为带菌苗木的调运。病菌既可直接穿透根皮侵染为害，也可从各种伤口侵入为害。老果园、旧林地、河滩地、古墓坟场改建的果园易发生白纹羽病；果树行间间作花生的果园容易导致该病的发生与蔓延。

防控技术 同"紫纹羽病"防控技术。

四、圆斑根腐病

症状诊断 圆斑根腐病主要为害须根和小根，严重时也可蔓延至大根。初期，须根变褐枯死，在小根上围绕须根基部形成红褐色圆斑，病部皮层腐烂，深达木质部。多个病斑相连后，导致整段根变黑死亡。轻病树病根可反复产生愈伤组织和再生新根，使病健组织彼此交错，病根表面凹凸不平。病树地上部症状表现较复杂，可分为叶片及花萎蔫型、叶片青枯型、叶缘焦枯型、枝条枯死型等（彩图 11-8、彩图 11-9）。

病原及发生特点 圆斑根腐病是一种高等真菌性病害，可由多种镰刀菌（*Fusarium* spp.）引起。该类病菌都是土壤习居菌，可在土壤中长期腐生，当根系衰弱时便发生侵染，导致树体受害。地块低洼、营养不足、长期主要施用化肥、土壤板结、地质盐碱、排灌不良、土壤通透性差、大小年严重等，一切导致树势衰弱的因素，均可诱发病菌对根系的侵害，造成该病发生。

防控技术 以增施有机肥及农家肥、改良土壤、增强树势、提高树体抗病能力为重点，结合以病树的及时治疗。

（1）加强栽培管理 增施有机肥及农家肥，合理施用氮、磷、钾肥，科学配合中微量元素肥料，提高土壤有机质含量，改良土壤，促进根系生长发育。深翻树盘，中耕除草，防止土壤板结，改善土壤不良状况。及时排除果园积水，降低土壤湿度。科学调整结果量，保持树势健壮。

（2）病树治疗 轻病树通过改良土壤即可促使树体恢复健壮，重病树需要辅助灌药治疗。治疗效果好的药剂有：硫酸铜钙、克菌丹、代森铵、甲基硫菌灵、铜钙·多菌灵、多菌灵等。

五、腐烂病

症状诊断 腐烂病主要为害主干、主枝，也可为害侧枝及小枝，严重时还可侵害果实。该病的主要症状特点为：受害部位皮层腐烂，腐烂皮层有酒糟味，后期病斑表面产生小黑点（病菌子座），潮湿条件下小黑点上可冒出黄色丝状物（孢子角）。

在枝干上，根据病斑特点可分为溃疡型和枝枯型两种类型病斑。

（1）溃疡型 多发生在主干、主枝等较粗大的枝干上。初期，病斑红褐色，微隆起，水渍状，组织松软，病斑椭圆形或不规则形，有时呈深浅相间的不明显轮纹状；剥开病皮，整个皮层组织呈鲜红褐色腐烂，并有浓烈的酒糟味。稍后，病斑失水干缩、下陷，变为黑褐色，酒糟味变淡，有时边缘开裂。后期，病斑表面逐渐散生出许多小黑点；潮湿时，小黑点上产生卷曲的橘黄色丝状物，俗称"冒黄丝"。当病斑绕枝干一周时，造成整个枝干枯死；严重时，导致死树甚至毁园（彩图11-10～彩图11-19）。

(2) 枝枯型 多发生在较细的枝条上，常造成枝条枯死。这类病斑扩展快，形状不规则，皮层腐烂后迅速绕枝一周，导致枝条枯死。有时枝枯病斑的栓皮易剥离。后期，病斑表面也可产生小黑点，并冒出黄丝（彩图11-20、彩图11-21）。

果实受害，多为果枝发病后扩展到果实上所致。病斑红褐色，圆形或不规则形，常有同心轮纹，边缘清晰，病组织软烂，略有酒糟味。后期，病斑上也可产生小黑点及冒出黄丝，但比较少见（彩图11-22）。

病原及发生特点 腐烂病是一种高等真菌性病害，由苹果黑腐皮壳（*Valsa mali*）引起。病菌主要在田间病株及病斑上（或病残体上）越冬，是苹果树上的习居菌。病斑上的越冬病菌可产生大量病菌孢子（黄色丝状物），主要通过风雨传播，从各种伤口侵染为害，尤其是带有死亡或衰弱组织的伤口易受侵害，如剪口、锯口、虫伤、冻伤、日灼伤及愈合不良的伤口等。病菌侵染后，当树势强壮时处于潜伏状态，病菌在无病枝干上潜伏的主要场所有落皮层、干枯的剪口、干枯的锯口、愈合不良的各种伤口、僵芽周围及虫伤、冻伤、枝干夹角等带有死亡或衰弱组织的部位。当树体抗病力降低时，潜伏病菌开始扩展为害，形成病斑。

腐烂病每年有两个为害高峰期，即"春季高峰"和"秋季高峰"。春季高峰主要发生在萌芽至开花阶段，该期内病斑扩展迅速、扩展量大，病组织较软，病斑典型，为害严重，是造成死枝、死树的重要为害时期。秋季高峰主要发生在果实迅速膨大期及花芽分化期，相对春季高峰较小，但该期是病菌侵染落皮层的重要时期（彩图11-23）。

腐烂病的发生轻重主要受六个因素影响。

① 树势 树势衰弱是诱发腐烂病的最重要因素之一，即一切可以削弱树势的因素均可加重腐烂病的发生。

② 落皮层 落皮层是病菌潜伏的主要场所，是造成枝干发病的重要桥梁，所以落皮层的多少决定腐烂病的发生轻重。

③ 伤口 伤口越多，发病越重，带有死亡或衰弱组织的伤口最易感染腐烂病。

④ 潜伏侵染 树势衰弱时，潜伏侵染病菌是导致腐烂病暴发的主要因素。

⑤ 木质部带菌 病斑下木质部及病斑皮层边缘外木质部带菌，是导致病斑复发的主要原因。

⑥ 树体含水量 初冬树体含水量高，易发生冻害，加重腐烂病发生；早春树体含水量高，抑制病斑扩展，可减轻腐烂病发生。

防控技术　苹果树腐烂病的防控以壮树防病为中心，以铲除树体潜伏病菌为重点，以及时治疗病斑、减少和保护伤口、促进树势恢复等为基础。

（1）加强栽培管理，提高树体的抗病能力　实践证明，科学调整结果量、科学施肥、科学灌水及保叶促根，以增强树势、提高树体抗病能力，是防控腐烂病的最根本措施。

（2）铲除树体带菌，减少潜伏侵染　落皮层、皮下干斑及湿润坏死斑、病斑周围的干斑、树杈夹角皮下的褐色坏死点、各种伤口周围等，都是腐烂病菌潜伏的主要场所。及早铲除这些潜伏病菌，对控制腐烂病发生为害效果显著。

① 重刮皮　一般在 5～7 月份树体营养充分时进行，冬、春不太寒冷的地区春、秋两季也可刮除。但重刮皮有削弱树势的作用，水肥条件好、树势旺盛的果园比较适合，弱树不能进行；且刮皮前后要增施肥水，补充树体营养。刮皮方法：用锋利的刮皮刀将主干、主枝及大侧枝表面的粗皮刮干净，刮到枝干"黄一块、绿一块"的程度，但千万不要露白（木质部）；若遇到坏死斑要彻底刮除，不管黄、绿、白。刮下的树皮组织要集中深埋或销毁。注意，刮皮后不要涂药。

② 药剂铲除　重病果园为两次用药，即落叶后初冬和萌芽前各一次；轻病果园，只一次药即可，一般落叶后较萌芽前喷药效果好；特别严重果园，还需在 6 月至 9 月份用药剂涂干 1 次。对腐烂病病菌铲除效果好的药剂为：戊唑·多菌灵、甲硫·戊唑醇、铜钙·多菌灵、硫酸铜钙、代森铵等。喷药时，若在药液中混加渗透助剂如有机硅系列等，可显著提高对病菌的铲除效果。

（3）及时治疗病斑　病斑治疗是避免死枝、死树的主要措施，目前生产上常用的治疗方法主要为刮治法、割治法和包泥法。病斑治疗的最佳时间为春季高峰期内，该阶段病斑既软又明显，易于操作；但总体而言，应立足于及时发现及时治疗，治早、治小（彩图 11-24～彩图 11-27）。

刮治和割治后，病斑表面需要涂药保护伤口及铲除或杀死残余病菌。常用有效药剂有：戊唑·多菌灵、甲硫·戊唑醇、丁香菌酯、腐殖酸铜、过氧乙酸、石硫合剂等。一个月后再补涂 1 次效果更好（彩图 11-28）。

刮治法的技术关键是：病组织（含变色组织）要彻底刮除，刀口边缘要光滑，不留毛茬、不拐急弯，刀口上部及侧部边缘成直角、下部边缘成向下斜坡，而后在所刮病斑表面及周边组织上涂抹药剂。

包泥法的技术关键是：泥要黏，包要严，泥层要厚（3～4 厘米），并要超出病斑边缘 4～5 厘米。

割治法的技术关键是：刀口一定要将皮层划透，但又要尽量不伤害木质部，一般刀口间距不能超过 0.5 厘米，切割病斑后涂抹渗透性强的有效药剂。

（4）其他措施　病斑治疗后，及时桥接或脚接，促进树势恢复。冬前树干涂白，防止发生冻害，并降低春季树体局部增温效应，控制腐烂病春季高峰期的为害。及时防控造成苹果树早期落叶的病害及害虫（彩图 11-29～彩图 11-31）。

六、干腐病

症状诊断　干腐病主要为害枝干和果实。在枝干上形成溃疡型、条斑型和枝枯型三种症状类型。

(1)溃疡型　多发生在主干、主枝及侧枝上，初期病斑暗褐色，较湿润，常有褐色汁液溢出，俗称"冒油"；后期，病斑失水，干缩凹陷，表面产生许多不规则裂缝，栓皮组织常呈"油皮"状翘起，病斑椭圆形或不规则形。病斑一般较浅，不烂透皮层，但有时可以连片（彩图11-32～彩图11-35）。

(2)条斑型　主干、主枝、侧枝及小枝上均可发生，其主要特点是在枝干表面形成长条状病斑。病斑初暗褐色，后表面凹陷，边缘开裂，表面常密生许多小黑点；后期病斑干缩，表面产生纵横裂纹。病斑多将皮层烂透，深达木质部（彩图11-36）。

(3)枝枯型　多发生在小枝上，病斑扩展迅速，常围枝一周，造成枝条枯死。后期枯枝表面密生出许多小黑点，多雨潮湿时小黑点上可产生大量灰白色黏液（彩图11-37）。

果实受害，形成轮纹状果实腐烂，即"轮纹烂果病"（彩图11-38）。

病原及发生特点　干腐病是一种高等真菌性病害，由葡萄座腔菌（*Botryosphaeria dothidea*）引起。病菌在枝干病斑及枯死枝上越冬，翌年产生大量孢子，通过风雨传播，主要从伤口侵染为害枝干。弱树、弱枝受害重，干旱果园或干旱季节发病较重。管理粗放，地势低洼，土壤瘠薄，肥水不足，偏施氮肥，结果过多，伤口较多等均可加重该病的发生。

防控技术　以加强栽培管理、增强树势、提高树体的抗病能力为基础，搞好果园卫生为重点，结合及时治疗枝干病斑。

(1)加强栽培管理　增施农家肥等有机肥料，科学施用氮肥，合理配方施肥；干旱季节及时灌水，多雨季节注意排水；科学调整结果量，培强树势，提高树体抗病能力。冬前及时树干涂白，防止冻害和日烧；及时防控各种枝干害虫；避免造成各种机械伤口，并对伤口涂药保护，防止病菌侵染。

(2)搞好果园卫生　结合修剪，彻底剪除枯死枝，集中销毁。发芽前喷施1次铲除性药剂，铲除或杀灭树体残余病菌。效果较好的药剂有：戊唑·多菌灵、铜钙·多菌灵、甲硫·戊唑醇、硫酸铜钙、代森铵等。喷药时，若在药液中混加有机硅类等渗透助剂，可显著提高杀菌效果。

(3)及时治疗病斑　主干、主枝病斑应及时进行治疗，具体方法参见"腐烂病"部分。

七、木腐病

症状诊断　木腐病主要为害老树及弱树的主干、主枝，造成病树木质部腐朽，手捏易碎，刮大风时容易从病部折断。后期，从伤口处产生病菌结构，该结构多为膏药状、马蹄状、扇状等，灰白色至灰褐色（彩图 11-39～彩图 11-42）。

病原及发生特点　木腐病是一种高等真菌性病害，可由多种病菌引起，常见种类有：裂褶菌（*Schizophyllum commune*）、苹果木层孔菌（*Phellinus pomaceus*）、烟色多孔菌（*Polyporus adustus*）、多毛栓菌（*Trametes hispida*）、特罗格粗毛栓菌（*T. gallica*）等。各种病菌均主要在病树上越冬，在木质部内扩展为害，造成木质部腐朽。病菌结构上产生孢子，通过风雨或气流传播，从伤口侵染为害，特别是长期不能愈合的锯口。老树、弱树受害较重。

防控技术　木腐病的防控以壮树防病为主，结合促进伤口愈合、保护伤口等措施。对于剪口、锯口等机械伤口应及时涂药保护、或涂刷油漆，防止病菌侵染，常用伤口涂抹剂有：甲基硫菌灵腐殖酸铜、石硫合剂等。

八、银叶病

症状诊断　银叶病主要在叶片上表现明显症状，典型特征是叶片呈银灰色，并有光泽。该病主要为害枝干的木质部，主要表现为木质部变褐，有腥味，但组织不腐烂。轻病树树势衰弱，结果能力逐渐降低；重病树根系逐渐腐烂死亡，最后导致整株枯死。病树枯死后，在主干表面可产生覆瓦状的、边缘卷曲的、淡紫色病菌结构（彩图 11-43、彩图 11-44）。

病原及发生特点　银叶病是一种系统性高等真菌性病害，由紫色胶革菌（*Chondrostereum purpureum*）引起。病菌主要在病树枝干的木质部内及在病树表面以繁殖结构越冬。第二年阴雨连绵时，产生病菌孢子，该孢子通过气流或雨水传播，从各种伤口（如剪口、锯口、破裂口及各种机械伤口等）侵入寄主组织。病菌侵染树体后，在木质部中生长蔓延，上下扩展，直至全株，并产生毒素，毒素向上输导至叶片后，使叶片表皮与叶肉分离，间隙中充满空气，在阳光下呈灰色并略带银白光泽，故称为"银叶病"。在同一树上，常先从一个枝上表现症状，后逐渐扩展到全树，使全树叶片均表现银叶。

树体表面机械伤口多，利于病菌侵染。土壤黏重、排水不良、地下水位较高、树势衰弱等，均可加重银叶病的发生。

防控技术　以增强树势、搞好果园卫生为重点，及时治疗轻病树为辅助。

(1) 加强果园管理　增施有机肥，改良土壤，注意及时排水。合理调整结果量，避免枝干劈裂。尽量减少对树体造成各种机械伤口。及时涂药保护各种修剪伤口，并促进伤口愈合。

(2) 搞好果园卫生　及时铲除重病树及病死树，从树干基部锯除，而后带到园外销毁。枝干表面发现病菌繁殖结构时，彻底刮除，并将刮除的病菌组织集中烧毁或深埋，然后对伤口涂药消毒。消毒效果较好的药有：77%硫酸铜钙可湿性粉剂 150～200 倍液、1%硫酸铜溶液、5～10 波美度石硫合剂、45%石硫合剂晶体 10～

20 倍液、硫酸-8-羟基喹啉等。

（3）及时治疗轻病树　轻病树可用树干埋施硫酸-8-羟基喹啉的方法进行治疗，早春治疗（树体水分上升时）效果较好。一般使用直径 1.5 厘米的钻孔器在树干上钻 3 厘米深的孔洞，将药剂塞入洞内，洞口用软木塞或宽胶带或泥封好。用药量根据树体大小而定，树大多用、树小少用。

九、枝干轮纹病

症状诊断　枝干轮纹病主要为害枝干，还可严重为害果实。枝干受害，初期以皮孔为中心形成瘤状突起，并在突起周围形成一近圆形坏死斑，秋后病斑周围开裂成沟状，边缘翘起呈马鞍形；第二年病斑上产生稀疏的小黑点，同时病斑继续向外扩展，在环状沟外又形成一圈环形坏死组织，秋后该坏死环外又开裂、翘起……这样，病斑连年扩展，即形成了轮纹状病斑。枝干上病斑多时，导致树皮粗糙，故俗称"粗皮病"。轮纹病斑一般较浅，容易剥离；但在弱树或弱枝上，病菌可侵入皮层内部，深达木质部，造成树势衰弱或枝干死亡，甚至果园毁灭（彩图 11-45～彩图 11-51）。

果实受害，形成轮纹状果实腐烂，即"轮纹烂果病"。

病原及发生特点　枝干轮纹病是一种高等真菌性病害，由梨生囊壳孢（*Physalospora piricola*）引起。病菌主要在枝干病斑上越冬，并可在病组织中存活 4～5 年。生长季节，病菌产生大量孢子（灰白色黏液），主要通过风雨进行传播，主要从皮孔侵入为害。当年生病斑上一般不产生小黑点（分生孢子器）及病菌孢子，但衰弱枝上的病斑可产生小黑点（很难产生病菌孢子）。老树、弱树及衰弱枝发病重；有机肥使用量小，土壤有机质贫乏的果园病害严重；管理粗放、土壤瘠薄的果园受害严重；枝干环剥可以加重该病的发生；富士苹果枝干轮纹病最重。

防控技术

（1）加强栽培管理　增施粗肥、农家肥等有机肥，按比例科学施用氮、磷、钾肥；科学调整结果量；科学灌水；尽量少环剥或不环剥；新梢停止生长期及时叶面喷肥（尿素 300 倍液＋磷酸二氢钾 300 倍液）；培强树势，提高树体抗病能力。

（2）刮治病斑，铲除病菌　发芽前，刮治枝干病斑，集中销毁病残组织。刮治轮纹病病斑时，应轻刮，只把表面硬皮刮破即可。而后涂药，杀灭残余病菌。效果较好的药剂为甲托油膏［70％甲基托布津可湿性粉剂：植物油＝1：（15～20）］及戊唑·多菌灵、甲硫·戊唑醇、铜钙·多菌灵等。应当指出，甲基托布津必须使用纯品，不能使用复配制剂，以免发生药害，导致死树（彩图 11-52）。

（3）喷施铲除性药剂　发芽前，全园喷施 1 次铲除性药剂，铲除树体残余病菌，并保护枝干免遭病菌侵害。效果较好的药剂为戊唑·多菌灵、甲硫·戊唑醇、铜钙·多菌灵、硫酸铜钙、代森铵等。喷药时，若在药液中混加有机硅类等渗透助剂，对铲除树体带菌效果更好；若刮除病斑后再喷药，铲除杀菌效果更佳。

十、轮纹烂果病

症状诊断　轮纹烂果病的典型症状特点是：以皮孔为中心形成近圆形腐烂病斑，表面不凹陷，病斑颜色深浅交错呈同心轮纹状。

果实发病，多从近成熟期开始，初期以皮孔为中心产生淡红色至红色斑点，扩大后成淡褐色至深褐色腐烂病斑，圆形或不规则形；典型病斑有颜色深浅交错的同心轮纹，且表面不凹陷。病果果肉腐烂多汁，没有特殊异味。病斑颜色因品种不同而有一定差异：一般黄色品种颜色较淡，多呈淡褐色至褐色；红色品种颜色较深，多呈褐色至深褐色。后期，病部多凹陷，表面可散生许多小黑点。病果易脱落，严重时树下落满一层（彩图11-53～彩图11-58）。

轮纹烂果病与炭疽病症状相似，容易混淆，可从五个方面进行比较区分：①轮纹病表面一般不凹陷，炭疽病表面平或凹陷；②轮纹病表面颜色较淡并为深浅交错的轮纹状，呈淡褐色至深褐色，炭疽病颜色较深且均匀，呈红褐色至黑褐色；③轮纹病腐烂果肉无特殊异味，炭疽病果肉味苦；④轮纹病小黑点散生，炭疽病小黑点多排列成近轮纹状；⑤轮纹病小黑点上一般不产生黏液，若产生则为灰白色，炭疽病小黑点上很容易产生粉红色黏液。

病原及发生特点　轮纹烂果病属高等真菌性病害，主要由枝干轮纹病菌（梨生囊壳孢：*Physalospora piricola*）和干腐病菌（葡萄座腔菌：*Botryosphaeria dothidea*）引起，也可由枯死枝上的一些病菌引起。病菌主要在枝干病斑及各种枯死枝上越冬，第二年产生大量病菌孢子，通过风雨传播到果实上，主要从皮孔和气孔侵染为害。病菌一般从苹果落花后7～10天开始侵染，直到皮孔封闭后结束。晚熟品种如富士皮孔封闭一般在8月底或9月上旬，即病菌侵染期可长达4个月左右。轮纹烂果病的侵染特点为：病菌幼果期开始侵染，侵染期很长；果实近成熟期开始发病，采收期严重发病，采收后继续发病。

枝干上病菌数量的多少及枯死枝的多少是病害发生与否的基础，5～8月份的降雨情况是影响病害发生的决定因素。一般每次降雨后，都会形成一次病菌侵染高峰。

防控技术　轮纹烂果病的防控以搞好果园卫生、铲除树体带菌为基础，以生长期保护果实不受病菌侵染为重点。

(1) 处理越冬菌源

① 搞好果园卫生　彻底剪除树上各种枯死枝、破伤枝，树体开张角度不要使用修剪下来的带皮枝段作为支棍，发芽前及时刮除主干、主枝上的轮纹病斑及干腐病斑。

② 主干、主枝抹药　刮病斑后，主干、主枝涂抹甲托油膏［70%甲基托布津可湿性粉剂：植物油＝1∶(15～20)］、或戊唑·多菌灵、或甲硫·戊唑醇，杀灭残余病菌。

③ 树体喷药　发芽前，全园喷施 1 次戊唑·多菌灵、或甲硫·戊唑醇、或铜钙·多菌灵、或硫酸铜钙、或代森铵等，铲除枝干残余病菌。

（2）喷药保护果实　从苹果落花后 7～10 天开始喷药，到果实套袋或果实皮孔封闭后（不套袋果实）结束，不套袋苹果喷药时期一般为 4 月底或 5 月初至 8 月底或 9 月上旬。具体喷药时间需根据降雨情况而定，尽量在雨前喷药，雨多多喷，雨少少喷，无雨不喷。套袋苹果一般需喷药 3～4 次（落花后至套袋前），不套袋苹果一般需喷药 8～12 次。以选用耐雨水冲刷药剂效果最好。

根据苹果生长特点与生产优质苹果的要求，药剂防控可分为两个阶段（套袋苹果只有第一个阶段）。

第一阶段：落花后 7～10 天至套袋前或落花后 6 周。该期是幼果敏感期，用药不当极易造成药害（果锈、果面粗糙等），因此必须选用优质安全农药，10 天左右喷药 1 次，需连喷 3～4 次。常用的有效药剂有：戊唑·多菌灵、甲硫·戊唑醇、甲基硫菌灵、多菌灵、苯醚甲环唑、代森锰锌（全络合态）、克菌丹、吡唑醚菌酯等。代森锰锌必须选用全络合态产品，甲基硫菌灵、多菌灵必须选择纯品制剂，以免造成药害。

第二阶段：落花后 6 周至果实皮孔封闭。10～15 天喷药 1 次，该期一般应喷药 5～8 次。常用有效药剂除上述药剂外，还可选用三乙膦酸铝、戊唑醇、锰锌·多菌灵等。不建议使用铜制剂及波尔多液，以免造成药害或污染果面。

若雨前没能喷药，雨后应及时喷施治疗性杀菌剂加保护性药剂，并尽量使用较高浓度，以进行补救。

（3）烂果后"急救"　前期喷药不当后期开始烂果后，应及时喷用内吸性药剂进行"急救"，7 天左右 1 次，直到果实采收。效果较好的药剂或配方有：戊唑·多菌灵、甲硫·戊唑醇、甲基硫菌灵＋三乙膦酸铝、多菌灵＋三乙膦酸铝等。应当指出，该"急救"措施只能控制病害暂时停止发生，并不能根除潜伏病菌。

（4）果实套袋　果实套袋是防止轮纹烂果病菌中后期侵染果实的最经济、最有效的方法，果实套袋后可减少喷药 5～8 次。常用果袋有塑膜袋和纸袋两种，以纸袋生产出的苹果质量较好。应当指出，套袋前 5～7 天内必须喷药 1 次（彩图 11-59、彩图 11-60）。

（5）安全贮藏　低温贮藏，基本可以控制采后轮纹烂果病的发生。如 0～2℃贮藏可以充分控制发病，5℃贮藏基本不发病。另外，药剂浸果、晾干后贮藏，即使在常温下也可显著降低果实发病率。戊唑·多菌灵、甲硫·戊唑醇、甲基硫菌灵＋三乙膦酸铝、多菌灵＋三乙膦酸铝浸果效果较好，一般浸果 1 分钟左右即可。

十一、炭疽病

症状诊断　炭疽病主要为害果实，也可为害果台、破伤枝及衰弱枝等。果实受害，多从近成熟期开始发病，初为褐色小斑点，外有红色晕圈，表面略凹陷或扁平；扩大后呈褐色至深褐色，圆形或近圆形，表面凹陷，果肉腐烂。腐烂组织呈圆锥状，有苦味，故又称"苦腐病"。当果面病斑扩展到1厘米左右时，从病斑中央开始逐渐产生呈轮纹状排列的小黑点，潮湿时小黑点上可溢出粉红色黏液。有时小黑点排列不规则，散生；有时小黑点不明显，只见到粉红色黏液。病果上病斑数目多为不定，常几个至数十个，病斑可融合。果台、破伤枝及衰弱枝受害，症状不明显，但潮湿时病部可产生小黑点及粉红色黏液（彩图11-61～彩图11-63）。

病原及发生特点 炭疽病是一种高等真菌性病害，由胶孢炭疽菌（*Colletotrichum gloeosporioides*）引起。病菌主要在枯死枝、破伤枝、死果台及病僵果上越冬，也可在刺槐上越冬。第二年苹果落花后，潮湿条件下越冬病菌可产生大量病菌孢子，主要通过风雨传播，从果实皮孔、伤口或直接侵入为害。病菌从幼果期至成果期均可侵染果实，但前期发生侵染的病菌均处于潜伏状态，不能造成果实发病，待果实近成熟期才开始发病。该病具有明显的潜伏侵染现象。近成熟果实发病后产生的病菌（粉红色黏液）可再次侵染为害果实，该病在田间有多次再侵染。

炭疽病的发生轻重，主要取决于越冬病菌数量的多少和果实生长期的降雨情况。降雨早且多时，有利于炭疽病菌的产生、传播、侵染，后期病害发生较重。刺槐是炭疽病菌的重要寄主，果园周围种植刺槐，可加重该病的发生。

防控技术

(1) 消灭越冬菌源 结合修剪，彻底剪除枯死枝、破伤枝、死果台等枯死及衰弱组织。发芽前彻底清除果园内的病僵果，尤为挂在树上的病僵果。不要使用刺槐作果园防护林，若已种植刺槐，应尽量压低其树冠，并注意喷药铲除病菌。发芽前，全园喷施1次铲除性药剂，杀灭或铲除树上残余病菌，并注意对刺槐防护林上一同喷洒，效果较好的药剂如：戊唑•多菌灵、甲硫•戊唑醇、铜钙•多菌灵、硫酸铜钙、代森铵等。

(2) 生长期喷药防控 喷药防控的关键是适时喷药和选用有效药剂。一般从落花后7～10天开始喷药，根据降雨情况及时用药，并尽量在雨前进行。结合轮纹烂果病的防控即可基本控制炭疽病的为害，但不套袋果的炭疽病防控需要喷药到采收前或降雨结束。对炭疽病防控效果好的药剂有：戊唑•多菌灵、甲硫•戊唑醇、甲基硫菌灵、多菌灵、咪鲜胺或咪鲜胺锰盐、戊唑醇、代森锰锌（全络合态）、克菌丹、溴菌腈、三乙膦酸铝、苯醚甲环唑、吡唑醚菌酯等。同样，幼果期或套袋前必须选用安全农药。以刺槐作防护林的果园，每次喷药均应连刺槐一起喷洒。

(3) 其他措施 尽量实行果实套袋，这样不仅可以提高果品质量，降低果实农药残留，而且还可在套袋后防止病菌侵染果实，减少喷药次数，可谓"一举多得"。增施农家肥及有机肥，培强树势，提高树体抗病能力，减轻病菌对枯死枝、破伤枝等衰弱组织的为害，降低园内菌量；合理修剪，使树冠通风透光，降低园内湿度，创造不利于病害发生的环境条件。

十二、褐腐病

症状诊断　褐腐病只为害果实，多在近成熟期开始发生，直到采收期甚至贮藏期。发病后的主要特点是：病果呈褐色腐烂，腐烂病斑表面产生灰白色霉丛或霉层。初期病斑多以伤口（机械伤、虫伤等）为中心开始发生，果面产生淡褐色水渍状小圆斑，后病斑迅速扩大，导致果实呈褐色腐烂；在病斑向四周扩大的同时，从病斑中央向外逐渐产生灰白色霉丛，霉丛多散生，有时呈轮纹状排列，有时密集呈层状。病果果肉松软呈海绵状，略有韧性，并具特殊香味；稍失水后有弹性，甚至呈皮球状。后期病果失水干缩，呈黑色僵果（彩图11-64、彩图11-65）。

病原及发生特点　褐腐病是一种高等真菌性病害，由果生链核盘菌（*Monilinia fructigena*）引起。病菌主要在病僵果上越冬，第二年雨季产生大量病菌孢子，借风雨或气流传播，主要从伤口侵染为害近成熟果实，潜育期5～10天，该病在果园内可有多次再侵染。越冬病僵果的多少是影响该病发生轻重的主要因素，苹果近成熟期多雨潮湿可促进病害发生，近成熟期的果实伤口较多可加重该病的发生。另外，该病菌对温度适应性极强，0℃时仍可缓慢扩展，所以有时冷藏果实仍可大量发病。

防控技术

(1) 搞好果园卫生　落叶后至发芽前，彻底清除树上、树下的病僵果，集中深埋或烧毁，清除越冬病菌。果实近成熟期，及时摘除树上病果、并拣拾落地病果，减少田间菌量，防止病菌再次侵染。

(2) 加强果园管理　注意果园浇水，防止水分供应失调而造成裂果、形成伤口；增施有机肥及磷、钙肥，避免果实缺钙而造成伤口；尽量实行果实套袋，阻止褐腐病菌侵害果实；及时防控蛀果害虫，避免造成果实虫伤。

(3) 适时药剂防控　褐腐病严重果园，在果实近成熟期喷药保护，是防控该病的最有效措施。一般从采收前1个月（中熟品种）至1.5个月（晚熟品种）开始喷药，10～15天1次，连喷2次，即可有效控制褐腐病的为害。常用有效药剂有：戊唑·多菌灵、甲硫·戊唑醇、乙霉·多菌灵、甲基硫菌灵、多菌灵、苯醚甲环唑、戊唑醇、异菌脲、腐霉利、嘧霉胺等。

(4) 安全贮藏　采收后严格挑选，尽量避免病、伤果入库。褐腐病严重果园的果实，可用药剂浸果1分钟左右杀菌，待晾干后进行贮藏。常用有效药剂同前所述。

十三、霉心病

症状诊断　霉心病只为害果实，多从果实近成熟期开始发病。从心室开始发病、逐渐向外扩展、导致果肉从内向外腐烂是该病的主要症状特点。初期，病果外观基本无异常表现，而心室逐渐发霉（产生霉状物）；有的病果后期病菌从心室可以向外扩展，逐渐造成果肉腐烂，最后果实表面出现腐烂斑块。该病根据症状表现可主要分为两种类型。

① 霉心型　主要特点是心室发霉，在心室内产生灰绿、灰白、灰黑等颜色的霉状物，只限于心室，病变不突破心室壁，基本不影响果实的食用。

② 心腐型　主要特点是导致果心区果肉从心室向外腐烂，严重时可使果肉烂透，直到果实表面，腐烂果肉味苦，经济损失较重。严重的霉心病，可引起幼果早期脱落；轻病果可正常成熟，但造成成熟期至采收后心室发病（彩图 11-66～彩图 11-69）。

病原及发生特点　霉心病属于高等真菌性病害，可由多种弱寄生性真菌引起，常见种类有粉红聚端孢霉（*Trichothecium roseum*）、交链孢霉（*Alternaria alternata*）、头孢霉（*Cephalosporium* sp.）、串珠镰孢（*Fusarium moniliforme*）、青霉菌（*Penicillium* sp.）等。这类病菌在自然界广泛存在，主要通过气流传播，在苹果开花期通过柱头侵入。病菌侵染柱头后，逐渐向心室扩展，当病菌进入心室后而逐渐导致发病。霉心病发生轻重与花期湿度及品种关系密切，花期及花前阴雨潮湿病重，北斗及元帅系品种高感霉心病，富士系品种发病较轻。品种间的抗病性差异主要表现在抗侵入（心室）方面，萼心距大的品种抗病菌侵入心室，病害发生轻；萼心距小的品种易导致病菌侵入心室，病害发生较重。病菌侵入心室后，品种间的抗病性差异不明显。

防控技术　霉心病的防控关键是花期喷药预防，低温贮藏亦可控制果实发病。

(1) 药剂防控　药剂防控是有效控制霉心病的主要措施，关键为喷药时间和有效药剂。初花期、落花 70%～80% 时是喷药关键期，一般果园只在后一时期喷药 1 次即可，重病园或品种则需各喷药 1 次。效果好的药剂或配方为：戊唑·多菌灵、甲硫·戊唑醇、甲基硫菌灵＋代森锰锌（全络合态）、多抗霉素等。花期用药必须选用安全药剂，以免发生药害。落花后喷药，对该病基本没有防控效果。

(2) 低温贮藏　果实采收后在 1～3℃ 下贮藏，可基本控制病菌生长蔓延，避免采后心腐果形成。

十四、套袋果斑点病

症状诊断　套袋果斑点病只发生在套袋苹果上，其主要症状特点是：在果实表面产生一至数个褐色至黑褐色的小斑点。斑点多发生在萼洼处，有时也产生在胴部、肩部及梗洼。斑点只局限在果实表层，不深入果肉内部，仅影响果实的外观品质，不造成产量损失，但对收入影响较大；斑点自针尖大小至小米粒大小、甚至玉米粒大小不等，常几个至十数个，连片后呈黑褐色大斑。斑点类型因病菌种类不同而分为黑点型、红点型及褐斑型三种（彩图 11-70～彩图 11-75）。

病原及发生特点　套袋果斑点病属于高等真菌性病害，可由多种弱寄生性真菌引起，常见种类有粉红聚端孢霉（*Trichothecium roseum*）、交链孢霉（*Alternaria* *alternata*）、点枝顶孢（*Acremonium stictum*）、仁果柱盘孢霉（*Cylindrosporium pomi*）等。病菌在自然界广泛存在。套袋后，由于袋内温湿度的变化及果实抗病能力的降低，而导致袋内病菌发生侵染，形成病斑，即病菌是在套袋时进入袋内的（套入袋内的）。套袋前阴雨潮湿该病发生较重，使用劣质果袋常加重该病发生，套袋前药剂喷洒不当是导致该病发生的主要原因。该病发生侵染后，多从果实生长中后期开始表现症状。

防控技术　套袋果斑点病的防控关键为套袋前喷洒优质高效药剂，即套袋前5～7天以内幼果表面应保证有药剂保护。为避免用药不当对幼果造成药害，套袋前必须选用安全农药。防病效果好且使用安全的药剂或配方有：戊唑·多菌灵、甲硫·戊唑醇、甲基硫菌灵＋代森锰锌（全络合态）、多菌灵＋代森锰锌（全络合态）、甲基硫菌灵＋克菌丹（或吡唑醚菌酯）、多菌灵＋克菌丹（或吡唑醚菌酯）等。其次，就是要选择透气性强、遮光好、耐老化的优质果袋。

十五、疫腐病

症状诊断　疫腐病主要为害果实，也可为害根颈部及叶片。果实受害，多发生于近地面处，初期果面产生边缘不明显的褐绿色不规则形斑块；高温条件下，病斑迅速扩大成近圆形或不规则形，甚至占据果面大部或整个果面，淡褐色至褐色腐烂；有时病部表皮与果肉分离，外表似白蜡状；高湿时在病斑表面产生白色绵毛状物，尤其在伤口及果肉空隙处常见。根颈部受害，病部皮层变褐腐烂，严重时烂至木质部。轻病树，树势衰弱，发芽晚，叶片小而色淡，秋后叶片变紫、早期脱落；当腐烂病斑绕树干一周时，全树萎蔫、干枯而死亡。叶片受害，产生暗褐色、水渍状、不规则形病斑，潮湿时病斑扩展迅速，使全叶腐烂（彩图11-76～彩图11-79）。

病原及发生特点　疫腐病是一种低等真菌性病害，由恶疫霉（*Phytophthora cactorum*）引起，该病菌可为害多种植物。在苹果园内病菌主要于土壤中越冬，也可随病残组织越冬，生长季节遇降雨或灌溉时，产生病菌孢子，随雨水流淌、雨滴飞溅及流水传播为害。果实整个生长期均可受害，但以中后期果实受害较多，近地面果实受害较重。多雨年份发病重；地势低洼、果园杂草丛生、树冠下层枝条郁蔽等高湿环境易诱发果实疫腐病；树干基部积水并有伤口时，容易导致根颈部受害。

防控技术

(1) 加强果园管理　注意果园排水，及时中耕除草，疏除过密枝条及下垂枝，降低小气候湿度；及时回缩下垂枝，提高结果部位，树冠下铺草或覆盖地膜或果园生草栽培，可有效防止病菌向上传播，减少果实受害；尽量实行果实套袋，可基本避免果实受害；果园内不要种植茄果类蔬菜，避免病菌相互传播、加重发病；及时清除树上及地面的病果、病叶，避免病害扩大蔓延；改变浇水方法，防止树体根颈部积水，可基本避免根颈部受害。

（2）**喷药保护果实**　往年果实受害严重的果园，从雨季到来前开始喷药保护果实，10～15天1次，连喷2～4次。效果较好的药剂有：烯酰吗啉、三乙膦酸铝、甲霜灵·锰锌、霜脲·锰锌、代森锰锌（全络合态）、克菌丹、硫酸铜钙及波尔多液等。喷药时，应重点喷洒中下部果实及叶片。

（3）**治疗根颈部病斑**　发现病树后，及时扒土晾晒并刮除已腐烂变色的皮层，而后喷淋药剂保护伤口并周边消毒。常用有效药剂有：硫酸铜钙、克菌丹、三乙膦酸铝、霜脲·锰锌、甲霜灵·锰锌等。同时，刮下的病组织要彻底收集并烧毁，严禁埋于地下。扒土晾晒后要用无病新土覆盖，覆土应略高于地面，避免根颈部积水。根颈部病斑较大时，应及时桥接，促进树势恢复。

十六、链格孢黑腐病

症状诊断　链格孢黑腐病主要为害近成熟期至采收后的果实。病斑从多伤口处开始发生，初期病斑表面呈褐色至黑褐色，圆形或近圆形，逐渐扩大后形成褐色至黑褐色腐烂病斑，表面凹陷。病斑表面裂缝处可产生黑色霉状物（彩图11-80、彩图11-81）。

病原及发生特点　链格孢黑腐病是一种高等真菌性病害，由链格孢霉（*Alternaria* spp.）引起。病菌在自然界广泛存在，主要借助气流传播，从伤口侵染为害果实，自然生长裂口、机械伤等均可诱发该病的发生。套袋果实发生较多；果实药害、土壤缺钙、水分供应失调、多雨潮湿、树冠郁蔽等常可加重病害发生。

防控技术　该病不需单独药剂防控，通过加强栽培管理和搞好其他病虫害防控（特别是套袋果斑点病）即可有效防控该病的发生为害。

加强肥水管理，增施钙肥，避免果实生长伤口。套袋果实套袋前喷洒优质安全杀菌剂（详见"套袋果斑点病"防控部分），防止果实套袋后受害。合理修剪，使树体通风透光，降低环境湿度。

十七、红粉病

症状诊断　红粉病主要为害果实，其主要症状特点是在病斑表面产生淡粉红色霉状物。该病多从伤口处开始发生，形成圆形或不规则形淡褐色腐烂病斑，严重时造成果实大半部腐烂。湿度大时，花萼的残余部分上也可产生红粉状物，而形成病斑（彩图11-82）。

病原及发生特点　红粉病是一种高等真菌性病害，由粉红聚端孢霉（*Trichothecium roseum*）引起。病菌在自然界广泛存在，在苹果上主要从伤口及死亡组织侵入，进而扩展形成病斑。一切造成果实受伤的因素均可导致该病发生，多雨潮湿、树冠郁蔽常可加重病害。

防控技术　该病不需单独药剂防控，仅需加强栽培管理和搞好其他病虫害防控即可。

加强肥水管理，增施钙肥，避免果实生长伤口。及时防控果实病虫害，防止果实受伤。实施果实套袋，推广套袋前喷洒优质杀菌剂技术。合理修剪，使树体通风透光，降低环境湿度。

十八、水锈病

症状诊断　水锈病是蝇粪病和霉污病（又称煤污病）的总称，主要为害果实，影响果实的外观质量、降低品质，但不造成实际的产量损失。

(1) 蝇粪病　主要特点是在果皮表面着生许多蝇粪状小黑点，小黑点常呈片状；黑点光亮，稍隆起，有时呈轮纹状排列。小黑点附生在果实表面，用力可以擦去（彩图 11-83）。

(2) 霉污病　主要特点是在果皮表面上产生棕褐色至黑色的煤烟状污斑，边缘不明显，用手容易擦掉。严重时，果面常布满霉污状斑，严重影响果实外观与着色。有时霉污多沿雨水下流方向分布，故果农称其为"水锈"（彩图 11-84、彩图 11-85）。

有时蝇粪病和霉污病可在同一果实上混合发生（彩图 11-86）。

病原及发生特点　水锈病属于高等真菌性病害，是病菌在果实表面附生造成的。蝇粪病由仁果细盾霉（*Leptothyrium pomi*）引起，霉污病由仁果黏壳孢（*Gloeodes pomigena*）引起。病菌均主要在枝、芽、果台、树皮等处越冬，多雨季节借风雨传播到果面上，以果面分泌物为营养进行附生，不侵入果实内部。果实生长中后期，多雨年份或低洼潮湿、树冠郁闭、通风透光不良的果园容易受害。在高湿环境下，果实表面的分泌物不易干燥，而易诱发病菌以此为营养进行附生生长，导致果实受害。

防控技术

(1) 加强果园管理　合理修剪，改善树体通风透光条件，雨季及时排除积水，注意中耕除草，降低果园内湿度，创造不利于病害发生的环境条件。实施果实套袋，有效阻断病菌在果面的附生。

(2) 适时喷药防控　多雨年份及地势低洼果园（不套袋果），果实生长中后期及时喷药防控，10～15 天 1 次，连喷 2 次左右即可有效防控水锈病的发生为害。效果较好的药剂有：克菌丹、代森锰锌（全络合态）、戊唑·多菌灵、甲硫·戊唑醇、甲基硫菌灵、多菌灵、苯醚甲环唑、吡唑醚菌酯、戊唑醇等。

十九、花腐病

症状诊断　花腐病主要为害嫩叶、花及幼果，有时也可为害嫩枝。叶片受害，展叶后 2～3 天即可发病，在叶尖、叶缘或中脉两侧形成放射状红褐色病斑，并可沿叶脉蔓延至病叶基部甚至叶柄，后期病叶凋萎下垂或腐烂。高湿条件下，病部产生大量灰白色霉状物。花蕾受害，导致花呈黄褐色枯萎，花柄发病后花朵萎蔫下垂，后期病组织表面产生灰白色霉层。幼果受害，果面出现褐色病斑，且病部有发酵气味的褐色黏液溢出；后期全果腐烂，失水后成为僵果。叶、花、果发病后，向下蔓延到嫩枝上，形成褐色溃疡斑，当病斑绕枝一周时，发病部位以上枝条枯死（彩图11-87～彩图11-89）。

病原及发生特点　花腐病是一种高等真菌性病害，由苹果链核盘菌（*Monilinia mali*）引起。病菌主要在落地病果、病叶和病枝上越冬，第二年春天条件适宜时产生大量病菌孢子，通过气流或风雨传播，侵染为害各种幼嫩组织。在嫩叶和花上的潜育期为6～7天，幼果上的潜育期为9～10天。苹果萌芽展叶期多雨低温是花腐病发生的主要条件；花期若低温多雨，花期延长，则幼果受害加重。海拔较高的山地果园、土壤黏重果园、排水不良果园均有利于病害发生。

防控技术

（1）搞好果园卫生　落叶后至芽萌动前，彻底清除树上、树下的病叶、病僵果及病枝，集中深埋或带到园外烧毁，消灭病菌越冬场所。早春进行果园深翻，掩埋残余病残体。往年病害严重果园，在苹果萌芽期地面喷洒1次戊唑·多菌灵、或甲硫·戊唑醇、或铜钙·多菌灵、或硫酸铜钙、或石硫合剂，防止越冬病菌产生孢子。另外，结合疏花、疏果，及时摘除病叶、病花、病果，集中销毁，减轻田间再次为害。

（2）生长期药剂防控　往年花腐病发生严重的果园，分别在萌芽期、初花期和盛花末期各喷药1次，即可有效防控该病的发生为害；受害较轻果园，只在初花期喷药1次即可。常用有效药剂有：戊唑·多菌灵、乙霉·多菌灵、甲硫·戊唑醇、甲基硫菌灵、多菌灵、异菌脲、腐霉利、嘧霉胺等。

二十、泡斑病

症状诊断　泡斑病只为害果实，在果实皮孔周围形成褐色至黑褐色病斑。初期在皮孔处产生水渍状、微隆起的淡褐色小泡斑，后病斑扩大、颜色变深、泡斑开裂、中部凹陷。病斑仅在表皮，有时可向果肉内扩展1～2毫米。严重时，一个果上生有百余个病斑（彩图11-90、彩图11-91）。

病原及发生特点　泡斑病是一种细菌性病害，由丁香假单胞杆菌（*Pseudomonas syringae* pv. *papulans*）引起。病菌主要在芽、叶痕及落地病果中越冬，生长季节依附于叶、果或杂草上存活，通过风雨传播，从气孔或皮孔侵染果实。多雨潮湿年份病害发生严重。该病对产量没有影响，仅导致商品价值显著降低。

防控技术　主要为药剂防控。一般从落花后半月左右开始喷药，10天左右1次，连喷2～3次。常用有效药剂主要有春雷霉素、噻唑锌、喹啉铜等；也可喷施低浓度硫酸铜钙，但硫酸铜钙在有些品种上可能会引起果锈。

二十一、青霉烂果病

症状诊断　青霉烂果病只为害果实，主要发生在采后贮运期，多以伤口为中心开始发病。初期病斑为淡褐色圆形或近圆形，扩展后呈淡褐色腐烂（湿腐），表面平或凹陷。条件适宜时，病斑扩展迅速，十多天即可导致全果呈淡褐色至黄褐色腐烂，腐烂果肉呈烂泥状，表面常有褐色液滴溢出，并有强烈的特殊霉味。潮湿条件下，随病斑扩展，表面从中央向外可逐渐产生小瘤状霉丛，该霉丛初为白色，渐变为灰绿色或青绿色，有时瘤状霉丛呈轮纹状排列，有时霉状物不呈丛状而呈层状。后期，病果失水干缩，果肉常全部消失，仅留一层果皮（彩图11-92、彩图11-93）。

病原及发生特点　青霉烂果病是一种高等真菌性病害，主要由扩展青霉（*Penicillium expansum*）和意大利青霉（*P. italicum*）引起。病菌均为弱寄生性真菌，可在多种基质上生存，无特定越冬场所。病菌孢子通过气流传播，主要从各种机械伤口（碰伤、挤压伤、刺伤、虫伤、雹伤等）侵染为害，病健果接触也可直接侵染。破伤果多少是影响病害发生轻重的主要因素，无伤果实很少发病。高温高湿条件有利于病害发生，但病菌耐低温，0℃时仍能缓慢发展。

防控技术

(1) 防止果实受伤　这是预防青霉烂果病的最根本措施。生长期注意防控蛀果害虫及鸟害；采收时合理操作，避免造成人为损伤；包装贮运前严格挑选，彻底剔除病、虫、伤果。

(2) 改善贮藏条件　贮果前进行场所消毒，清除环境中病菌。尽量采用单果隔离包装，防止贮运环境中的病害扩散蔓延。有条件的尽量采用气调贮藏及低温贮藏，以减轻病害发生。

(3) 药剂处理　包装贮运前果实消毒，能显著减轻贮运期的青霉烂果。一般使用抑霉唑或咪鲜胺药液浸果，浸泡1分钟左右后捞出、晾干，而后包装贮运。

二十二、褐斑病

症状诊断　褐斑病又称"绿缘褐斑病"，主要为害叶片、造成早期落叶，有时也可为害果实。

叶片发病后的主要症状特点是：病斑中部褐色，边缘绿色，外围变黄，病斑上产生许多小黑点，病叶极易脱落（彩图11-94）。

褐斑病在叶片上的症状根据表现特点可分为三种类型。

① 针芒型　病斑小，数量多，呈针芒放射状向外扩展，没有明显边缘，无固定形状，小黑点呈放射状排列或排列不规则。

② 同心轮纹型　病斑近圆形，较大，直径多为6～12毫米，边缘清楚，病斑上小黑点排列成近轮纹状。

③ 混合型　病斑大，近圆形或不规则形，中部小黑点呈近轮纹状排列或散生，边缘有放射状褐色条纹（彩图 11-95～彩图 11-97）。

果实多在近成熟期发病，病斑圆形、褐色，直径为 6～12 毫米，中部凹陷，上生小黑点，病果果肉呈褐色海绵状干腐（彩图 11-98）。

病原及发生特点　褐斑病是一种高等真菌性病害，由苹果盘二孢（*Marssonina mali*）引起。病菌主要在病落叶中越冬，第二年产生大量病菌孢子，借风雨进行传播，直接侵入叶片为害。树冠下部和内膛叶片最先发病，而后逐渐向上及外围蔓延。该病潜育期短，一般为 6～12 天（随气温升高潜育期缩短），在田间有多次再侵染。褐斑病发生轻重，主要取决于降雨，尤其是 5～6 月份的降雨情况，雨多、雨早病重，干旱年份病轻。另外，弱树、弱枝病重，壮树病轻；树冠郁蔽病重，通风透光病轻。多数苹果产区，6 月上中旬开始发病，7～9 月份为发病盛期。降雨多、防控不及时时，7 月中下旬即开始落叶，8 月中旬即可落去大半，导致树体发二次芽、长二次叶（彩图 11-99、彩图 11-100）。

防控技术　褐斑病防控以彻底清除落叶、加强栽培管理、增强树势为中心，以及时合理喷药防控为重点。

(1) 搞好果园卫生　落叶后至发芽前彻底清除树上、树下的病叶，集中深埋或销毁，并翻耕果园土壤，促进残碎病叶腐烂分解，铲除病菌越冬场所。

(2) 加强栽培管理　增施肥水，合理调整结果量，促使树势健壮，提高树体抗病能力。科学修剪，特别是及时进行夏剪，使树体及果园通风透光，降低园内湿度，可控制病害发生。土壤黏重或地下水位高的果园要注意排水，保持适宜的土壤含水量。

(3) 及时喷药防控　药剂防控的关键是首次喷药时间，应掌握在历年发病前 10 天左右开始喷药。第 1 次喷药一般应在 5 月底至 6 月上旬进行，以后每 10～15 天喷药 1 次，一般年份需喷药 3～5 次，在多雨年份或地区还要增喷 1～2 次。常用有效药剂有：戊唑•多菌灵、甲硫•戊唑醇、铜钙•多菌灵、戊唑醇、苯醚甲环唑、甲基硫菌灵、多菌灵、吡唑醚菌酯、代森锰锌（全络合态）、克菌丹、硫酸铜钙及波尔多液等。硫酸铜钙相当于工业化生产的波尔多粉，使用方便，喷施后不污染叶片、果面，并可与不含金属离子的非碱性药剂混合喷雾。硫酸铜钙、铜钙•多菌灵、波尔多液均属铜素杀菌剂，防控褐斑病效果好，但不宜在没有全套袋的苹果上使用（适用于全套袋苹果全套袋后喷施），否则可能会出现药害（彩图 11-101）。

喷药尽量掌握在雨前进行，并必须选用耐雨水冲刷的药剂，且喷药应均匀、周到，特别要喷洒到树冠内膛及中下部叶片。保护性杀菌剂与治疗性杀菌剂交替喷施效果较好。

二十三、斑点落叶病

症状诊断　斑点落叶病主要为害叶片，也可为害果实和一年生枝条。叶片受害，主要发生在嫩叶阶段，初期形成褐色圆形小斑点，直径 2～3 毫米；后逐渐扩大成褐色至红褐色病斑，直径 6～10 毫米或更大，边缘紫褐色，近圆形或不规则形，有时病斑呈同心轮纹状；病斑多时，常扩展连合，形成不规则形大斑，并常造成早期落叶。湿度大时，病斑表面可产生墨绿色至黑色霉状物。叶柄也可受害，形成褐色长条形病斑，易造成叶片脱落（彩图 11-102～彩图 11-106）。

果实受害，多形成褐色至黑褐色圆形凹陷病斑，直径多为 2～3 毫米。枝条受害，多发生于一年生枝上，形成灰褐色至褐色凹陷坏死病斑，直径 2～6 毫米，后期边缘常开裂（彩图 11-107）。

病原及发生特点 斑点落叶病是一种高等真菌性病害，由苹果链格孢霉强毒株系（*Alternaria mali* A.）引起。病菌对苹果叶片具有很强的致病力，叶片上具有 3～5 个病斑时即可引起病叶脱落。该病菌主要在落叶与枝条上越冬，翌年产生病菌孢子随气流及风雨传播，直接或从气孔侵染叶片进行为害。潜育期很短，1～2 天后即可发病，再侵染次数多，流行性很强。每年有春梢期（5 月初至 6 月中旬）和秋梢期（8～9 月份）两个为害高峰，也就是说有可能造成两次大量落叶。

斑点落叶病的发生轻重主要与降雨和品种关系密切，高温多雨时有利于病害发生，夏季降雨多发病重。另外，有黄叶病的叶片容易受害。元帅系品种最易感病，有些沿海地区富士系品种也容易受害。此外，树势衰弱、通风透光不良、地势低洼、地下水位高、枝细叶嫩及沿海地区等均易发病。

防控技术 斑点落叶病的防控关键，是在搞好果园管理的基础上应立足于早期药剂防控。春梢期防控病菌侵染、减少园内菌量，秋梢期防控病害扩散蔓延、避免造成早期落叶。

(1) 加强果园栽培管理 结合冬剪，彻底剪除病枝。落叶后至发芽前彻底清除落叶，集中烧毁，消灭病菌越冬场所。合理修剪，及时剪除夏季徒长枝，使树冠通风透光，降低园内小气候环境湿度。地势低洼、地下水位高的果园要注意排水。科学施肥，增强树势，提高树体抗病能力。

(2) 科学药剂防控 药剂防控是有效控制斑点落叶病为害的主要措施。关键要抓住两个为害高峰：春梢期从落花后即开始喷药（严重地区铃铛球期喷第 1 次药），10 天左右 1 次，需喷药 3 次左右；秋梢期根据具体情况，一般喷药 2 次左右即可控制该病为害（元帅系品种需喷药 2～3 次）。效果较好的药剂有：戊唑·多菌灵、甲硫·戊唑醇、戊唑醇、多抗霉素、异菌脲、苯醚甲环唑、克菌丹、代森锰锌（全络合态）等。雨前喷药效果好，但必须选用耐雨水冲刷药剂。

二十四、轮纹叶斑病

症状诊断 轮纹叶斑病主要为害叶片，从叶缘或叶中开始发生，初为褐色斑点，逐渐扩展成半圆形或近圆形病斑，具不明显同心轮纹。病斑较大，直径多

2～3厘米。潮湿时，病斑表面产生有黑褐色至黑色霉状物（彩图11-108、彩图11-109）。

病原及发生特点　轮纹叶斑病是一种高等真菌性病害，由苹果链格孢霉（*Alternaria mali*）引起。病菌主要在落叶上越冬，第二年越冬病菌产生孢子，通过风雨传播，直接或从伤口侵染叶片为害。该病多从8月份开始发生，多雨潮湿、树势衰弱常加重该病为害，但很少造成落叶。

防控技术　轮纹叶斑病属于零星发生病害，一般果园不需单独进行防控，在有效防控"斑点落叶病"的基础上兼防即可。

二十五、圆斑病

症状诊断　圆斑病主要为害叶片，也可为害果实和枝条。叶片受害，形成褐色圆形病斑，外围常有一紫褐色环纹，后期在病斑中部产生一个小黑点。果实受害，在果面上形成暗褐色圆形小斑，稍凸起，扩大后可达6毫米以上，边缘多不规则，后期表面散生出多个小黑点。枝条受害，形成淡褐色至紫色稍凹陷病斑，卵圆形或长椭圆形（彩图11-110）。

病原及发生特点　圆斑病是一种高等真菌性病害，由孤生叶点霉（*Phyllosticta solitaria*）引起。病菌主要以菌丝体和分生孢子器在落叶和枝条上越冬，翌年条件适宜时产生并释放出分生孢子，通过风雨传播进行侵染为害，田间有再侵染。多雨潮湿有利于病菌传播及病害发生，特别是5、6月份降雨影响较大。另外，果园管理粗放、树势衰弱、通风透光不良等均可加重病害发生。

防控技术　圆斑病属于零星发生病害，一般果园不需单独进行防控，在有效防控"褐斑病"的基础上兼防即可。

二十六、炭疽叶枯病

症状诊断　炭疽叶枯病主要为害叶片，常造成大量早期落叶，严重时还可为害果实。

叶片受害，初期产生深褐色坏死斑点，边缘不明显，扩展后形成褐色至深褐色病斑，圆形、近圆形、长条形或不规则形，病斑大小不等，外围常有黄色晕圈，病斑多时叶片很快脱落。在高温高湿的适宜条件下，病斑扩展迅速，1～2天内即可蔓延至整张叶片，使叶片变褐色至黑褐色坏死，随后病叶失水焦枯、脱落，病树2～3天即可造成大量落叶。环境条件不适宜时（温度较低或天气干燥），病斑扩展缓慢，形成大小不等的褐色至黑褐色枯死斑，且病斑较小，但有时单叶片上病斑较多，症状表现酷似褐斑病为害；该病叶在30℃下保湿1～2天后病斑上可产生大量淡黄色分生孢子堆，这是与褐斑病的主要区别（彩图11-111～彩图11-113）。

果实受害，初为红褐色小点，后发展为褐色圆形或近圆形病斑，表面凹陷，直径多为2毫米左右，周围有红褐色晕圈，病斑下果肉呈褐色海绵状，深约2毫米。后期病斑表面可产生小黑点，与炭疽病类似，但病斑小、且不造成果实腐烂（彩图11-114）。

病原及发生特点　炭疽叶枯病是一种高等真菌性病害，由胶孢炭疽菌（Colletotrichum gloeosporioides）引起。病菌可能主要以菌丝体在病落叶上越冬，也有可能在病僵果、果台枝及一年生衰弱枝上越冬。第二年条件适宜时产生大量病菌孢子，通过气流或风雨传播，从皮孔或直接侵染为害。一般条件下潜育期7天以上，但在高温高湿的适宜环境下潜育期很短，发病很快；试验条件下，30℃仅需2小时保湿就能完成侵染过程。该病潜育期短，再侵染次数多，流行性很强，特别在高温高湿环境下常造成大量早期落叶，导致树体二次发芽、开花。

降雨是炭疽叶枯病发生的必要条件，阴雨连绵易造成该病严重发生，特别是7～9月份的降雨影响最大。苹果品种间抗病性有很大差异，嘎啦、乔纳金、金冠、秦冠、陆奥最易感病，富士系、美国8号、藤木1号及红星系品种较抗病。地势低洼、树势衰弱、枝叶茂密、结果量过大等均可加重病害发生。

防控技术　以搞好果园卫生、加强栽培管理为基础，以感病品种及时喷药预防为保证。

（1）搞好果园卫生，消灭越冬菌源　落叶后至发芽前，先树上、后树下彻底清除落叶，集中销毁或深埋。感病品种果园在发芽前喷洒1次铲除性药剂，铲除残余病菌，并注意喷洒果园地面；如果当年病害发生较重，最好在落叶后冬前提前喷洒1次清园药剂。清园效果较好的药剂有硫酸铜钙、铜钙·多菌灵及1∶1∶100倍波尔多液等。

（2）加强栽培管理　增施农家肥等有机肥，按比例科学施用速效化肥及中微量元素肥料，培强树势，提高树体抗病能力。合理修剪，促使果园通风透光，雨季注意及时排水，降低园内湿度，创造不利于病害发生的环境条件。

（3）及时喷药预防　在7～9月份的雨季，根据天气预报及时在雨前喷药防病，特别是将要出现连阴雨时尤为重要，10天左右1次，保证每次出现超过2天的连阴雨前叶片表面都要有药剂保护。效果较好的药剂有：咪鲜胺、咪鲜胺锰盐、戊唑醇、多抗霉素、吡唑醚菌酯、戊唑·多菌灵、甲硫·戊唑醇、代森锰锌（全络合态）、克菌丹、硫酸铜钙、铜钙·多菌灵及波尔多液等。需要指出，硫酸铜钙、铜钙·多菌灵及波尔多液均为含铜杀菌剂，只建议在全套袋的苹果上使用。

二十七、白粉病

症状诊断　白粉病主要为害嫩梢及叶片，也可为害花、幼果和芽。其主要症状特点是在受害部位表面产生一层白粉状物。

新梢受害，由病芽萌发而成，嫩叶和枝梢表面覆盖一层白粉，病梢节间短、细弱；严重时，一个枝条上可有多个病芽萌发形成的病梢；梢上病叶狭长，叶缘上卷，扭曲畸形，质硬而脆；后期新梢停止生长，叶片逐渐变褐枯死、甚至脱落，形成干橛。适宜条件下，秋季病斑表面可产生许多黑色毛刺状物。嫩梢也可受害，表面产生白粉状物或黑色毛刺状物。展叶后受害的叶片，发病初期产生近圆形白色粉斑，病叶常皱缩扭曲，严重时全叶逐渐布满白色粉层，后期病叶表面也可产生黑色毛刺状物；病叶易干枯脱落。花器受害，花萼及花柄扭曲，花瓣细长瘦弱，病部表面产生白粉，病花很少坐果。幼果受害，多在萼凹处产生病斑，病斑表面布满白粉，后期病斑处表皮变褐（彩图11-115～彩图11-120）。

病原及发生特点 白粉病是一种高等真菌性病害，由白叉丝单囊壳（*Podosphaera leucotricha*）引起。病菌主要在病芽内越冬，第二年，病芽萌发形成病梢，产生大量病菌孢子，成为初侵染来源。病菌借气流传播，从气孔侵染幼叶、幼果、嫩芽进行为害。该病具有多次再侵染。白粉病主要侵害幼嫩叶片，一年有两个发病高峰，与新梢生长期相吻合，但以春梢生长期为害较重。秋季，病菌侵害芽，是导致病菌越冬的关键。

白粉病菌喜湿怕水，春季温暖干旱、夏季多雨凉爽、秋季晴朗，有利于病害的发生和流行；连续下雨会抑制白粉病的发生。一般在干旱年份的潮湿环境中发生较重。果园偏施氮肥或钾肥不足、种植过密、土壤黏重、积水过多常发病较重。

防控技术

（1）加强果园管理 采用配方施肥技术，增施有机肥及磷、钾肥，避免偏施氮肥。合理密植，及时修剪，控制灌水，创造不利于病害发生的环境条件。发病较重的果园，开花前、后及时巡回检查并剪除病梢，集中深埋或销毁，减少果园发病中心及菌量。

（2）药剂防控 一般果园在萌芽后开花前和落花后各喷药1次即可有效控制该病当年发生为害；严重果园，还需在落花后10～15天再喷药1次。连续几年发病均较重的果园，在秋季花芽分化期还应再喷药1～2次，防止病菌侵害芽。效果较好的药剂有：腈菌唑、烯唑醇、戊唑醇、苯醚甲环唑、乙嘧酚、戊唑·多菌灵、甲硫·戊唑醇、甲基硫菌灵、三唑酮等。

二十八、锈病

症状诊断 锈病主要为害叶片，也可为害果实、叶柄、果柄和新梢。发病后的主要症状特点是：病部橙黄色，组织肥厚肿胀，表面初生黄色小点（性子器），后渐变为黑色，后期病斑上产生黄色的长毛状物（锈子器）。

叶片受害，首先在叶正面产生有光泽的橙黄色圆斑，后病斑逐渐扩大，叶背面也逐渐隆起，叶正面外围呈现黄绿色或红褐色晕圈，表面产生橙色小粒点，并分泌黄褐色黏液；稍后黏液干涸，小粒点变为黑色；病斑逐渐肥厚，正面隆起，背面凹陷；最后，病斑背面丛生出许多淡黄褐色长毛状物。叶片上病斑多时，病叶扭曲畸形，易变黄早落（彩图11-121～彩图11-124）。

果实受害，症状表现及发展过程与叶片相似，初期病斑组织呈橘黄色肿胀，逐渐在肿胀组织表面产生颜色稍深的橘黄色小点，渐变黑色，后期在小黑点旁边产生黄色长毛状物。新梢、果柄、叶柄也可受害，症状表现与果实相似，但多为肿胀的纺锤形病斑（彩图11-125、彩图11-126）。

病原及发生特点　锈病是一种转主寄生型的高等真菌性病害，由山田胶锈菌（*Gymnosporangium yamadai*）引起，其转主寄主主要为桧柏。桧柏受害，主要在小枝上产生黄褐色至褐色的瘤状菌瘿。病菌在转主寄主上以瘤状物结构越冬。第二年春天，高湿条件下越冬菌瘿萌发，产生冬孢子角及冬孢子，冬孢子再萌发产生担孢子，担孢子经气流传播到苹果幼嫩组织上，从气孔侵染为害叶片、果实等。苹果发病后，先产生性孢子器（橘黄色小点）及性孢子、再产生锈孢子器（黄褐色长毛状物）及锈孢子，锈孢子经气流传播侵染桧柏，并在桧柏上越冬。该病没有再侵染，一年只发生一次（彩图11-127）。

锈病是否发生及发生轻重与桧柏远近及多少密切相关，若苹果园周围5千米内没有桧柏，则不会发生锈病。在有桧柏的前提下，苹果开花前后降雨情况是影响病害发生的决定因素，阴雨潮湿则病害发生较重。

防控技术

(1) 消灭或减少初侵染来源　彻底砍除果园周围5千米内的桧柏，或在苹果萌芽前剪除在桧柏上越冬的菌瘿；也可在苹果发芽前于桧柏上喷洒硫酸铜钙、或戊唑·多菌灵、或甲硫·戊唑醇、或石硫合剂，杀灭越冬病菌。

(2) 喷药保护苹果　往年锈病发生较重的果园，在苹果展叶至开花前、落花后及落花后半月左右各喷药1次，即可有效控制锈病的发生为害。常用有效药剂有：戊唑·多菌灵、甲硫·戊唑醇、腈菌唑、烯唑醇、戊唑醇、苯醚甲环唑、甲基硫菌灵、多菌灵、代森锰锌（全络合态）等。

(3) 喷药保护桧柏　不能砍除桧柏的地区，应对桧柏进行喷药保护。从苹果叶片背面产生黄褐色毛状物后开始在桧柏上喷药，10～15天后再喷洒1次，即可基本控制桧柏受害。有效药剂同苹果上用药。若在药液中加入石蜡油或有机硅等农药助剂，可显著提高喷药防控效果。

二十九、黑星病

症状诊断　黑星病主要为害叶片和果实，发病后的主要症状特点是在病斑表面产生墨绿色至黑色霉状物。叶片受害，正反两面均可出现病斑，病斑初为淡褐色，逐渐变为黑色，表面产生平绒状黑色霉层，圆形或放射状，直径3～6毫米。后期，病斑向上凸起，中央变灰色或灰黑色。病斑多时，叶片扭曲畸形，甚至早期脱落。果实受害，多发生在肩部或胴部，初为黄绿色，渐变为黑褐色至黑色，圆形或椭圆形，表面有黑色霉层。严重时，病部凹陷龟裂，病果变为凹凸不平的畸形果（彩图11-128～彩图11-131）。

病原及发生特点　黑星病是一种高等真菌性病害，由苹果黑星菌（*Venturia*

inaequalis）引起。病菌主要在落叶中和芽鳞内越冬，第二年生长季节产生大量病菌孢子，经气流或风雨传播，侵染幼叶、幼果。叶片和果实发病15天左右后，病斑上开始产生新的病菌孢子，该病菌孢子经风雨传播，进行再侵染。该病菌从落花后到果实成熟期均可进行为害，在果园内有多次再侵染。降雨早、雨量大的年份发病早且重，特别是5～6月份的降雨，是影响病害发生的重要因素；夏季阴雨连绵，病害流行快。苹果品种间感病差异明显，主要以小苹果类品种受害较重。

防控技术

(1) 搞好果园卫生　落叶后至发芽前，彻底清扫落叶，集中深埋或烧毁，避免病菌在其上越冬。不易清扫落叶的果园，发芽前使用硫酸铜钙、或代森铵、或10％硫酸铵溶液、或5％尿素溶液喷洒地面落叶，以杀死病叶中越冬的病菌。

(2) 生长期药剂防控　关键为喷药时期，落花后至春梢停止生长期最为重要，应根据降雨情况及时喷药防控。10～15天1次，严重地区应连续喷施3～5次。雨前喷药效果最好，但必须选用耐雨水冲刷药剂。前期（幼果期）可选用的有效药剂有：腈菌唑、氟硅唑、烯唑醇、戊唑醇、苯醚甲环唑、戊唑·多菌灵、甲硫·戊唑醇、甲基硫菌灵、多菌灵、吡唑醚菌酯、代森锰锌（全络合态）、克菌丹等；后期除前期有效药剂可继续选用外，还可选用硫酸铜钙、铜钙·多菌灵及波尔多液等铜素杀菌剂。

三十、白星病

症状诊断　白星病主要为害叶片，多在秋季发生。病斑圆形或近圆形，灰白色，稍凹陷，直径2～3毫米，有较细的褐色边缘，后期表面散生出许多小黑点。常多个病斑散生，严重时也可造成部分叶片脱落（彩图11-132）。

病原及发生特点　白星病是一种高等真菌性病害，由蒂地盾壳霉（*Coniothyrium tirolensis*）引起。病菌主要在落叶上越冬。第二年产生病菌孢子，通过风雨传播，主要从伤口侵染叶片为害。管理粗放、树势衰弱、地势低洼的果园发生较重。

防控技术

(1) 加强果园管理　落叶后至发芽前彻底清除树上、树下的病残落叶，搞好果园卫生。增施农家肥等有机肥，科学配合使用速效化肥。合理调整结果量，合理修剪，低洼果园注意及时排水。

(2) 适当药剂防控　该病一般不需单独药剂防控，个别受害严重果园从发病初期开始喷药，10～15天1次，连喷2次左右即可。常用有效药剂有：戊唑醇、苯醚甲环唑、戊唑·多菌灵、甲硫·戊唑醇、甲基硫菌灵、多菌灵、吡唑醚菌酯、代森锰锌（全络合态）、克菌丹等；全套袋果园还可选用硫酸铜钙、铜钙·多菌灵等含铜制剂。

三十一、花叶病

症状诊断 花叶病主要在叶片上表现明显症状，其主要症状特点是：在绿色叶片上产生褪绿斑块，使叶片颜色浓淡不均，呈现"花叶"状。花叶的具体表现主要有四种类型。

(1) 轻型花叶型 叶片上有许多小的褪绿斑块，高温季节症状可以消失（彩图11-133）。

(2) 重型花叶型 叶片上有较大的褪绿斑块，甚至枯死斑，高温季节症状不能消失（彩图11-134）。

(3) 黄色网纹型 叶片褪绿主要沿叶脉发生，叶肉仍保持绿色（彩图11-135）。

(4) 环斑型 叶片上产生圆形或近圆形褪绿环斑（彩图11-136）。

病原及发生特点 花叶病是一种全株型病毒性病害，由苹果花叶病毒（Apple mosaic virus，ApMV）引起。病树全株都带有病毒，终生受害。主要通过嫁接传播，无论接穗还是砧木带毒均能传病。轻病树对树体影响很小，重病树结果率降低、甚至丧失结果能力。

防控技术 花叶病防控的最根本措施就是培育和利用无病毒苗木或接穗，苗圃内发现病苗，彻底拔除销毁。严禁在病树上嫁接繁育新品种，并禁止在病树上取接穗进行品种扩繁。轻病树，加强肥水管理，增施有机肥，适当重剪，增强树势，可减轻病情为害。对于丧失结果能力的重病树，及时彻底刨除。

三十二、锈果病

症状诊断 锈果病主要在果实上表现明显症状，常见有三种症状类型。

(1) 锈果型 典型症状特点：从萼洼处开始，向梗洼方向呈放射状产生锈色条纹，该条纹由表皮细胞木栓化形成，多为不规则形，典型的与心室相对应。严重病果，后期果面龟裂，果实畸形，果肉僵硬，失去食用价值（彩图11-137~彩图11-139）。

(2) 花脸型 病果着色后表现明显症状，在果面上散生许多不着色的近圆形黄绿色斑块，使果面呈红绿相间的"花脸"状。不着色部分稍凹陷，果面略显凹凸不平（彩图11-140）。

(3) 混合型 病果着色前，在萼洼附近产生锈色斑块或锈色条纹；着色后，在没有锈斑或条纹的地方或锈斑周围产生不着色的斑块而呈"花脸"状（彩图11-141）。

另外，在黄色的苹果品种上，还可形成绿点型症状，即在果实表面产生多个绿色或深绿色斑块，且该斑块稍显凹陷（彩图11-142）。

病原及发生特点 锈果病是一种全株性的类病毒病害，由苹果锈果类病毒（Apple scar skin viroid，ASSVd）引起。病树全株带毒、终生受害，全树果实发病。在果园内主要通过嫁接（无论接穗带毒还是砧木带毒均可传病）和病健根接触传播，也有可能通过修剪工具接触传播。梨树是该病的带毒寄主，但不表现明显症状，可通过根接触传染苹果。远距离传播主要通过带病苗木的调运。

防控技术　锈果病目前还没有切实有效的治疗方法，主要应立足于预防。培育和利用无病苗木或接穗，禁止在病树上选取接穗及在病树上扩繁新品种，是防止该病发生与蔓延的根本措施。

新建果园时，避免苹果、梨混栽。发现病树后，应立即彻底刨除，防止扩散蔓延；不能立即刨除时，应挖封锁沟进行隔离。着色品种的病树，实施果实套纸袋，可显著减轻果实受害程度。果园做业时，病、健树应分开修剪，避免使用修剪过病树的工具修剪建树，防止可能的病害传播。

三十三、缺钙症

症状诊断　缺钙症主要表现在果实上，根据表现特点可分为痘斑型、苦痘型、糖蜜型、水纹型和裂纹型五种类型。

(1) 痘斑型　在果面上产生褐色凹陷坏死干斑，直径 2～4 毫米，常许多病斑散生，病斑下果肉坏死干缩呈海绵状，病变只限浅层果肉，味苦（彩图 11-143）。

(2) 苦痘型　特点与痘斑型相似，只是病斑较大，直径达 6～12 毫米，多发生在果实萼端及胴部，一至数个散生。套袋富士发生较多（彩图 11-144）。

(3) 糖蜜型　俗称"蜜病"、"水心病"。病果表面出现水渍状斑点或斑块；剖开病果，果肉内散布许多水渍状半透明斑块，或果肉大部呈水渍半透明状，似"玻璃质"。病果"甜"味增加（彩图 11-145、彩图 11-146）。

(4) 水纹型　病果表面产生许多小裂缝，裂缝表面木栓化，似水波纹状。有时裂缝以果柄或萼洼为中心，似呈同心轮纹状。裂缝只在果皮及表层果肉，一般不深入果实内部。富士苹果发病较重（彩图 11-147）。

(5) 裂纹型　症状表现与水纹型相似，只是裂缝少而深，且排列没有规则（彩图 11-148）。

有时在一个病果上同时出现两种或多种症状类型（彩图 11-149）。

病因及发生特点　缺钙症是一种生理性病害，表面原因是果实缺钙，其根本原因是长期使用化肥、极少使用有机肥与农家肥、土壤严重瘠薄及过量使用氮肥。果实套袋往往可以加重缺钙症的表现。

防控技术　缺钙症防控的根本措施，是以增施有机肥、农家肥与钙肥、改良土壤为基础，配合以生长期喷施速效钙肥。

(1) 加强栽培管理　增施粗肥、农家肥等有机肥及微生物菌肥，配合施用复合肥及磷、钙肥，避免偏施氮肥，以增加土壤有机质及钙素含量。合理修剪，使果实适当遮阴。科学调整结果量。适当推迟果实套袋时间，促使果皮老化。

(2) 喷施速效钙肥　果实根外补钙的最佳有效时间是落花后 3～6 周，一般应喷施速效钙肥 2～4 次。速效钙肥的优劣主要从两个指标考量，一是有效钙的含量多少，二是钙素是否易被果实吸收。效果较好的钙肥是以无机钙盐为主要成分的固体钙肥，这类钙肥含钙量相对较高、且易被吸收利用。目前生产中常用的补钙效果较好的速效钙肥有佳实百、速效钙、高效钙、美林钙等。

三十四、黄叶病

症状诊断　黄叶病主要在叶片上表现症状，尤以新梢叶片受害最重。初期，叶肉变黄，叶脉仍保持绿色，使叶片呈绿色网纹状；随病情加重，除主脉及中脉外，细小支脉及绝大部分叶肉全部褪绿成黄绿色或黄白色，新梢上部叶片大都变黄；严重时，病叶全部呈黄白色，叶缘开始变褐枯死，甚至新梢顶端枯死、呈现枯梢现象（彩图 11-150～彩图 11-152）。

病因及发生特点　黄叶病是一种生理性病害，由树体缺铁造成，即土壤中缺少苹果树可以吸收利用的铁素。盐碱地或碳酸钙含量高的土壤容易缺铁；大量使用化肥，土壤板结的地块容易缺铁；土壤黏重，排水不良，地下水位高，容易导致缺铁；根部、枝干有病或受损伤时，影响铁素的吸收传导，树体容易表现缺铁症状。

防控技术

（1）加强栽培管理　增施农家肥、绿肥等有机肥及微生物菌肥，改良土壤，使土壤中的不溶性铁转化为可溶性态，以便树体吸收利用。结合施用有机肥土壤混施二价铁肥，补充土壤中的可溶性铁含量。盐碱地果园适当灌水压碱，并种植深根性绿肥。

（2）树上喷铁　发现黄叶病后及时喷铁治疗，7～10 天 1 次，直至叶片完全变绿为止。常用有效铁肥有：黄腐酸二胺铁、铁多多、黄叶灵、0.25%～0.3%硫酸亚铁＋0.05%柠檬酸＋0.2%尿素的混合液等。

三十五、小叶病

症状诊断　小叶病的症状主要表现在枝梢和叶片上。病枝节间短，叶片小而簇生，叶形狭长，质地脆硬，叶缘上卷，叶片不平展；严重时病枝可能枯死。病枝短截后，下部萌生枝条仍表现小叶。病树长势衰弱，发枝力低，树冠不能扩展，显著影响产量（彩图 11-153）。

病因及发生特点　小叶病是一种生理性病害，由树体缺锌引起。沙地、碱性土壤及瘠薄地果园容易缺锌，长期施用速效化肥、土壤板结影响锌的吸收利用，土壤中磷酸过多可抑制根系对锌的吸收，钙、磷、钾比例失调时影响锌的吸收利用。

防控技术

（1）加强果园栽培管理　增施农家肥、绿肥等有机肥及微生物菌肥，并配合施用锌肥，改良土壤。沙地、盐碱土壤及瘠薄地，在增施有机肥的同时，还要注意协调氮、磷、钾、钙的比例。与有机肥混合施用锌肥时，一般每株需埋施硫酸锌 0.5～0.7 千克。

（2）及时树上喷锌 对于小叶病树，萌芽期喷施 1 次 3％～5％硫酸锌溶液，开花初期再喷施 1 次 0.2％硫酸锌＋0.3％尿素混合液、或氨基酸锌 300～500 倍液、或锌多多 500～600 倍液，可基本控制小叶病的当年为害。

三十六、缩果病

症状诊断 缩果病主要在果实上表现明显症状，分为果面干斑和果肉木栓两种类型。

（1）果面干斑型 落花后半月左右开始发生，初产生近圆形水渍状斑点，皮下果肉呈水渍状半透明，有时表面可溢出黄色黏液。后期病斑干缩凹陷，果实畸形，果肉变褐色至暗褐色。重病果很小，或在干斑处开裂（彩图 11-154）。

（2）果肉木栓型 落花后 20 天至采收前陆续发病。初期果肉内产生水渍状小斑点，逐渐变为褐色海绵状，且多呈条状分布。幼果发病，果实畸形，易早落；后期发病，果形变化较小，手握有松软感（彩图 11-155、彩图 11-156）。

病因及发生特点 缩果病是一种生理性病害，由硼素供应不足引起。沙质土壤、碱性土壤、土壤干旱、有机肥使用量过少、土壤瘠薄及大量元素化肥（氮、磷、钾）使用量过多等，均可导致或加重该病的发生。

防控技术

（1）加强栽培管理 增施农家肥等有机肥及微生物菌肥，改良土壤，科学施用大量元素化肥及中微量元素肥料，注意果园及时浇水。

（2）根施硼肥 结合施用有机肥根施硼肥，一般每株根施硼砂 50～125 克、或硼酸 20～40 克，施后立即灌水。

（3）树上喷硼 在开花前、花期及落花后各喷施 1 次速效硼肥，如：硼酸、硼砂、佳实百、加拿枫硼等。沙质土壤、碱性土壤树上喷硼效果更好。

三十七、霜环病

症状诊断 霜环病仅在果实上表现症状，主要是落花后的幼果期受害，具体症状特点因受害轻重程度及受害时期早晚不同而有差异。发病初期，幼果萼端出现环状缩缩，继而形成月牙形凹陷，逐步扩大为环状凹陷，深紫红色，皮下果肉深褐色，后期表皮木栓化，木栓化组织典型的呈环状，受害较轻时不能闭合，有时木栓化处产生裂缝。病果容易脱落，少数受害较轻果实能够继续生长至成熟，但在成熟果萼端留有木栓状环斑、或环状坏死斑。有时在幼果胴部形成环状凹陷，并在凹陷处形成果皮木栓化状锈斑（彩图 11-157、彩图 11-158）。

病因及发生特点 霜环病是一种生理性病害，由落花后的幼果遭受低温冻害引起，冻害严重时幼果早期脱落，轻病果逐渐发育成霜环病。苹果终花期后 7～10 天如遇低于 3℃ 的最低气温，幼果即可能受害，且幼果期持续阴雨低温常加重病害的发生发展。

霜环病能否发生与落花后幼果是否与春季低温相重合有关。若低温发生较早，则造成冻花。另外，果园管理粗放、土壤有机质贫乏，病害常发生较重；地势低洼果园容易遭受冻害。

防控技术　加强栽培管理，增施农家肥等有机肥，培育壮树，提高幼果抗逆能力。容易发生霜环病的果园或果区，在苹果落花至幼果期，随时注意天气变化及预报，一旦有低温寒流警报，应及时采取熏烟或喷水等措施进行预防。另外，在开花前、后喷施丙酰芸苔素内酯，能在一定程度上提高幼果抗冻能力，减轻霜环病发生。

三十八、日灼病

症状诊断　日灼病又称"日烧病"，主要发生在果实上。初期，果实向阳面果皮呈灰白色至苍白色，有时外围有淡红色晕圈；进而果皮变褐色坏死，坏死斑外有红色晕圈；后期，由于杂菌感染，病斑表面常有黑色霉状物。日灼病斑多为圆形，平或稍凹陷，只局限在果肉浅层（彩图 11-159～彩图 11-162）。

病因及发生特点　日灼病是一种生理性病害，由阳光过度直射造成。在炎热的夏季，高温干旱、果实无枝叶遮阴是导致该病发生的主要因素；套袋果摘袋时温度偏高，也常造成套袋果的日灼病。

防控技术　合理修剪，避免修剪过度，使果实能够有枝叶遮阴。夏季注意及时浇水，保证土壤水分供应，使果实含水量充足，提高果实耐热能力。夏季适当喷施尿素（0.3%）、磷酸二氢钾（0.3%）等叶面肥，增强果实耐热能力。套袋果摘袋时采用二次脱袋技术，逐渐提高果实的适应能力。

三十九、裂果症

症状诊断　裂果症主要发生在膨大期后的果实上。果面产生一至多条裂缝，裂缝深达果肉内部。一般不诱发杂菌的继发侵染，但对果品质量影响较大（彩图 11-163）。

病因及发生特点　裂果症相当于生理性病害，主要由水分供应失调引起。特别是前旱后涝该症发生较多，富士、国光容易受害，钙肥缺乏常可加重裂果发生。

防控技术　增施绿肥、农家肥等有机肥及钙肥。干旱季节及时灌水，雨季注意排水，保证树体水分供应基本平衡。结合缺钙症防控，适当喷施速效钙肥。

四十、衰老发绵

症状诊断　衰老发绵仅发生在果实上，病果果肉松软，风味变淡，发绵少汁。

发病初期，果面上出现多个边缘不明显的淡褐色小斑点，后斑点逐渐扩大，形成圆形或近圆形淡褐色至褐色病斑，表面稍凹陷，边缘不清晰，病斑下果肉呈淡褐色崩溃，病变果肉形状多不规则、没有明显边缘。随病变进一步加重，表面病斑扩大、联合，形成不规则形褐色片状大斑，凹陷明显，皮下果肉病变向深层扩展，形成淡褐色至褐色大面积果肉病变。后期，整个果实及果肉内部全部发病，失去食用价值（彩图 11-164、彩图 11-165）。

病因及发生特点　衰老发绵是一种生理性病害，由果实过度成熟、衰老所致，随果实成熟度的增加病情逐渐加重。该病的发生与否及发生轻重不同品种间存在很大差异，早熟及中早熟品种发病较多。有机肥施用偏少、速效化肥使用量较多且各成分间比例失调、土壤干旱等，均可显著加重病害发生程度。据田间试验，增施钙肥能够在一定程度上减轻病害发生。

防控技术　加强栽培管理，增施农家肥等有机肥，按比例科学施用氮、磷、钾肥及中微量元素肥料，适当增施钙肥，干旱季节及时浇水，提高果实的自身保鲜能力。选择较抗病品种，并根据品种特点，适时采收，避免果实成熟过度。

四十一、药害

症状诊断　药害可发生在苹果树地上部的各个部位，以叶、果发生最普遍。萌芽期造成药害，不发芽或发芽晚，且发芽后叶片多呈畸形状。叶片生长期发生药害，因导致药害的原因不同而症状表现各异。药害轻时，叶片背面叶毛呈褐色枯死，在容易积累药液的叶尖及叶缘部分常受害较重；药害严重时，叶尖、叶缘甚至全叶变褐枯死。有时叶片上形成许多枯死斑。有时叶片扭曲畸形，或呈丛生皱缩状，且厚、硬、脆（彩图 11-166～彩图 11-171）。

果实发生药害，轻者形成果锈，或影响果实着色；在容易积累药液部位，常造成局部果皮硬化，后期多发展成凹陷斑块或凹凸不平，甚至导致果实畸形。严重时，造成果实局部坏死，甚至开裂（彩图 11-172～彩图 11-176）。

枝干发生药害，造成枝条生长衰弱或死亡，甚至全树枯死（彩图 11-177）。

病因及发生特点　药害相当于生理性病害，主要是由化学药剂使用不当造成的。如药剂使用浓度过高、喷洒药液量过大、局部积累药液过多、有些药剂安全性较低、药剂混用不合理、用药过程中保护不够、用药错误等。另外，多雨潮湿、高温干旱、树势衰弱、不同生育期等环境条件和树体本身状况也与药害发生有密切关系。

防控技术　防止药害发生的关键是正确使用各种化学农药，即在正确识别和选购农药的基础上，科学使用农药，合理混用农药，根据苹果生长发育特点及环境条件合理选择优质安全有效药剂等。另外，加强栽培管理，增强树势，提高树体的抗药能力，也可在一定程度上降低药害的发生程度。

第二节　主要害虫防控技术

为害苹果的害虫种类很多，据记载有 700 多种，我国经常发生并可以造成一定损失的约有 30 余种，基本可以归纳为蛀果害虫类（食心虫类）、潜叶蛾类、蚜虫类、叶螨类、卷叶蛾类、食叶毛虫类、刺蛾类、金龟子类、介壳虫类、蛀干害虫类及蝉类等。

一、桃小食心虫

危害特点　桃小食心虫（*Carposina sacakii*）简称"桃小"，以幼虫蛀果为害果实。被害果在幼虫蛀果后不久，可从入果孔处留出泪珠状胶质点。随果实生长，入果孔愈合成小黑点，周围果皮略呈凹陷。幼虫入果后在皮下串食果肉，果面显出凹陷的潜痕，果实变形，形成"猴头"状畸形果。被害果内充满虫粪，形成"豆沙馅"。幼虫老熟后，在果面咬一明显的孔洞而脱果（彩图 11-178～彩图 11-180）。

形态特征　成虫体长 5～8 毫米，灰白色至灰褐色，前翅中部有一个带光泽的近三角形蓝黑色大斑，基部及中部有 7 簇斜立的蓝褐色鳞片丛。幼虫老熟时体长 9～16 毫米，头和前胸盾黄褐色，胸、腹部橙红色（彩图 11-181）。

发生习性　桃小食心虫 1 年发生 1～2 代，以老熟幼虫在 3～13 厘米的土层中做茧越冬。平地果园多集中在靠近主干周围的土中。第二年 5 厘米地温达 19℃ 以上、且土壤具有一定湿度时开始出土，浇地后或下雨后形成出土高峰。幼虫出土后先在地面爬行一段时间，而后在土缝、树干基部缝隙及树叶下等处结纺锤形夏茧化蛹。蛹期半月左右。成虫羽化后 2 天左右开始产卵，卵多产于果实萼洼处，也可产在萼片上或梗洼处，卵期 6～8 天。初孵幼虫在果面爬行 2～3 小时后，多从胴部蛀入果内为害。幼虫老熟后脱果落地，8 月中旬前脱果的，大部分做夏茧，并化蛹、羽化、产卵、孵化，继续为害，以第 2 代幼虫做茧越冬；8 月中旬以后脱果的，直接入土做冬茧越冬。

成虫白天不活动，深夜活泼，无趋光性和趋化性。雄蛾对桃小性引诱剂有极强的趋性。

防控技术

(1) 地面药剂防控　从越冬幼虫开始出土时进行地面用药，使用毒死蜱、或辛硫磷、或毒·辛药液均匀喷洒树下地面，喷湿表层土壤，然后耙松土壤表层，杀灭越冬代幼虫。

一般 5 月中旬后果园下透雨后或浇灌后，是地面防控桃小食心虫的关键期。也可利用桃小性引诱剂测报，决定施药适期，当诱到第一头雄蛾时即为地面用药时期。

（2）诱杀雄成虫　从 5 月中下旬开始在果园内悬挂桃小的性引诱剂，每亩 2～3 粒，诱杀雄成虫。1.5 个月左右更换 1 次诱芯。对于周边没有果园的孤立苹果园，该项措施即可基本控制桃小的为害。但对于非孤立的苹果园，不能进行彻底诱杀，只能用于虫情测报，以决定喷药时间（彩图 11-182）。

（3）树上喷药防控　地面用药后 20～30 天树上进行喷药防控，或在卵果率 0.5%～1%、初孵幼虫蛀果前树上喷药；也可通过性诱剂测报，在出现诱蛾高峰时立即喷药。防控第二代幼虫，需在第一次喷药 35～40 天后进行。5～7 天 1 次，每代均应喷药 2～3 次。效果较好的药剂有：高效氯氰菊酯、高效氯氟氰菊酯、联苯菊酯、辛硫磷、阿维菌素、甲氨基阿维菌素苯甲酸盐、氯虫苯甲酰胺等。要求喷药必须及时、均匀、周到。

（4）果实套袋　及早实施果实套袋，可基本避免桃小的为害。

二、梨小食心虫

危害特点　梨小食心虫（*Grapholitha molesta*）简称"梨小"，主要以幼虫蛀果为害。幼虫多从两果相贴或萼洼、梗洼、果面处蛀入，先在蛀孔皮下浅处取食果肉，然后直达果心食害种子。蛀孔处排出大量虫粪，孔周围多变黑褐色腐烂，并逐渐扩大、凹陷。早期受害果容易脱落（彩图 11-183、彩图 11-184）。

形态特征　成虫体长 6～7 毫米，前翅黑褐色，前缘有 7～10 组白色短线纹，翅外缘中部有一灰白色小斑点，近外缘处有 10 个黑色小斑。幼虫老熟时体长 10～13 毫米，黄白色或粉红色（彩图 11-185、彩图 11-186）。

发生习性　梨小食心虫在北方果区 1 年发生 3～5 代，均以老熟幼虫在树体枝干翘皮下、裂缝内及树干基部周围的土内、杂草落叶内结茧越冬。第二年春树液开始流动时越冬幼虫开始化蛹、羽化。越冬代成虫发生盛期多在苹果开花期。第 1、2 代幼虫主要为害桃梢，第 3 代及以后幼虫以为害果实为主，其中第 3 代为害果实最重。完成一代约需 20～40 天。

梨小食心虫成虫白天潜伏，傍晚开始活动，并交尾、产卵。成虫对糖醋液、黑光灯有很强的趋性，雄蛾对性引诱剂趋性强烈。雨水多、湿度大的年份有利于成虫产卵，梨小发生为害严重；与桃树混栽或相邻的苹果园梨小发生量大。

防控技术　以防控越冬幼虫和被害桃梢为基础，辅以诱杀成虫，并与喷药保护果实相结合。

（1）诱杀越冬幼虫　在越冬幼虫下树前（9 月底或 10 月初），于树干上捆绑草环、麻袋片或专用诱捕纸板，诱集幼虫潜入越冬，然后在封冻前取下烧毁。

（2）铲除越冬虫源　发芽前，彻底刮除主干、主枝上的粗皮、翘皮，破坏害虫越冬场所，并将刮下的树皮组织集中烧毁或深埋。同时，清除果园内的（特别是树冠下的）杂草、落叶。然后全园喷施 1 次石硫合剂等药剂，消灭残余越冬幼虫。

(3) 及时剪除被害桃梢 梨小的第1、2代幼虫主要为害桃梢，及时剪除被害桃梢、集中销毁，对后期防控果实受害具有重要作用。

(4) 诱杀成虫 利用成虫对黑光灯、糖醋液的趋性，在果园内设置黑光灯或频振式诱虫灯、或糖醋液诱蛾盆诱杀成虫。糖醋液配方为：糖：醋：水：酒＝4：2：4：0.5。另外，也可使用梨小性引诱剂诱杀雄蛾（彩图11-187）。

(5) 适期喷药防控 药剂防控的关键是喷药时期。可结合诱杀成虫进行测报，在每次诱蛾高峰后2～3天各喷药1次，即可有效防控梨小为害果实。常用有效药剂有：高效氯氰菊酯、高效氯氟氰菊酯、联苯菊酯、阿维菌素、甲氨基阿维菌素苯甲酸盐、氯虫苯甲酰胺等。喷药时必须及时、均匀、周到。

(6) 其他措施 实施果实套袋，阻止梨小对果实的为害。新建果园时，避免苹果与桃树混栽，并尽量远离桃树，以降低梨小为害程度。

三、苹果蠹蛾

危害特点 苹果蠹蛾（*Cydia pomonella*）是一种检疫性害虫，以幼虫蛀果进行为害，取食果肉及种子。受害果实表面常有多个虫孔，也有时果面仅留一点状伤疤。幼虫入果后直接向果心蛀食。果实被害后，蛀孔外部逐渐排出黑褐色虫粪，为害严重时常造成大量落果（彩图11-188）。

形态特征 成虫体长8毫米，翅展15～22毫米，体灰褐色；前翅臀角处有深褐色椭圆形大斑，内有3条青铜色条纹，翅基部颜色为浅灰色；后翅黄褐色，前缘成弧形突出。老熟幼虫体多为淡红色，体长14～18毫米，头部黄褐色，前胸盾片淡黄色。蛹黄褐色，体长7～10毫米。卵扁平椭圆形，中部略隆起，初产时半透明，孵化前能透见幼虫（彩图11-189～彩图11-192）。

发生习性 苹果蠹蛾在新疆地区1年发生2～3代，以老熟幼虫在树干粗皮裂缝内、翘皮下、树洞中及主枝分杈处缝隙内结茧越冬。翌年春季日均气温高于10℃时开始化蛹，日均温16～17℃时进入成虫羽化高峰。在新疆地区3个世代的成虫发生高峰分别出现在5月上旬、7月中下旬和8月中下旬，有世代重叠现象。成虫有趋光性。卵散产于叶片背面和果实上。初孵幼虫先在果面上爬行，寻找适宜处蛀入果内。幼虫有转果为害习性，有时一个果实内同时有几头幼虫为害。老熟幼虫脱果后爬到树干缝隙处或地上隐蔽物下及土中结茧化蛹。

防控技术

(1) 加强检疫 苹果蠹蛾是重要的检疫性害虫，主要通过果品及果品包装物随运输工具远距离传播，为防止害虫从疫区向外传播蔓延，应加强产地检疫，杜绝被害果实外运。

(2) 人工防控 在成虫产卵前果实套袋；树干上绑缚草绳或瓦楞纸等诱虫带诱杀老熟幼虫；果实生长期及时摘除树上虫果并捡拾落地果，集中销毁；苹果发芽前刮除枝干粗翘皮，破坏害虫越冬场所。

（3）**性诱剂诱杀或迷向**　利用苹果蠹蛾性引诱剂诱杀雄蛾，或利用迷向丝迷向干扰雌雄交配。

（4）**灯光诱杀**　利用成虫的趋光性，在果园内设置黑光灯或频振式诱虫灯，诱杀苹果蠹蛾成虫。灯光诱杀适合于大面积联合使用。

（5）**化学药剂防控**　喷药关键期是在每代卵孵化至初龄幼虫蛀果前。利用性引诱剂诱捕器进行虫情测报，当观察到成虫羽化高峰时及时指导喷药。效果较好的药剂有：氯虫苯甲酰胺、阿维菌素、甲氨基阿维菌素苯甲酸盐、溴氰菊酯、高效氯氰菊酯、高效氯氟氰菊酯等。害虫发生严重果园，每代喷药2次，间隔期10天左右。

四、棉铃虫

危害特点　棉铃虫（*Helicoverpa armigera*）主要以幼虫蛀果为害，形成大孔洞，导致受害果腐烂、早落或失去商品价值。棉铃虫具有转果为害习性，1头幼虫可钻蛀多个果实（彩图11-193）。

形态特征　成虫体长14～18毫米，灰褐色，前翅有黑色的环状斑和肾状纹。老熟幼虫体长30～42毫米，体色差异很大，分为红褐色型、黄白色型、淡绿色型和绿色型四种。红褐色型：背部有淡褐色纵条纹，气门线白色，毛突黑色；黄白色型：背部有绿色纵条纹，气门线白色，毛突黄白色；淡绿色型：背部淡绿色纵条纹不明显，气门线白色，毛突绿色；绿色型：背部有深绿色纵条纹，气门线淡黄色，体表满布褐色和灰色小刺（彩图11-194、彩图11-195）。

发生习性　棉铃虫在北方苹果产区1年发生4代，以蛹在土壤中越冬。第二年气温达15℃以上时开始羽化，华北地区5月上中旬为羽化盛期。卵散产在嫩叶或果实上，卵期3～4天。初龄幼虫啃食嫩叶，2龄后开始蛀果为害。在北方果区，各代幼虫发生期一般为5月中旬至6月上旬、6月下旬至7月上旬、7月下旬至8月上旬、8月下旬至9月中旬；其中第一、二代发生比较整齐，第三、四代比较混乱。一般从第2代开始，果实受害逐渐加重。

成虫昼伏夜出，对黑光灯趋性强，萎蔫的杨树、柳树枝对成虫有较强的诱集作用。

防控技术

（1）**诱杀成虫**　在果园内设置黑光灯、频振式诱蛾灯，诱杀棉铃虫成虫。设置棉铃虫性引诱剂诱捕器，诱杀（雄）成虫。利用杨树、柳树枝把诱蛾，方法为：把50～60厘米长的杨树或柳树枝8～10根捆成一把，上部捆紧，下部绑一根木棍，将木棍插入土中，每10～15米设置一个，每天早晨捕杀成虫，10～15天换一次树把。

（2）**适期喷药防控**　根据诱蛾测报，成虫发生高峰期后2～3天是喷药防控的最佳时期；一般果园也可掌握在幼虫发生初期开始喷药。每代幼虫喷药1～2次即可，上午10点前喷药效果最好。常用有效药剂有：阿维菌素、甲氨基阿维菌素苯甲酸盐、氯虫苯甲酰胺、氟虫双酰胺、甲氧虫酰肼、灭幼脲、高效氯氰菊酯、甲氰菊酯、高效氯氟氰菊酯、阿维·氟酰胺等。喷药时，若在药液中混加有机硅类农药助剂，可显著提高杀虫效果。注意不同药剂交替或混合使用，以防止害虫产生抗药性。

（3）果实套袋　套袋后的果实，可免遭棉铃虫的为害。

五、苹果棉蚜

危害特点　苹果棉蚜（*Eriosoma lanigerum*）主要群集在剪锯口、病虫伤疤周围、主干与主枝树皮裂缝内、枝条叶柄基部和根部吸食汁液为害，受害部位组织肿胀，常形成大小和形状不同的肿瘤，且肿瘤易破裂。受害部位表面覆盖一层蜡质或白色绵状物是该虫为害的主要识别特点。严重时果实也可受害，主要集中在萼洼和梗洼处，影响果品质量（彩图 11-196～彩图 11-199）。

形态特征　无翅胎生雌蚜体长 2 毫米左右，体红褐色，腹部背面覆盖白色棉毛状物；有翅胎生雌蚜体稍短，腹部白色棉毛状物较少（彩图 11-200）。

发生习性　苹果棉蚜 1 年发生 14～18 代，主要以若蚜在根瘤褶皱中、根蘖基部、枝干裂缝、病虫伤疤边缘、剪锯口周围及 1 年生枝芽侧越冬。芽萌动时开始出蛰、活动、为害，5 月上旬若虫扩散转移到当年生枝条叶腋、芽基部为害，行孤雌胎生，5 月中旬开始蔓延。5 月中旬至 7 月初，棉蚜繁殖力极强，蔓延快，达全年为害高峰。高温季节不利于苹果棉蚜繁殖，为害减轻。秋季气温下降，出现第二次发生为害高峰。11 月下旬若蚜陆续越冬。

近距离传播以有翅蚜迁飞为主，远距离传播主要通过带虫苗木、接穗、果实等的调运。

防控技术

（1）清除越冬虫源　苹果落叶后至发芽前，彻底刨除根蘖，刮除枝干粗皮、翘皮，清理剪锯口和病虫伤疤周围，集中杀灭越冬虫源。严重果园，落叶后使用毒死蜱药液涂刷剪锯口和病虫伤疤及浇灌根颈部，铲除残余虫源。

（2）生长期药剂防控　苹果萌芽后至开花前和落花后 10 天左右是药剂防控苹果棉蚜的第一个关键期，开花前喷药 1 次（重点喷洒苹果棉蚜可能越冬的部位）、落花后需喷药 2 次（间隔期 7～10 天）；秋季苹果棉蚜数量再次迅速增加时，是药剂防控的第二个关键期，喷药 1 次即可。常用有效药剂为氟啶虫胺腈、吡虫啉、啶虫脒、噻虫嗪、呋虫胺、高效氯氟氰菊酯、高效氯氰菊酯等。喷药时，在药液中混加有机硅类等农药助剂，可增强药剂对苹果棉蚜的黏着和展着性能，提高杀虫效果。

六、绣线菊蚜

危害特点　绣线菊蚜（*Aphis citricola*）又称苹果黄蚜，主要为害新梢，严重时也可为害幼果。被害新梢上的叶片凹凸不平并向叶背弯曲横卷，影响新梢生长发育。虫量大时，新梢及叶片表面布满黄色蚜虫（彩图 11-201、彩图 11-202）。

形态特征　无翅胎生雌蚜体黄色至黄绿色，头浅黑色；有翅胎生雌蚜体黄褐色。若蚜体鲜黄色（彩图 11-203）。

发生习性　绣线菊蚜 1 年发生 10 余代，以卵在枝条芽基部和裂皮缝内越冬。第二年苹果芽萌动后开始孵化，若蚜集中到芽和新梢嫩叶上为害，并陆续孤雌繁殖胎生后代。5～6 月份主要以无翅胎生繁殖，是苹果新梢受害盛期；气候干旱时，蚜虫种群数量繁殖快，为害重。进入 7 月份后产生有翅蚜，迁飞至其他寄主植物上为害。10 月份又回迁到苹果树上，产生有性蚜，有性蚜交尾后陆续产卵越冬。

防控技术

（1）休眠期防控　苹果芽萌动时，均匀周到地喷施 1 次石硫合剂或高效氯氟氰菊酯，杀灭越冬虫卵。

（2）生长期药剂防控　往年为害严重果园，在萌芽后近开花时，喷药 1 次，对控制绣线菊蚜的全年为害效果显著；一般果园，落花后至麦收是药剂防控的主要时期。当嫩梢上的蚜虫数量开始迅速上升时或开始为害幼果时（多为 5 月中下旬至 6 月初）开始喷药，7～10 天 1 次，连喷 2 次左右即可。常用有效药剂有：氟啶虫胺腈、吡虫啉、啶虫脒、吡蚜酮、呋虫胺、高效氯氰菊酯、高效氯氟氰菊酯、联苯菊酯等。喷药时，在药液中混加有机硅类等农药助剂，可显著提高杀虫效果。

（3）保护和利用天敌　绣线菊蚜的天敌种类很多，主要有瓢虫、草蛉、食蚜蝇、寄生蜂等。药剂防控绣线菊蚜时，根据蚜虫数量决定是否用药，并尽量选用防控蚜虫的专化药剂，以保护天敌的繁殖增长。

七、苹果瘤蚜

危害特点　苹果瘤蚜（*Myzus malisutus*）俗称"卷叶蚜虫"，主要发生在个别树的局部枝条上。受害叶片首先出现红斑，不久边缘向背后纵卷成双筒状，叶肉组织增厚，叶面凹凸不平；后期叶片逐渐变黑褐色，最终干枯。严重受害新梢叶片全部卷缩，并逐渐枯死（彩图 11-204）。

形态特征　成蚜体长 1.5～1.6 毫米，体纺锤形，暗绿色；若蚜浅绿色（彩图 11-205）。

发生习性　苹果瘤蚜 1 年发生 10 余代，主要以卵在小枝上芽的两侧缝上越冬，也可在短果枝皱痕和芽鳞片上越冬。苹果芽萌动时，越冬卵开始孵化，孵化期约半个月。初孵若蚜在嫩叶上为害，经孤雌胎生繁殖，扩大种群数量，并逐渐在新梢上扩散为害，导致叶片纵卷。5～6 月份为害最重，10～11 月份出现有性蚜，交尾后产卵越冬。

防控技术

（1）消灭越冬虫源　结合冬剪，剪除被害枝梢，铲除越冬场所。苹果萌芽期喷施 1 次石硫合剂或高效氯氟氰菊酯，杀灭越冬虫卵。

(2) 生长期药剂防控 关键为喷药时期，应掌握在越冬卵全部孵化之后、叶片尚未卷曲之前。一般应在苹果发芽后半月左右至开花前进行，喷药 1 次即可。常用有效药剂同"绣线菊蚜"。也可结合苹果棉蚜的防控一并进行。

(3) 药剂涂干 叶片卷曲后再进行喷药防控效果常不理想，可用树干涂药法进行防控。一般使用 5% 啶虫脒乳油 15～20 倍液用毛刷沿主干或受害枝条下部主枝涂药一圈，宽度约为主干或主枝的半径至直径。若树皮厚而粗糙，先用刮刀刮至稍微露嫩皮后再涂药。涂药后立即用塑料膜包好，5～7 天后再及时取下薄膜。该法适用于缺水的山区果园，且不伤害天敌。

八、叶螨类

危害特点 为害苹果的叶螨类主要包括山楂叶螨（*Tetranychus viennensis*）、苹果全爪螨（*Panonychus ulmi*）及二斑叶螨（*Tetranychus urticae*）三种，前两种俗称为"红蜘蛛"，后者俗称为"白蜘蛛"。均以若螨和成螨刺吸为害叶片为主，导致叶片出现退绿斑点、甚至焦枯，严重时也可为害果实（彩图 11-206）。

(1) 山楂叶螨 多在叶片背面基部的主脉两侧出现黄白色退绿斑点，严重时受害叶片变黄枯焦，呈红褐色，似火烧状，易引起早期落叶（彩图 11-207）。

(2) 苹果全爪螨 初期叶片正面可看到许多失绿斑点，后呈灰白色；严重时，叶片呈黄褐色，表面布满螨蜕，远看呈一片苍灰色，但不落叶（彩图 11-208）。

(3) 二斑叶螨 初期在叶片正面的叶脉附近产生许多细小失绿斑痕，螨量大时叶面失绿呈苍灰绿色、叶背渐变褐色，叶片硬而脆。有结网为害习性，严重时造成大量落叶（彩图 11-209）。

形态特征

(1) 山楂叶螨 雌成螨体卵圆形，长约 0.5 毫米，4 对足；初蜕皮时红色，取食后变为暗红色。雄成螨体略小，蜕皮初期浅黄色，渐变绿色，后期呈淡橙黄色，体背两侧有黑绿色斑纹（彩图 11-210）。

(2) 苹果全爪螨 雌成螨近圆形，长约 0.5 毫米，红色，4 对足，取食后变深红色，体表有明显的白色瘤状突起。雄成螨略小（彩图 11-211）。

(3) 二斑叶螨 雌成螨椭圆形，长约 0.5～0.6 毫米，灰绿色、黄绿色或深绿色，体背两侧各有一个明显褐斑。越冬态雌成螨体为橙黄色，褐斑消失。幼螨半球形，淡黄绿色。若螨椭圆形，黄绿色或深绿色（彩图 11-212）。

发生习性

(1) 山楂叶螨 北方果区 1 年发生 6～9 代，主要以受精雌成螨在树干翘皮下和粗皮缝隙内越冬。花芽萌动期开始陆续出蛰，先在花芽上为害，展叶后转移至叶背为害、并产卵繁殖。富士苹果盛花期前后是产卵高峰，落花后 7～10 天产卵结束。中后期世代重叠严重。成螨有吐丝结网习性，卵多产于叶背主脉两侧和丝网上。螨量大时，成螨顺丝下垂，随风飘荡，进行传播。

(2) 苹果全爪螨 1年发生6~8代，以卵在短果枝、果台基部、芽周围和一二年生枝条的交接处越冬。花芽膨大时开始孵化，先在嫩叶和花器上为害，后逐渐向全树扩散蔓延。中后期世代重叠严重。该螨多在叶正面取食为害，成螨较活泼，爬行迅速，产卵于叶正面主脉凹陷处和叶背主脉附近，很少吐丝拉网。10月初陆续出现越冬卵（彩图11-213）。

(3) 二斑叶螨 1年发生10余代，主要以雌成螨在老翘皮下及树皮裂缝中越冬。萌芽期开始出蛰，先在树冠内膛取食为害、产卵繁殖，后逐渐向树冠外围扩散。严重时，叶片变色，表面布满丝网，易造成早期落叶。

防控技术 苹果叶螨类在同一果园内常混合发生，因此生产中必须采取对叶螨类的综合防控措施，才能有效地控制其为害。

(1) 处理害螨越冬场所，铲除越冬螨源 苹果萌芽前，仔细刮除树干老皮、粗皮、翘皮，清除园内枯枝、落叶、杂草，集中深埋或烧毁，消灭害螨越冬场所。芽萌动至发芽前，喷施1次3~5波美度石硫合剂、或45%石硫合剂晶体50~60倍液，杀灭树上越冬的各种害螨。

(2) 生长期药剂防控 苹果萌芽后至开花前和落花后7~10天是药剂防控叶螨类的两个关键期，应各喷药1次，以后在每期害螨数量快速增长期再各喷药1次，即可控制害螨的全年为害。常用有效药剂有：噻螨酮（早期使用效果较好）、阿维菌素、三唑锡、溴螨酯、螺螨酯、乙螨唑、哒螨灵、四螨嗪、甲氰菊酯、阿维·螺螨酯、阿维·乙螨唑等。喷药时，必须均匀周到，使内膛、外围枝叶均要着药，淋洗式喷雾效果最好；若在药液中混加有机硅类等农药助剂，杀螨效果更好。

九、绿盲蝽

危害特点 绿盲蝽（*Apolygus lucorum*）主要以成虫和若虫刺吸为害各种幼嫩组织，以叶片受害最重。嫩叶上，首先出现许多深褐色小点，后变褐色至黄褐色，随叶片生长逐渐发展成破裂穿孔状，穿孔多不规则。幼果也可受害，在果面上形成以刺吸伤口为中心的近圆形灰白色斑块（彩图11-214、彩图11-215）。

形态特征 成虫体卵圆形，黄绿色，体长5毫米左右，宽2.2毫米，触角绿色，前翅基部革质、绿色，端部膜质、灰色、半透明。若虫体绿色（彩图11-216、彩图11-217）。

发生习性 绿盲蝽1年发生5代，以卵在杂草、树皮缝及浅层土壤中越冬。树体发芽时开始孵化，而后上树为害。华北果区第1代为害盛期在5月上中旬，第2代为害盛期在6月中旬左右，第3、4、5代发生时期分别为7月中旬左右、8月中旬左右、9月中旬左右。苹果树上以第1、2代为害较重，第3~5代为害较轻。绿盲蝽受惊易动，不易发现，且为白天潜伏，清晨和夜晚上树取食为害。

防控技术

(1) 消灭越冬虫源 结合冬季清园，清除杂草，刮除粗翘皮，铲除越冬卵。发芽前，喷施1次石硫合剂或高效氯氟氰菊酯，杀灭越冬虫卵。

(2) 生长期药剂防控 开花前、后是药剂防控的关键期，各需喷药1次；个别受害严重果园，落花后半月左右还需继续喷药1~2次。常用有效药剂有：高效氯氰菊酯、高效氯氟氰菊酯、联苯菌酯、辛硫磷、氟啶虫胺腈、吡虫啉、啶虫脒、噻虫嗪等。早、晚凉爽时喷药防控效果较好。

十、梨网蝽

危害特点 梨网蝽（*Stephanitis nashi*）又称"梨冠网蝽"，主要为害叶片，以成虫和若虫在叶背刺吸汁液。受害叶片正面产生黄白色小点，虫量大时斑点蔓延连片，导致叶片苍白；严重时叶片变褐，容易脱落。其分泌物和排泄物使叶背呈现黄褐色锈斑，易引起霉污（彩图11-218、彩图11-219）。

形态特征 成虫黑褐色，前胸发达，向后延伸盖于小盾片之上，前胸背板两侧有两片圆形环状突起。前胸背部和前翅布有网状花纹。前翅略呈长方形，以两翅中间接合处的"X"形纹最明显，两前翅静止时重叠于背部。若虫初孵时白色，渐变淡绿色，最后成深褐色，3龄后在身体两侧长出翅芽，腹部各节两侧有刺状突起（彩图11-220、彩图11-221）。

发生习性 梨网蝽1年发生3~4代，以成虫在落叶下、树皮裂缝、土壤缝隙、果园杂草及果园周围的灌木丛中越冬。苹果发芽时开始出蛰，但出蛰期很不整齐，6月份后世代重叠。成虫出蛰后先在树冠下部的叶片上取食，以后逐渐向上部扩散为害。卵产于叶片背面叶脉两侧的叶肉内。初孵若虫活动性不强，2龄以后开始分散。成虫、若虫均群集于叶背主脉附近取食为害。高温干旱有利于梨网蝽繁殖为害，7~8月份是该虫为害盛期。

防控技术

(1) 消灭越冬虫源 从9月份开始，在树干上束草把，诱集成虫越冬，入冬后解下草把烧毁。发芽前，彻底清除落叶、杂草，刮除树干老翘皮，并集中烧毁。萌芽前喷施1次石硫合剂或高效氯氟氰菊酯，杀灭树上越冬成虫。

(2) 生长期药剂防控 关键要抓住两个防控时期，一是越冬成虫出蛰至第一代若虫发生期（落花后10天左右），二是夏季大发生前。常用有效药剂有：高效氯氟氰菊酯、高效氯氰菊酯、联苯菊酯、阿维菌素、甲氨基阿维菌素苯甲酸盐、啶虫脒、吡虫啉、氟啶虫胺腈等。喷药时，重点喷洒叶片背面；若在药液中混加有机硅类等农药助剂，可显著提高杀虫效果。

十一、金纹细蛾

危害特点 金纹细蛾（*Lithocolletis ringoniella*）俗称"潜叶蛾"，以幼虫在

表皮下潜食叶肉为害，使下表皮与叶肉分离。叶面呈现黄绿色、椭圆形、筛网状虫斑，似玉米粒大小。叶背表皮皱缩鼓起，叶片向背面卷曲。虫斑内有黑色虫粪。严重时，一张叶片上常有十多个虫斑，可造成早期落叶（彩图11-222）。

形态特征　成虫体长2.5～3毫米，全身金黄色，有银白色细纹；头部银白色，顶端有两丛金黄色鳞毛。幼虫体长约6毫米，细纺锤形，幼龄时淡黄绿色，老熟后呈黄色。蛹梭形，黄褐色（彩图11-223～彩图11-225）。

发生习性　北方果区1年发生4～5代，以蛹在受害叶片内越冬。第二年苹果发芽时羽化为成虫，第一代卵主要产在发芽早的品种和根蘖苗上，落花70％～80％时是第一代幼虫孵化盛期。落花后40天左右是第二代幼虫孵化盛期，以后约35天左右一代。华北果区，第一代幼虫发生高峰在落花后，第二代幼虫发生高峰在麦收前，第三代幼虫发生高峰在7月中旬前后，第四代幼虫发生高峰在8月中下旬前后。第一、二代发生时间较整齐，是药剂防控的关键；以后各代发生混乱，世代重叠，高峰期不集中。

卵产于叶背，幼虫孵化后从卵与叶片接触处咬破卵壳，直接蛀入叶内为害，老熟后在虫斑内化蛹。成虫羽化时蛹壳的一半外露。

防控技术

（1）搞好果园卫生　落叶后发芽前彻底清除树上、树下的落叶，集中烧毁，并翻耕树下土壤，消灭越冬场所及虫蛹。

（2）性诱剂诱杀　成虫发生期内，在果园内设置性引诱剂诱捕器，诱杀成虫。连片果园必须统一使用性诱剂，否则可能会加重受害。一般每亩设置诱捕器2～3点，性引诱剂诱芯每1.5个月更换1次（彩图11-226）。

（3）及时药剂防控　关键为喷药时期。第1代幼虫防控时期为落花后立即喷药，第2代幼虫防控时期为落花后40天左右喷药；3～5代因幼虫发生不整齐，注意在幼虫集中发生初期喷药即可。也可利用性诱剂进行测报，出现诱蛾高峰后即为喷药防控关键期。一般每代幼虫发生期喷药1次即可。常用有效药剂有：灭幼脲、氯虫苯甲酰胺、阿维菌素、甲氨基阿维菌素苯甲酸盐、杀铃脲、除虫脲、虱螨脲、甲氧虫酰肼等。在药液中混加有机硅类等农药助剂，可显著提高杀虫效果。

十二、苹果金象

危害特点　苹果金象（*Byctiscus princeps*）又称苹果卷叶象鼻虫，主要以成虫卷叶产卵进行为害。成虫产卵时，用口器把新梢基部、叶柄咬成孔洞，使叶片萎蔫，然后把几张叶片一层一层卷成一个叶卷，雌虫把卵产在叶卷内。而后叶卷变褐枯死，幼虫在叶卷内取食为害，将内层卷叶吃空，叶卷逐渐干枯脱落。另外，越冬成虫出蛰后取食新梢、花柄、叶片，在花柄基部咬出孔洞，导致花序萎蔫、干枯（彩图11-227）。

形态特征　成虫体长8～9毫米，全体豆绿色，有金属光泽；头部紫红色，向前延伸成象鼻状，触角棒状黑色；胸部及鞘翅为豆绿色；鞘翅表面有细小刻点，基部稍隆起，前后两端有 4 个紫红色大斑。老熟幼虫 8～10 毫米，头部红褐色，体乳白色，稍弯曲，无足型（彩图 11-228、彩图 11-229）。

发生习性　苹果金象在吉林地区 1 年发生 1 代，以成虫在表土层中或地面覆盖物下越冬。翌年果树发芽后越冬成虫逐渐出土活动，先取食果树嫩叶，5 月上旬开始交尾，而后产卵为害。雌虫产卵前先把嫩叶或嫩枝咬伤，待叶片萎蔫后开始卷叶，并在叶卷内产卵，每个叶卷内产卵 2～11 粒不等。卵期 6～7 天，5 月上中旬开始孵出幼虫，幼虫在叶卷内为害。6 月上旬幼虫陆续老熟，老熟幼虫钻出叶卷坠落地面，钻入土下 5 厘米深处做土室化蛹。8 月上旬羽化为成虫，8 月下旬至 9 月中旬成虫寻找越冬场所越冬。成虫不善飞翔，有假死性，受惊动时假死落地。

防控技术　苹果金象多为零星发生，一般不需喷药防控，人工措施即可控制其为害。

(1) 捕杀成虫　在成虫出蛰盛期，利用成虫的假死性和不善飞翔性，在树盘下铺设塑料布等，振动树干捕杀落地成虫。

(2) 摘除虫叶　在成虫产卵期至幼虫孵化盛期，结合其他农事活动，彻底摘除叶卷，集中深埋或烧毁，消灭叶卷内虫卵及幼虫。

十三、梨星毛虫

危害特点　梨星毛虫（*Illiberis pruni*）又称"梨叶斑蛾"，俗称"饺子虫"，主要以幼虫为害叶片。在叶片上吐丝，将叶缘两边向正面缀连成饺子状的叶苞，幼虫在叶苞内啃食叶肉，残留网状叶脉和下表皮，受害叶变黄、枯萎、凋落。夏季幼虫不包叶，在叶背取食叶肉，被害叶呈油纸状（彩图 11-230）。

形态特征　成虫黑褐色，体长 9～12 毫米，翅半透明，翅面有细短毛。老熟幼虫体长约 18 毫米，黄白色，纺锤形，体背中央有一黑色纵线，体两侧各有 10 个圆形黑斑（彩图 11-231、彩图 11-232）。

发生习性　梨星毛虫 1 年发生 1～2 代，均以 2～3 龄幼虫在树皮缝、翘皮下及树干周围的土中结茧越冬。苹果树发芽时，逐渐出蛰为害，首先为害幼芽、花蕾，而后转移至叶片上为害。1 头幼虫可转移为害 6～8 片叶。幼虫老熟后在包叶内结茧化蛹。1 代发生区 6 月下旬至 7 月下旬出现夏季幼虫；2 代发生区，6 月份出现第 1 代幼虫，8 月中下旬开始出现第 2 代幼虫。

防控技术

(1) 休眠期防控　萌芽前刮除枝干粗皮、翘皮，破坏害虫越冬场所；而后喷施 1 次石硫合剂或高效氯氟氰菊酯，铲除树上残余害虫。

(2) 摘除虫苞　结合疏花、疏果，及时摘除虫苞，集中销毁。

(3) 生长期喷药防控　苹果萌芽后至开花前，是喷药防控的关键期，一般果园喷药 1 次即可。2 代发生区，6 月份幼虫为害量大时，应再喷药 1 次。常用有效药剂有：阿维菌素、甲氨基阿维菌素苯甲酸盐、灭幼脲、除虫脲、虱螨脲、氯虫苯甲酰胺、氟苯虫酰胺、氰氟虫腙、甲氧虫酰肼、高效氯氰菊酯、高效氯氟氰菊酯、联苯菊酯等。

十四、卷叶蛾类

危害特点 北方苹果产区，卷叶蛾类主要有苹小卷叶蛾（*Adoxophyes orana*）、苹褐卷叶蛾（*Pandemis heparana*）、黄斑卷叶蛾（*Acleris fimbriana*）、顶梢卷叶蛾（*Spilonota lechriaspis*）、苹大卷叶蛾（*Hornona coffearia*）等。他们均主要以幼虫为害叶片和舔食果实，幼虫吐丝把几张叶片连缀在一起，从中取食为害，将叶片吃成缺刻、孔洞或网状。为害果实，在果实表面舔食出许多不规则的小坑洼，严重时坑洼连片，尤以叶果相贴和两果接触部位最易受害（彩图 11-233、彩图 11-234）。

形态特征

（1）苹小卷叶蛾 成虫体长 6～8 毫米，体和前翅淡棕色或黄褐色，前翅自前缘向后缘有两条深褐色条纹，外侧的一条较内侧的细。老熟幼虫体长 13～17 毫米，头和前胸背板淡黄色，幼龄时淡绿色，老龄时翠绿色（彩图 11-235、彩图 11-236）。

（2）苹褐卷叶蛾 成虫体长 8～11 毫米，全体棕色，前翅基部有深褐色斑纹，中部有一条自前缘斜向后缘的深褐色宽带，前缘近顶角处有一个半圆形褐色斑。老熟幼虫体长 18～20 毫米，头近方形，头和前胸背板淡绿色，体深绿而稍带白色。

（3）黄斑卷叶蛾 成虫体长 7～9 毫米，有冬型和夏型区别。冬型雄蛾前翅灰褐色，雌蛾体色较深，后翅灰褐色。夏型成虫前翅金黄色，其上散生银白色鳞片。老熟幼虫体长约 22 毫米，体黄绿色，幼龄时头和前胸背板漆黑色，老熟时头和前胸背板黄褐色（彩图 11-237、彩图 11-238）。

（4）顶梢卷叶蛾 成虫体长 6～8 毫米，体和前翅银灰色，前翅背面各有几条深褐色波状横纹，后缘近臀角处有一近似三角形的深色斑，两前翅合拢时，两个三角形斑合为菱形。老熟幼虫体长 8～9 毫米，体污白色，头、前胸背板、胸足均为漆黑色（彩图 11-239、彩图 11-240）。

（5）苹大卷叶蛾 成虫体长 11～13 毫米，全身黄褐色或暗褐色，前翅近基部 1/4 处和中部自前缘向后缘有两条斜宽带，浓褐色。老熟幼虫体长约 24 毫米，头和前胸背板黄褐色，前胸背板后缘黑褐色，腹部黄绿色。

发生习性

（1）苹小卷叶蛾 1 年发生 3～4 代，以 2 龄幼虫在剪锯口、树皮裂缝、翘皮下等隐蔽处结茧越冬。苹果花芽萌动后开始出蛰为害，盛花后是全年防控的第一个关键期。幼虫老熟后在卷叶内化蛹，6 月上中旬成虫羽化产卵，卵期 6～10 天，6 月中旬前后为第 1 代幼虫初孵盛期，是全年防控的第二个关键时期。幼虫有转移为害习性，受到振动会吐丝下垂。第1代主要为害叶片，第2代既可为害叶片、也可为害果实。成虫对糖醋液及果醋趋性很强。

（2）苹褐卷叶蛾 1年发生2~3代，以幼龄幼虫结茧越冬，越冬部位、出蛰时期与苹小卷叶蛾相似。成虫有趋光性和趋化性。主要产卵于叶背面。初孵幼虫群集叶上取食叶肉，将叶片吃成网孔状，稍大后吐丝缀叶在其中为害，也可啃食果皮。

（3）黄斑卷叶蛾 1年发生3~4代，以成虫在果园落叶、杂草及砖石缝中越冬，苹果发芽时出蛰、产卵。开花前为第1代幼虫发生初盛期，也是全年防控的第一个关键期。北方果区第2代幼虫约出现在6月中下旬，以后各代出现不整齐。幼虫主要为害叶片，有转叶为害习性。

（4）顶梢卷叶蛾 1年发生2~3代，以3龄幼虫在枝梢顶端的卷叶虫苞内做茧越冬。苹果发芽后，幼虫爬出，并缀叶为害，老熟后在其内化蛹。6月中旬左右为第1代幼虫初孵盛期。成虫有趋糖蜜性，夜间飞行、交尾、产卵。幼虫孵化后爬至梢端，吐丝卷叶为害，并将叶背的绒毛啃下与丝织成茧，潜藏其中，取食时爬出，食毕缩回。

（5）苹大卷叶蛾 1年发生2代，以幼龄幼虫结茧越冬，越冬部位、出蛰时期与苹小卷叶蛾相似。成虫有趋光性和趋糖醋液性。

防控技术

（1）消灭越冬虫源 结合冬剪剪除卷叶虫苞，萌芽前刮粗皮、翘皮，破坏越冬场所，而后集中烧毁；清除果园内的杂草、落叶，集中深埋或烧毁。发芽前喷施1次石硫合剂或高效氯氟氰菊酯，杀灭残余害虫。

（2）生长期药剂防控 关键为抓住第一次用药。苹小卷叶蛾、苹褐卷叶蛾、苹大卷叶蛾的第一个喷药关键期为苹果落花后；第二个喷药关键期是第1代幼虫初孵盛期的6月中旬前后。黄斑卷叶蛾和顶梢卷叶蛾，在发芽后开花前及时喷第一次药；6月中旬左右是第二次喷药关键期。另外，也可在诱蛾高峰出现后立即喷药。常用有效药剂有：氟苯虫酰胺、氯虫苯甲酰胺、氰氟虫腙、阿维菌素、甲氨基阿维菌素苯甲酸盐、灭幼脲、除虫脲、甲氧虫酰肼、高效氯氰菊酯、高效氯氟氰菊酯等。在幼虫卷叶前喷药效果最好，若已开始卷叶，需增大喷洒药液量。

（3）其他措施 结合疏花、疏果及夏剪等措施及时剪除卷叶虫苞，集中深埋。在果园内设置黑光灯、频振式诱蛾灯、性诱剂诱捕器、糖醋液诱捕器等（具体设置方法参照其他鳞翅目害虫），诱杀成虫。有条件的果园也可释放赤眼蜂。

十五、刺蛾类

危害特点 刺蛾类俗称"痒辣子"，是指幼虫身体上生有毒刺（毛）的一类害虫。苹果树上主要有黄刺蛾（*Cnidocampa flavescens*）、扁刺蛾（*Thosea sinensis*）及褐边绿刺蛾（*Latoia consocia*）三种，他们均以幼虫为害叶片为主。低龄幼虫群集叶背啃食下表皮及叶肉，使被害叶呈透明筛网状；大龄幼虫分散为害，啃食叶片呈缺刻，残留主脉和叶柄；严重时把全树叶片吃光（彩图 11-241、彩图 11-242）。

形态特征

（1）黄刺蛾 成虫体长 15 毫米左右，前翅内半部黄色、外半部黄褐色，有两条暗褐色斜线，在翅尖前汇合，呈倒"V"字形。老熟幼虫体长 25 毫米，黄绿色，背部有一前后宽、中间细的紫褐色大斑。每体节上有 4 个枝刺，其中胸部 6 个和尾部 2 个特大（彩图 11-243、彩图 11-244）。

（2）扁刺蛾 成虫体长 14～18 毫米，暗灰褐色，前翅从前缘顶角处向后缘斜伸一暗褐色线纹。老熟幼虫体长 21～26 毫米，椭圆形，背部稍隆起似龟背形。体绿色，背有白色纵线。体两侧各有 10 个瘤状突起，上生刺毛。腹部第四节两侧各有一红点（彩图 11-245）。

（3）褐边绿刺蛾 成虫体长 16 毫米左右，前翅绿色，翅基部暗褐色，外缘有浅黄色宽带，其上散布有深紫色鳞片。老熟幼虫体长约 25 毫米，黄绿色。前胸背板上有"八"字形黑色斑纹。腹部各节生有 4 个毛瘤，毛丛黄色。尾部有 4 个黑色毛丛，似绒球状（彩图 11-246、彩图 11-247）。

发生习性

（1）黄刺蛾 北方果区 1 年发生 1 代，黄河故道果区 1 年发生 2 代，均以老熟幼虫在枝条上、枝杈处及树干的粗皮上结卵圆形硬茧越冬。6 月中旬左右羽化出成虫，7 月上旬左右孵化出幼虫，发生早的 8 月上中旬出现第 2 代幼虫。成虫具有趋光性，产卵于叶背，卵期 7～10 天。

（2）扁刺蛾、褐边绿刺蛾 北方果区 1 年均发生 1 代，均以老熟幼虫在树下浅层土内结茧越冬。其他习性同黄刺蛾。

防控技术 结合冬剪，彻底摘除黄刺蛾的卵圆形茧，集中销毁。早春翻树盘，促进土壤中越冬害虫的死亡。在果园内设置黑光灯或频振式诱蛾灯，诱杀各种刺蛾成虫。结合农事操作，在幼虫群集为害期及时摘除有虫叶片深埋。害虫发生严重果园，在幼虫发生初期喷药 1 次即可基本控制为害，常用有效药剂有：阿维菌素、甲氨基阿维菌素苯甲酸盐、灭幼脲、虱螨脲、氯虫苯甲酰胺、氟苯虫酰胺、氰氟虫腙、甲氧虫酰肼、高效氯氰菊酯、高效氯氟氰菊酯、联苯菊酯等。

十六、食叶毛虫类

危害特点 食叶毛虫类是指幼虫体表多毛、并以啃食叶片为主的一类鳞翅目害虫，主要包括金毛虫（*Porthesia xanthocampa*）、舞毒蛾（*Lymantria dispar*）、苹掌舟蛾（*Phalera flavescens*）、天幕毛虫（*Malacosoma neustria testacea*）、苹毛虫（*Odonestis pruni*）、美国白蛾（*Hyphantria cunea*）等。他们均以幼虫为害叶片为主，啃食叶肉或叶片，将被害叶食成筛网状、孔洞或缺刻、甚至吃光。分散为害或群集为害，有的种类可吐丝结网（彩图 11-248～彩图 11-250）。

形态特征

(1) 金毛虫　成虫全体白色，雌蛾体长 14～18 毫米，雄蛾体长 12～14 毫米，前翅近臀角处有褐色斑纹。幼虫体长 40 毫米，黑褐色，头部有光泽，前胸背面有两条黑色纵向条纹。体背有橙黄色、红褐色、白色和红黄色纵带，毛瘤上有黑色、黄褐色及白色毛丛（彩图 11-251）。

(2) 舞毒蛾　雌成虫体长约 30 毫米，污白褐色，前翅上有许多深浅不一的褐色斑纹。幼虫体长约 60 毫米，头淡褐色，正面有"八"字形黑纹。胸腹部黑褐色，体背有两排半球形毛瘤，前 5 对为蓝色，后 6 对为橘红色，上生棕黑色短毛。

(3) 苹掌舟蛾　成虫体长 22～25 毫米，雄蛾腹背浅黄褐色，雌蛾土黄色，末端均为淡黄色，前翅银白色，在近基部有一长圆形斑，外缘有 6 个椭圆形斑，横列成带状。老龄幼虫体长约 50 毫米，黑紫色，两侧各有灰白色和暗紫色纵条纹，头黑色，体毛长，黄色。幼虫静止时头尾翘起似船形（彩图 11-252、彩图 11-253）。

(4) 天幕毛虫　雌成虫体长 18～22 毫米，黄褐色，前翅中部有一条赤褐色宽横带，其两侧有淡黄色细线。老熟幼虫体长 50～55 毫米，体生许多黄白色毛。体背中央有一条白色纵线，其两侧各有一条橙红色纵线；体两侧各有一条黄色纵线，每条黄线上、下各有一条灰蓝色纵线。卵成块状在小枝上粘成一圈似"顶针"状（彩图 11-254、彩图 11-255）。

(5) 苹毛虫　成虫体长 23～30 毫米，赤褐色至橙褐色，前翅外缘黑褐色、略呈锯齿状，内线和外线弧形黑褐色。老熟幼虫体长 28～35 毫米，头黑色、有光泽。体背红褐色或黄褐色，有一褐色宽纵带，背瘤黑色；背部和体侧毛瘤均着生白色长毛丛。

(6) 美国白蛾　成虫体长 9～12 毫米，白色。老熟幼虫体长 28～35 毫米，体黄绿色至灰黑色，头部黑色有光泽，腹部从侧线到背上有黑褐色或黑色宽纵带，体侧及腹面为灰黄色，背部毛瘤黑色，体侧毛瘤为橙黄色（彩图 11-256、彩图 11-257）。

发生习性

(1) 金毛虫　北方果区 1 年发生 2 代，以 3 龄幼虫在树皮缝隙和枯叶内越冬。苹果发芽后，幼虫转移至幼芽、嫩叶及叶片上为害。老熟后在树皮裂缝或枝叶间缀叶结茧化蛹。一般果区 6 月中下旬出现第一代幼虫，8 月上旬至 9 月上旬出现第二代幼虫。成虫昼伏夜出，有趋光性，卵成块状产于叶背，卵期 7 天左右。初孵幼虫聚集叶背啃食叶肉，3 龄后分散蚕食叶片。幼虫白天潜伏、夜间活动。

(2) 舞毒蛾　1 年发生 1 代，以卵块在枝干背阴面、梯田壁和石缝处越冬。苹果发芽时开始孵化，初孵幼虫群集叶背，夜间取食为害。2 龄后黎明下树，傍晚再上树为害。幼虫老熟后在树皮缝、枯枝落叶处或杂草丛中化蛹。

(3) 苹掌舟蛾　1 年发生 1 代，以蛹在树下土壤内越冬。第二年 8 月上旬左右为幼虫初发盛期。初孵幼虫多群集叶背，头向叶缘排列成行，由叶缘向内啃食。幼虫受惊扰或振动时，成群吐丝下垂。3龄后逐渐分散或转移为害，早晚取食，白天栖息，头尾翘起，形似小舟。成虫趋光性强。

（4）天幕毛虫　1年发生1代，以初孵幼虫在卵壳中越冬，卵块在枝条上呈"顶针"状。苹果发芽时幼虫破壳而出取食嫩芽和嫩叶，而后吐丝结网，形成"天幕"。幼虫白天潜伏，夜间取食为害，具有转移为害习性，近老熟时分散为害，幼虫期45天左右。成虫有趋光性，产卵于小枝上。

（5）苹毛虫　北方果区1年发生1～2代，以幼龄幼虫在树枝上或枯叶内越冬。苹果发芽后开始活动，白天静伏，夜间取食叶片。老熟后缀叶做茧化蛹。成虫有趋光性。卵多产于枝条和叶片上，常3～4粒呈直线排列。幼虫体色酷似枝条。

（6）美国白蛾　1年发生2～3代，以蛹在枯枝落叶、表土层及各种缝隙中越冬。苹果发芽开花时陆续出现成虫，5月上旬至7月下旬是第一代幼虫为害盛期，第二代幼虫多发生在8月上旬至9月中旬，低龄幼虫群集结网为害，大龄后分散取食，幼虫期长达30～58天。成虫有趋光性。

防控技术

（1）消灭越冬虫源　秋季在树干上捆绑草把诱集越冬害虫，入冬后解下集中烧毁。结合冬剪，消灭在枝上越冬的虫源。发芽前刮树皮、清除树上及树下落叶，消灭越冬害虫。早春翻树盘，促进越冬害虫死亡。萌芽前，喷施1次石硫合剂或高效氯氟氰菊酯，铲除残余越冬害虫。

（2）生长期药剂防控　关键为抓住幼虫发生初期或卵孵化盛期开始喷药。金毛虫和苹毛虫落花后是喷药关键期；6月中下旬是金毛虫第1代幼虫防控关键期；8月份是苹掌舟蛾的防控关键期，并兼治第2代金毛虫幼虫；开花前或落花后是防控舞毒蛾、天幕毛虫的关键期；防控美国白蛾时，发现网幕后即为喷药关键期。每个关键期喷药1～2次即可。常用有效药剂有：阿维菌素、甲氨基阿维菌素苯甲酸盐、灭幼脲、虱螨脲、除虫脲、氯虫苯甲酰胺、氟苯虫酰胺、氰氟虫腙、甲氧虫酰肼、高效氯氰菊酯、高效氯氟氰菊酯、联苯菊酯等。防控结网幕的害虫时，在药液中混加有机硅类等农药助剂，可显著提高杀虫效果。

（3）其他措施　利用黑光灯或频振式诱蛾灯诱杀成虫。加强检疫措施，防止美国白蛾扩散为害。落花后树干涂抹封闭药环，毒杀爬上或爬下的害虫，有效药剂以毒死蜱效果较好。也可在树干上设置开口向下的塑料裙，阻止爬行害虫上树为害。

十七、康氏粉蚧

危害特点　康氏粉蚧（*Pseudococcus comstocki*）主要为害果实，也可为害芽、叶、树干及根部，以若虫和雌成虫刺吸汁液为害。幼果受害，多形成畸形果；近成熟果受害，形成凹陷斑点，有时斑点呈褐色坏死，坏死斑表面常带有白色蜡粉。套袋果受害，多集中在梗洼和萼洼处。嫩枝和根部被害处常肿胀，易造成皮层纵裂而枯死。虫体排泄的蜜露易引起煤污病发生。

形态特征 雌成虫体长 5 毫米，扁椭圆形，淡粉红色，体表被有白色蜡粉，体缘具有 17 对白色蜡丝。蜡丝基部较粗，向端部渐细。体前端蜡丝较短，向后渐长，最后一对特长，约为体长的 2/3（彩图 11-258）。

发生习性 康氏粉蚧 1 年发生 3 代，以卵在树皮缝、树干基部附近的土壤缝隙等隐蔽处越冬。第二年果树发芽时越冬卵逐渐开始孵化，初孵若虫爬到枝、芽、叶等幼嫩部位为害，其体表逐渐分泌蜡粉，初孵若虫完全被蜡粉覆盖约需 7～10 天。在北方果区，第一代若虫发生盛期为 5 月中旬左右（套袋前），第二代若虫发生盛期约为 7 月中旬左右，第三代若虫发生盛期约为 8 月下旬左右。各代若虫发生期持续时间均较长，尤以第三代最为突出。第三代从 9 月下旬开始羽化出成虫，然后交配产卵越冬。

防控技术

(1) 消灭越冬虫卵 9 月份树干束草，诱集成虫产卵，入冬后解下烧毁。萌芽前，刮除枝干粗皮、翘皮，并集中销毁，破坏越冬场所。萌芽期（嫩芽露绿前），喷施 1 次 3～5 波美度石硫合剂或 45%石硫合剂晶体 40～60 倍液，杀灭越冬虫卵。

(2) 生长期喷药防控 关键要抓住前期，即抓住第一代若虫、控制第二代若虫、监视第三代若虫。每代若虫阶段各需喷药 1～2 次，间隔期 7 天左右。常用有效药剂有：氟啶虫胺腈、螺虫乙酯、噻嗪酮、甲氰菊酯、高效氯氟氰菊酯、吡虫啉、啶虫脒、氯氟·吡虫啉等。喷药时必须均匀、周到、细致，淋洗式喷雾效果最好。若在药液中混加有机硅类等农药助剂，可显著提高杀虫效果。对于套袋苹果，套袋前 5～7 天内必须喷药。

十八、梨圆蚧

危害特点 梨圆蚧（*Diaspidiotus perniciosus*）又称"梨笠圆盾蚧"，以雌成虫和若虫吸食枝条、果实、叶片的汁液进行为害，以为害果实损失最重。枝条受害处呈红色圆斑，严重时皮层爆裂，抑制生长，甚至枯死。果实受害，多集中在萼洼和梗洼处，虫量大时布满整个果面，表面似有许多凹陷小斑点，虫体周围形成一圈红晕，俗称"红眼圈"；严重时果面龟裂。为害叶片时，多集中在主脉附近，被害处呈淡褐色，逐渐枯死（彩图 11-259）。

形态特征 雌介壳近圆形，斗笠状，灰白色至灰黑色，直径约 1.8 毫米，表面有突起的同心轮纹，壳点位于中央，黄至黄褐色。雌成虫扁椭圆形，橙黄色，足、眼退化，口器丝状于腹面中央。初龄若虫扁椭圆形，淡黄色，没有介壳；2 龄若虫开始分泌介壳，固定不动（彩图 11-260）。

发生习性 南方果区 1 年发生 4～5 代，北方果区多发生 3 代。均以 2 龄若虫和少数受精雌虫固着在枝条上越冬，第二年春季树液流动后开始为害。北方果区，5 月份越冬雌成虫开始生殖（胎生）；同时，越冬若虫也发育为成虫，雌雄交尾后雄虫死亡，雌虫 6 月上旬至 7 月上旬陆续繁殖。生殖期约一个多月。胎生若虫从母体介壳下爬出，向嫩枝、果实及叶片转移；而后固着为害，并开始分泌蜡质逐渐形成介壳。北方果区第 1 代若虫主要在 6 月上旬至 7 月上旬出现，第 2 代若虫主要发生于 7 月下旬至 9 月上旬，第 3 代若虫主要发生于 9 月上旬至 11 月上旬。

防控技术

（1）消灭越冬虫源 结合修剪，彻底剪除虫枝；或用人工方法直接擦刷虫体，铲除虫源。树液流动后至萌芽前，喷施 1 次 3～5 波美度石硫合剂或 45％石硫合剂晶体 40～60 倍液，杀灭越冬虫源。

（2）生长期药剂防控 关键要抓住各代若虫阶段，将若虫杀灭在形成介壳前或形成介壳初期；其中杀灭第 1 代若虫对全年防控至关重要。一般果园仅防控第 1 代和第 2 代即可，每代需喷药 1～2 次，间隔期 7 天左右。套袋果园，套袋前 5～7 天内必须喷药。喷药时应均匀周到，淋洗式喷雾效果最好。若在药液中混加有机硅类等农药助剂，可显著提高杀虫效果。常用有效药剂同"康氏粉蚧"。

十九、朝鲜球坚蚧

危害特点 朝鲜球坚蚧（*Didesmococcus koreanus*）主要以若虫和雌成虫在枝条上刺吸汁液为害，群集或分散，2 龄后多固定不动，虫体逐渐膨大。严重时，导致树势衰弱，枝叶生长不良。

形态特征 雌成虫无翅，介壳半球形，横径约 4.5 毫米，高约 3.5 毫米。初期介壳质软，黄褐色；后期硬化，红褐色至紫褐色，表面无明显皱纹，有 2 列凹陷的小刻点。卵椭圆形，橙黄色，近孵化时显出红色眼点。若虫长椭圆形，初孵时红褐色；越冬若虫椭圆形，浓褐色（彩图 11-261、彩图 11-262）。

发生习性 朝鲜球坚蚧 1 年发生 1 代，以 2 龄若虫在枝条上越冬。树液流动后开始活动、为害，虫体逐渐膨大，并排泄黏液。4 月中旬前后雌雄分化，4 月下旬至 5 月上旬雄成虫羽化，而后雌雄交尾。交尾后的雌虫迅速膨大，5 月中旬前后产卵于介壳下。5 月下旬至 6 月上旬卵孵化，初孵若虫分散到小枝条、叶片和果实上为害，以 2 年生枝条上较多，秋后转移至枝条上越冬。

防控技术

（1）休眠期喷药 在苹果萌芽期，喷施 1 次 3～5 波美度石硫合剂或 45％石硫合剂晶体 30～50 倍液，铲除越冬虫源。

（2）生长期喷药 朝鲜球坚蚧发生严重果园，在初孵若虫分散后立即喷药 1 次，即可基本控制其为害。常用有效药剂同"康氏粉蚧"。

二十、草履蚧

危害特点 草履蚧（*Drosicha corpulenta*）又称"草履硕蚧"，以若虫和雌成虫在枝干上（含小枝）、根部及幼果上刺吸汁液为害，削弱树势，影响产量和果品质量，严重时可以造成枝条甚至全树枯死（彩图 11-263、彩图 11-264）。

形态特征　雌成虫体长 10 毫米，椭圆形，褐色至红褐色，背面隆起似草鞋状，疏被白色蜡粉和许多微毛，体背有横皱和纵沟。触角黑色，丝状。若虫与雌成虫体形相似，体小，黄褐色至褐色（彩图 11-265）。

发生习性　草履蚧 1 年发生 1 代，以卵在树干周围的土壤缝隙、转石块下及 10～12 厘米土层中越冬。第二年早春孵化，苹果树液开始流动时即出土上树为害。初期先集中在根部和树干的翘皮下群集吸食汁液，而后陆续上树分散为害。北方果区 5 月中旬至 6 月上旬出现成虫，雄成虫交配后死亡，雌成虫继续为害一段时间，而后下树产卵、越夏、越冬。

防控技术

(1) 诱杀雌成虫　在雌成虫下树产卵时，于树干基部堆放杂草，诱集草履蚧产卵，然后集中烧毁。

(2) 阻止草履蚧上树　早春在苹果树液开始流动时，在苹果主干上捆绑塑料裙，阻止草履蚧上树，即能基本控制草履蚧对苹果树的为害。如果树干粗翘皮较多，应轻刮粗皮后再捆绑塑料裙，以保证草履蚧不能爬行上树。也可采用于树干上涂抹黏虫胶环的方法阻止草履蚧上树，但该法需要不断观察，当黏虫胶环黏性下降或黏满虫体时，需及时补涂黏胶或清除虫体（彩图 11-266）。

二十一、金龟子类

危害特点　金龟子类害虫主要以成虫进行为害，以啃食幼芽、嫩叶和花为主，也可为害近成熟期的受伤果实。轻者使花器及叶片残缺不全，重者将幼嫩部分全部吃光，严重影响坐果率。为害苹果的金龟子类主要有黑绒鳃金龟（*Maladera orientalis*）、苹毛丽金龟（*Proagopertha lucidula*）和小青花金龟（*Oxycetonia jucunda*）三种（彩图 11-267）。

形态特征

(1) 黑绒鳃金龟　成虫体长 6～9 毫米，黑褐色或黑紫色，被覆黑色丝绒状短毛，两鞘翅上各有 9 条刻点沟（彩图 11-268）。

(2) 苹毛丽金龟　成虫体长 8～12 毫米，头、胸背面黑褐色，有紫铜色光泽，鞘翅茶色或黄褐色，微泛绿光，上有排列成行的刻点（彩图 11-269）。

(3) 小青花金龟　成虫体长约 13 毫米，头部黑色，前胸和鞘翅为暗绿色，密生黄色绒毛，无光泽，鞘翅上散生多个白色绒毛斑（彩图 11-270）。

发生习性　三种金龟子均 1 年发生 1 代，均以成虫在土壤中越冬，果树发芽开花期陆续出蛰，然后上树为害嫩芽、花器等。黑绒鳃金龟傍晚出土上树为害，深夜后及白天潜入土中不动。苹毛丽金龟白天上树为害，夜间潜入土中隐蔽。小青花金龟白天在树上为害，夜间停在树上不动。三种成虫均有趋光性和假死性，受振动后落地假死不动。

防控技术

（1）土壤用药　在苹果萌芽期，树下土壤用药，杀灭成虫。一般使用毒死蜱或辛硫磷药液喷湿土壤表层，然后耙松表土即可。持效期可达 1 个月左右。

（2）树上药剂防控　金龟子为害严重时，可在萌芽期至开花前喷药防控 1～2 次。以早晚喷药效果较好，但需选用击倒能力强、速效性快、安全性好的药剂。效果较好的药剂有辛硫磷、高效氯氰菊酯、高效氯氟氰菊酯等。若在药液中混加有机硅类等农药助剂，可显著提高杀虫效果。

（3）其他措施　利用成虫的假死性，在清晨或傍晚振树捕杀。也可在果园内设置诱虫灯，诱杀成虫。

二十二、苹果枝天牛

危害特点　苹果枝天牛（*Linda fraterna*）又称"顶斑筒天牛"，主要以幼虫蛀食小枝，钻入髓部向下蛀食，导致被害枝梢枯死，影响新梢生长，幼树受害较重。其次，成虫还可取食树皮、嫩叶，但为害不明显（彩图 11-271）。

形态特征　雌成虫体长约 18 毫米，雄成虫体长约 15 毫米，体长筒形，橙黄色，鞘翅、触角、复眼、足均为黑色。老熟幼虫体长 28～30 毫米，橙黄色，前胸背板有倒"八"字形凹纹。蛹长约 28 毫米，淡黄色，头顶有 1 对突起（彩图 11-272）。

发生习性　苹果枝天牛 1 年发生 1 代，以老熟幼虫在被害枝条的蛀道内越冬。翌年 4 月开始化蛹，5 月上中旬为化蛹盛期，蛹期 15～20 天。5 月上旬开始出现成虫，5 月下旬至 6 月上旬达成虫发生盛期。成虫白天活动取食，5 月底至 6 月初开始产卵，6 月中旬为产卵盛期。成虫多在当年生枝条上产卵，产卵前先将枝梢咬一环沟，再由环沟向枝梢上方咬一纵沟，卵产在纵沟一侧的皮层内。初孵幼虫先在产卵沟内蛀食，然后沿髓部向下蛀食，隔一定距离咬一圆形排粪孔，排出黄褐色颗粒状粪便。7 月至 8 月被害枝条大部分已被蛀空，枝条上部叶片枯黄，枝端逐渐枯死。10 月间幼虫陆续老熟，在隧道端部越冬。

防控技术　调运苗木时严格检查，彻底消灭带虫枝条内的幼虫，控制其扩散蔓延。5 月至 6 月成虫发生期内人工捕杀成虫。6 月中旬后结合其他农事活动检查产卵伤口，及时剪除被产卵枝梢，集中销毁。7 月至 8 月间注意检查，发现被害枝梢及时剪除，集中销毁。

二十三、蚱蝉

危害特点　蚱蝉（*Cryptotympana atrata*）俗称"知了"，对苹果树的明显为害是以成虫产卵刺害嫩枝，造成枯梢。成虫产卵时，先用产卵器刺破当年生枝条的皮层和木质部，而后将卵产在枝条的髓部，使枝条外皮和木质部呈斜锯齿状翘起，导致产卵部位以上萎蔫枯死。严重时，满树褐色枯死枝梢（彩图 11-273）。

形态特征 成虫体长 45 毫米左右，黑色，有光泽。翅透明，有光亮。卵细梭形，乳白色，长 3.5 毫米左右。老熟若虫淡黄褐色（彩图 11-274、彩图 11-275）。

发生习性 蚱蝉多年发生 1 代，以卵在枝条上和若虫在土壤中越冬。卵孵化后若虫在土壤中刺吸根部汁液。若虫老熟后，多在傍晚开始出土，爬到树干或枝条上，清晨羽化为成虫。6 月下旬至 7 月份为老熟若虫出土盛期，雨后有利于若虫出土。成虫白天活动，趋光性强，寿命约 2 个月，8 月份为产卵盛期。

防控技术 蚱蝉成虫寿命长、飞翔能力强，需要大范围联合多年防控才有可能获得较好的防控效果，可以人工和灯火诱杀为主。

秋季大范围剪除产卵枝（枯死枝），集中烧毁。在老熟若虫出土期，于傍晚在树干上寻找并捕杀；也可在树干中下部捆绑光滑塑料膜环，帮助人工捕杀。在成虫盛发期，夜间点火或设置诱杀灯，而后摇动树枝，诱杀成虫。

《《《 第十二章 》》》

苹果病虫害防控常用有效药剂

第一节　苹果病害防控常用杀菌剂

一、波尔多液（bordeaux mixture）

主要含量与剂型　80%可湿性粉剂，不同配制比例的悬浮液。

产品特点　波尔多液是一种矿物源广谱保护性低毒杀菌剂，铜离子为主要杀菌成分，具有展着性好、黏着性强、耐雨水冲刷、持效期长、防病范围广等特点，在发病前或发病初期喷施效果最佳。药剂喷施后，逐渐解离出具有杀菌活性的铜离子，与病菌蛋白质的一些活性基团结合，通过阻碍和抑制病菌的代谢过程，而导致病菌死亡。铜离子的杀菌作用位点多，病菌很难产生耐药性，可以连续多次使用。

目前苹果生产中常用的波尔多液分为工业化生产的可湿性粉剂和自己配制的天蓝色黏稠状悬浮液两种。工业化生产的可湿性粉剂品质稳定，使用方便，颗粒微细，悬浮性好，喷施后叶果表面没有明显药斑污染，有利于叶片光合作用，能与不忌铜的非碱性农药混用。自己配制的波尔多液为碱性液体，对金属有腐蚀作用，颗粒粗大，悬浮稳定性差，时间稍长后易发生沉淀，质量、效果及安全性均不稳定，且喷施后药斑污染严重。

使用技术　波尔多液在苹果树上能有效预防褐斑病、斑点落叶病、黑星病、轮纹病、炭疽病、疫腐病、褐腐病等多种病害。一般从苹果落花后1.5个月开始喷施（最好是全套袋后），15天左右1次，可以连续喷施。幼果期不建议喷洒，以避免造成果锈。一般使用80%可湿性粉剂500～600倍液，或1∶（2～3）∶（200～240）倍波尔多液，在病害发生前均匀周到喷雾。

二、硫酸铜钙 （copper calcium sulphate）

主要含量与剂型　77%可湿性粉剂。

产品特点　硫酸铜钙是一种矿物源广谱保护性低毒杀菌剂，通过释放的铜离子而起杀菌作用，相当于工业化生产的"波尔多粉"，喷施后叶果表面没有明显的药斑污染。其杀菌机理是通过释放的铜离子与病菌体内的多种生物基团结合，使蛋白质变性，阻碍和抑制其代谢过程，而导致病菌死亡，连续多次使用很难诱使病菌产生抗药性。独特的"铜""钙"大分子络合物，遇水或水膜时缓慢释放出杀菌的铜离子，与病菌的萌发、侵染同步，杀菌、防病及时彻底。制剂颗粒微细，喷施后均匀分布并紧密黏附在植物表面，耐雨水冲刷能力强，药效稳定，相对安全性高，在有效防控病害的同时还具有一定的补钙功效。硫酸铜钙与普通波尔多液不同，药液呈微酸性，可与不含金属离子的非碱性农药混用，使用方便。

使用技术　硫酸铜钙在苹果树上可用于防控褐斑病、斑点落叶病、黑星病、轮纹病、干腐病、腐烂病、炭疽病、疫腐病及根部病害等多种病害。在苹果萌芽前喷施1次200~400倍液，铲除树体带菌（清园），防控枝干病害；从果实全套袋后开始喷施600~800倍液，15天左右1次，连续喷施，有效防控叶部病害；防控根部病害时，清除病组织后使用500~600倍液浇灌病树主要根区范围，杀死残余病菌，促进根系恢复生长。硫酸铜钙生长期喷雾时，应在病害发生前均匀周到喷洒，并最好与相应治疗性药剂混合使用或交替使用。

三、腐殖酸铜 （HA-Cu）

主要含量与剂型　2.12%水剂、2.2%水剂。

产品特点　腐殖酸铜是一种由腐植酸、硫酸铜及辅助成分组成的有机铜素低毒杀菌剂，属螯合态亲水胶体，涂抹在苹果树表面后逐渐释放出铜离子而起杀菌作用。该药呈弱碱性，在碱性溶液中化学性质较稳定。使用安全，无药害，低残留，不污染环境。同时，腐植酸能刺激组织生长，促进伤口愈合。

使用技术　腐殖酸铜在苹果树上主要用于涂抹腐烂病、干腐病等枝干病疤伤口，也常用于剪锯口的保护（封口剂）等。一般使用制剂原液在病疤伤口表面或剪锯口上涂抹用药，涂药边缘超出伤口边缘2~4厘米。

四、克菌丹 （captan）

主要含量与剂型　50%可湿性粉剂、80%水分散粒剂等。

产品特点　克菌丹是一种有机硫类广谱低毒杀菌剂，以保护作用为主，兼有一定的治疗效果，喷施后在作物表面黏着性强，耐雨水冲刷，正确使用较安全，并对果面具有美容祛斑、促进靓丽的作用，连续使用效果更加明显。其杀菌机理是药剂渗透至病菌的细胞膜，既干扰病菌的呼吸过程，又干扰其细胞分裂，具有多个杀菌作用位点，连续使用极难诱使病菌产生抗药性。

使用技术　克菌丹在苹果树上可有效防控轮纹病、炭疽病、褐斑病、斑点落叶病、炭疽叶枯病、霉污病、黑星病等多种真菌性病害，特别在雨季等高湿环境下喷施，对霉污病具有独特防效。一般使用 50％可湿性粉剂 500～600 倍液、或 80％水分散粒剂 800～1000 倍液，在病害发生前均匀周到喷雾。

五、丙森锌（propineb）

主要含量与剂型　70％可湿性粉剂、70％水分散粒剂、80％可湿性粉剂、80％水分散粒剂等。

产品特点　丙森锌是一种硫代氨基甲酸酯类广谱保护性低毒杀菌剂，具有较好的速效性，使用安全，可混用性好，耐雨水冲刷，并对作物具有一定的补锌功效，连续使用病菌不易产生耐药性。其杀菌机理是通过抑制病菌代谢过程中丙酮酸的氧化而导致病菌死亡，属蛋白质合成抑制剂。

使用技术　丙森锌在苹果树上可有效防控斑点落叶病、褐斑病、锈病、黑星病、轮纹病、炭疽病、疫腐病、花腐病等多种真菌性病害。一般使用 70％可湿性粉剂或 70％水分散粒剂 500～600 倍液、或 80％可湿性粉剂或 80％水分散粒剂 600～700 倍液，在病害发生前均匀周到喷雾，与相应治疗性药剂混用或交替使用效果更好。

六、代森锰锌（mancozeb）

主要含量与剂型　80％可湿性粉剂、75％水分散粒剂、70％可湿性粉剂等。

产品特点　代森锰锌是一种硫代氨基甲酸酯类广谱保护性杀菌剂，主要通过金属离子杀菌。其杀菌机理是抑制病菌代谢过程中丙酮酸的氧化，而导致病菌死亡，该抑制过程具有六个作用位点，故病菌极难产生抗药性。目前市场上常见的代森锰锌类产品分为两类，一类为全络合态结构，一类为非全络合态结构。前者产品主要为 80％可湿性粉剂和 75％水分散粒剂，该类产品使用安全，防病效果好且稳定，耐雨水冲刷，持效期较长；后者产品主要为 70％可湿性粉剂等，防病效果相对不稳定，使用相对不安全。

使用技术　代森锰锌在苹果树上可用于防控轮纹病、炭疽病、褐斑病、斑点落叶病、霉心病、锈病、花腐病、褐腐病、黑星病、套袋果斑点病、疫腐病等多种真菌性病害。一般在病害发生前使用 80％可湿性粉剂或 75％水分散粒剂 600～800 倍液、或 70％可湿性粉剂 800～1000 倍液均匀喷雾，若与相应治疗性杀菌剂混配使用效果更好。

七、多菌灵（carbendazim）

主要含量与剂型　50％可湿性粉剂、50％水分散粒剂、50％悬浮剂、500 克/升悬浮剂、75％水分散粒剂、80％可湿性粉剂、80％水分散粒剂等。

产品特点　多菌灵是一种苯并咪唑类内吸治疗性高效广谱低毒杀菌剂，渗透性强，并具有内吸传导作用，耐雨水冲刷，持效期较长，使用安全，可混用性好。其杀菌机理是通过干扰真菌细胞有丝分裂中纺锤体的形成，进而影响细胞分裂、导致病菌死亡。该药连续使用易诱使病菌产生抗药性，具体应用时注意与不同类型药剂交替使用或混用。

使用技术　多菌灵在苹果树上可用于防控轮纹烂果病、炭疽病、褐腐病、花腐病、霉心病、套袋果斑点病、褐斑病、黑星病、锈病、霉污病及烂根病（根朽病、紫纹羽病、白纹羽病、白绢病）等多种高等真菌性病害。一般使用 50％可湿性粉剂或 50％水分散粒剂或 50％悬浮剂或 500 克/升悬浮剂 600～800 倍液、或 75％水分散粒剂 800～1000 倍液、或 80％可湿性粉剂或 80％水分散粒剂 1000～1200 倍液，在病害发生前或发生初期均匀树上喷雾，或灌根防控根朽病、紫纹羽病、白纹羽病等烂根病。

八、甲基硫菌灵（thiophanate-methyl）

主要含量与剂型　50％可湿性粉剂、50％悬浮剂、500 克/升悬浮剂、70％可湿性粉剂、70％水分散粒剂、80％可湿性粉剂、80％水分散粒剂、3％糊剂等。

产品特点　甲基硫菌灵是一种取代苯类内吸治疗性广谱低毒杀菌剂，具有预防保护和内吸治疗双重作用。其杀菌机理有两个：一是直接作用于病菌，阻碍其呼吸过程，影响病菌孢子的产生、萌发及菌丝生长，而导致病菌死亡；二是在植物体内转化为多菌灵，干扰病菌有丝分裂中纺锤体的形成，进而影响细胞分裂、导致病菌死亡。该药使用安全，可混用性好，药效利用率高，悬浮剂型黏着性强、更耐雨水冲刷。

使用技术　甲基硫菌灵在苹果树上可用于防控轮纹烂果病、炭疽病、褐腐病、花腐病、霉心病、套袋果斑点病、褐斑病、黑星病、白粉病、锈病、霉污病、腐烂病及根部病害（根朽病、紫纹羽病、白纹羽病、白绢病）等多种高等真菌性病害。一般使用 50％可湿性粉剂或 50％悬浮剂或 500 克/升悬浮剂 500～600 倍液、或 70％可湿性粉剂或 70％水分散粒剂 700～800 倍液、或 80％可湿性粉剂或 80％水分散粒剂 800～1000 倍液，在病害发生前或发生初期均匀周到喷雾，或灌根防控根部病害；防控腐烂病时，在刮除病斑的基础上，使用 3％糊剂原液、或 50％可湿性粉剂或 50％悬浮剂或 500 克/升悬浮剂 15～20 倍液、或 70％可湿性粉剂或 70％水分散粒剂或 75％水分散粒剂或 80％可湿性粉剂或 80％水分散粒剂 30～50 倍液在病斑表面涂抹用药；防控枝干轮纹病时，在春季轻刮病瘤的基础上，使用 70％可湿性粉剂与植物油按 1：（20～25）、或 80％可湿性粉剂与植物油按 1：（25～30）、或 50％可湿性粉剂与植物油按 1：（15～20）的比例，充分搅拌均匀后涂抹枝干。

九、腈菌唑（myclobutanil）

主要含量与剂型　40％可湿性粉剂、40％悬浮剂、25％乳油、12.5％乳油、12.5％微乳剂、12％乳油等。

产品特点　腈菌唑是一种三唑类内吸治疗性高效广谱低毒杀菌剂，既可抑制病菌菌丝生长蔓延、有效阻止病斑扩展，又可抑制病菌孢子形成与产生，具有内吸治疗和预防保护双重作用。其杀菌机理是通过抑制病菌麦角甾醇的生物合成，使病菌细胞膜不正常，而最终导致病菌死亡。该药内吸性强，药效高，持效期较长，使用较安全，可混用性好，但连续使用易诱使病菌产生抗药性。

使用技术　腈菌唑在苹果树上主要用于防控白粉病、锈病、黑星病、炭疽病、斑点落叶病、褐斑病等高等真菌性病害。一般使用40％可湿性粉剂或40％悬浮剂6000～7000倍液、或25％乳油3000～4000倍液、或12.5％乳油或12.5％微乳剂或12％乳油1500～2000倍液均匀喷雾，连续喷药时注意与不同类型药剂交替使用或混用。

十、戊唑醇（tebuconazole）

主要含量与剂型　25％可湿性粉剂、25％乳油、25％水乳剂、250克/升水乳剂、430克/升悬浮剂、80％可湿性粉剂、80％水分散粒剂等。

产品特点　戊唑醇是一种三唑类内吸治疗性高效广谱低毒杀菌剂，具有预防保护、内吸治疗和铲除多重作用方式。其杀菌机理是通过抑制病菌细胞膜上麦角甾醇的去甲基化，使病菌无法形成细胞膜，而导致病菌死亡。该药持效期较长，可混用性好，但连续使用易诱使病菌产生抗药性。

使用技术　戊唑醇在苹果树上可用于防控白粉病、锈病、花腐病、黑星病、炭疽病、轮纹病、斑点落叶病、褐斑病等多种高等真菌性病害。一般使用25％可湿性粉剂或25％乳油或25％水乳剂或250克/升水乳剂2000～2500倍液、或430克/升悬浮剂3000～4000倍液、或80％可湿性粉剂或80％水分散粒剂6000～8000倍液，在病害发生前或发生初期均匀喷雾，连续喷药时注意与不同类型药剂交替使用或混用。

十一、苯醚甲环唑（difenoconazole）

主要含量与剂型　10％水分散粒剂、25％乳油、250克/升乳油、37％水分散粒剂、40％悬浮剂等。

产品特点　苯醚甲环唑是一种三唑类内吸治疗性高效广谱低毒杀菌剂，对多种高等真菌性病害均具有内吸治疗和预防保护作用。其杀菌机理是通过抑制病菌甾醇的脱甲基化，而干扰病菌正常生长、并抑制孢子形成，最终导致病菌死亡。该药内吸渗透性好，持效期较长，可与多种非碱性农药混用，使用较安全。

使用技术　苯醚甲环唑在苹果树上可用于防控斑点落叶病、褐斑病、锈病、白粉病、黑星病、炭疽病、轮纹烂果病、花腐病等多种高等真菌性病害。一般使用 10％水分散粒剂 1000～1500 倍液、或 25％乳油或 250 克/升乳油 2500～3000 倍液、或 37％水分散粒剂 4000～5000 倍液、或 40％悬浮剂 5000～6000 倍液，在病害发生初期均匀喷雾，连续喷药时注意与不同类型药剂交替使用或混用。

十二、异菌脲（iprodione）

主要含量与剂型　50％可湿性粉剂、500 克/升悬浮剂、45％悬浮剂、255 克/升悬浮剂、25％悬浮剂等。

产品特点　异菌脲是一种二甲酰亚胺类触杀型广谱保护性低毒杀菌剂，能够渗透到植物体内，具有一定的治疗作用。其杀菌机理是抑制病菌蛋白激酶，干扰细胞内信号和碳水化合物正常进入细胞组分等。该机理作用于病菌生长为害的各个发育阶段，既可抑制病菌孢子萌发，又可抑制菌丝体生长，还可抑制病菌孢子的产生。该药使用时期长，可混用性好，正常使用对作物安全。

使用技术　异菌脲在苹果树上主要用于防控花腐病、轮纹烂果病、炭疽病、褐腐病、褐斑病、斑点落叶病等。一般使用 50％可湿性粉剂或 500 克/升悬浮剂或 45％悬浮剂 1000～1500 倍液、或 255 克/升悬浮剂或 25％悬浮剂 500～700 倍液，在病害发生初期均匀喷雾。

十三、溴菌腈（bromothalonil）

主要含量与剂型　25％乳油、25％微乳剂、25％可湿性粉剂。

产品特点　溴菌腈是一种甲基溴类广谱低毒杀菌剂，具有独特的预防保护、内吸治疗和铲除杀菌多重作用，对多种真菌性病害均具有较好的防控效果，特别对炭疽病效果突出。喷施后药剂能够迅速被菌体细胞吸收，在菌体细胞内传导，干扰菌体细胞的正常发育，进而到达抑菌、杀菌效果。该药黏着性好，耐雨水冲刷，持效期较长，使用较安全。

使用技术　溴菌腈在苹果树上主要用于防控炭疽病及炭疽叶枯病等。一般使用 25％乳油或 25％微乳剂或 25％可湿性粉剂 600～800 倍液，在病害发生初期或发生前均匀周到喷雾。

十四、咪鲜胺（prochloraz）、咪鲜胺锰盐（prochloraz-manganese chloride complex）

主要含量与剂型　25％、45％、450 克/升水乳剂，25％、45％微乳剂，25％、45％、250 克/升、450 克/升乳油，50％、60％可湿性粉剂等。

产品特点　咪鲜胺（及咪鲜胺锰盐）是一种咪唑类广谱低毒杀菌剂，具有保护和触杀作用，无内吸作用，但有一定的渗透传导性能，对子囊菌及半知菌引起的多种高等真菌性病害有很好的防控效果。其杀菌机理主要是通过抑制甾醇的生物合成而起作用，最终导致病菌死亡。

　　使用技术　咪鲜胺（及咪鲜胺锰盐）在苹果树上主要用于防控炭疽病和炭疽叶枯病。防控炭疽病时，从落花后 20 天左右开始喷药，10～15 天 1 次，与不同类型药剂交替使用，连喷 4～6 次（套袋果喷施至套袋前）；防控炭疽叶枯病时，一般在雨季到来前及时喷药，10～15 天 1 次，连喷 2～3 次。一般使用 45％乳油或 450 克/升乳油或 450 克/升水乳剂或 45％水乳剂或 45％微乳剂 1500～2000 倍液、或 25％水乳剂或 25％微乳剂或 25％乳油或 250 克/升乳油 800～1000 倍液、或 50％可湿性粉剂 1500～2000 倍液、或 60％可湿性粉剂 1800～2200 倍液均匀喷雾。

十五、多抗霉素（polyoxin）

　　主要含量与剂型　10％可湿性粉剂、3％可湿性粉剂、3％水剂、1.5％可湿性粉剂、16％可溶粒剂等。

　　产品特点　多抗霉素是一种农用抗生素类高效广谱低毒杀菌剂，具有较好的内吸传导作用，预防性好，杀菌力强。其杀菌机理是干扰病菌细胞壁成分几丁质的生物合成，芽管和菌丝体接触药剂后，局部膨大、破裂，细胞内含物溢出，病菌不能正常发育而最终死亡。该药使用安全、方便，可混用性好，但低含量可湿性粉剂易残留药斑。

　　使用技术　多抗霉素在苹果树上主要用于防控霉心病、斑点落叶病、套袋果斑点病、轮纹烂果病、炭疽病等高等真菌性病害。一般使用 10％可湿性粉剂 1200～1500 倍液、或 3％可湿性粉剂或 3％水剂 400～500 倍液、或 1.5％可湿性粉剂 250～300 倍液、或 16％可溶粒剂 2000～2500 倍液，在病害发生前均匀喷雾。

十六、三乙膦酸铝（fosetyl-aluminium）

　　主要含量与剂型　40％可湿性粉剂、80％可湿性粉剂、80％水分散粒剂、90％可溶粉剂。

　　产品特点　三乙膦酸铝是一种有机磷类内吸传导型广谱低毒杀菌剂，具有保护和治疗双重作用，水溶性好，内吸渗透性强，持效期较长，能与多种非碱性农药混用，使用安全，病菌不易产生抗药性。其作用机理是通过有效阻止孢子萌发、抑制菌丝生长和孢子形成，而达到杀菌防病效果。

　　使用技术　三乙膦酸铝在苹果树上主要用于防控轮纹烂果病、炭疽病、疫腐病等。一般使用 40％可湿性粉剂 200～300 倍液、或 80％可湿性粉剂或 80％水分散粒剂 500～600 倍液、或 90％可溶粉剂 600～800 倍液，在病害发生前或发生初期均匀喷雾。

十七、烯酰吗啉（dimethomorph）

主要含量与剂型 50％可湿性粉剂、50％水分散粒剂、80％水分散粒剂、40％悬浮剂、40％水分散粒剂等。

产品特点 烯酰吗啉是一种肉桂酰胺类内吸治疗性低毒杀菌剂，专用于防控低等真菌性病害。其杀菌机理是通过抑制磷脂的生物合成和细胞壁合成，使病菌孢子囊壁分解，而导致病菌死亡。除游动孢子形成和孢子游动外，对卵菌生活史的各阶段均有作用，尤其对孢子囊梗和卵孢子形成阶段更敏感，若在孢子囊和卵孢子形成前用药，则能完全抑制孢子的产生。该药内吸传导性强，持效期较长，使用安全，但连续使用易诱使病菌产生抗药性。

使用技术 烯酰吗啉在苹果树上主要用于防控疫腐病。一般使用 50％可湿性粉剂或 50％水分散粒剂 2000～3000 倍液、或 80％水分散粒剂 4000～5000 倍液、或 40％悬浮剂或 40％水分散粒剂 2000～2500 倍液，在病害发生初期或发生前树上均匀喷雾、或喷淋根颈部，连续用药时注意与不同类型药剂交替使用或混用。

十八、吡唑醚菌酯（pyraclostrobin）

主要含量与剂型 250 克/升乳油、25％悬浮剂、30％乳油、30％悬浮剂、30％水分散粒剂、50％水分散粒剂等。

产品特点 吡唑醚菌酯是一种甲氧基丙烯酸酯类广谱低毒杀菌剂，以保护作用为主，兼有一定的内吸治疗和诱抗作用，渗透性好，耐雨水冲刷作用强，对多种真菌性病害均具有很好的预防和治疗效果。其杀菌机理是通过阻止细胞色素 bc1 复合体的电子传递，进而抑制线粒体呼吸，而导致病菌死亡。该药作用迅速、杀菌活性高、持效期长、使用安全，可混用性好，并具有增强光合作用、促进植株生长健壮、提高植株抗逆能力等功效。

使用技术 吡唑醚菌酯在苹果树上可用于防控霉心病、轮纹烂果病、炭疽病、套袋果斑点病、褐斑病、斑点落叶病、炭疽叶枯病、黑星病、腐烂病等多种真菌性病害。防控生长期病害时，一般使用 250 克/升乳油或 25％悬浮剂 1500～2000 倍液、或 30％乳油或 30％悬浮剂或 30％水分散粒剂 2000～2500 倍液、或 50％水分散粒剂 3000～4000 倍液，在病害发生初期或发生前均匀喷雾。防控树体腐烂病时，既可使用 250 克/升乳油或 25％悬浮剂 200～300 倍液、或 30％乳油或 30％悬浮剂或 30％水分散粒剂 300～400 倍液涂干（发芽前及生长期），又可刮治病斑后使用 250 克/升乳油或 25％悬浮剂 30～50 倍液、或 30％乳油或 30％悬浮剂 40～60 倍液涂抹伤口。

十九、丁香菌酯（coumoxystrobin）

主要含量与剂型　20％悬浮剂、0.15％悬浮剂。

产品特点　丁香菌酯是一种新型甲氧基丙烯酸酯类高效广谱低毒杀菌剂，对真菌性病害具有良好的预防保护和免疫作用，使用安全。其杀菌机理是通过阻碍病菌细胞内线粒体的呼吸作用，干扰细胞能量供给，而导致病菌死亡。该成分结构中含有丁香内酯族基团，不仅具有杀菌功能，还能诱使侵入菌丝找不到契合位点而迷向；同时，能够刺激植物启动应急反应和抗病因子，加强自身抑菌系统，加速植物组织愈伤，使植物表现出对真菌病害的免疫功能。

使用技术　丁香菌酯在苹果树上主要用于防控腐烂病、干腐病、枝干轮纹病等枝干病害。既可在春季树体萌芽前使用20％悬浮剂500～600倍液均匀喷洒干枝，又可在生长季节使用20％悬浮剂300～400倍液涂干，同时还可在刮除腐烂病病斑后使用20％悬浮剂150～200倍液、或0.15％悬浮剂原液涂抹伤口。

二十、过氧乙酸（peracetic acid）

主要含量与剂型　21％水剂。

产品特点　过氧乙酸是一种有机酸类内吸治疗性低毒杀菌剂，在水中分散性极好，具弱酸性，有刺激性气味。制剂不稳定，易挥发，遇各种金属离子迅速分解，使用后逐渐释放出氧离子而起杀菌作用。该药渗透性强，内吸性好，杀菌迅速，但持续期短。

使用技术　过氧乙酸在苹果树上主要用于防控枝干腐烂病。既可病斑刮治后表面涂药，又可病斑割治后表面涂药。一般使用21％水剂3～5倍液涂抹病斑，半月左右后再涂抹1次效果更好。

二十一、辛菌胺醋酸盐

主要含量与剂型　1.2％水剂、1.26％水剂、1.8％水剂、1.9％水剂。

产品特点　辛菌胺醋酸盐是一种高效广谱低毒杀菌剂，具有一定的内吸和渗透作用，对许多病原菌的菌丝生长及孢子萌发均具有很强的杀灭和抑制活性的作用。其杀菌机理是通过破坏病菌细胞膜、凝固蛋白质、抑制呼吸系统和生物酶活性等方式，而起到抑菌和杀菌效果。该药内吸渗透性好，耐雨水冲刷，持效期长，使用安全，不污染环境。

使用技术　辛菌胺醋酸盐在苹果树上主要用于防控腐烂病、干腐病、枝干轮纹病等枝干病害。既可刮治病斑后涂药治疗病斑，又可直接枝干涂药（或喷淋）预防发病。病斑刮治后涂药时，一般使用1.2％水剂或1.26％水剂15～25倍液、或1.8％水剂或1.9％水剂20～30倍液涂抹病斑；枝干直接用药时，一般使用1.2％

水剂或 1.26%水剂 100～150 倍液、或 1.8%水剂或 1.9%水剂 150～200 倍液涂抹或喷淋枝干。

二十二、甲硫·戊唑醇 (thiophanate-methyl+tebuconazole)

主要含量与剂型 41%（34.2%+6.8%）悬浮剂、43%（30%+13%）悬浮剂、48%（36%+12%）悬浮剂、80%（72%+8%）水分散粒剂等。括号内有效成分含量均为甲基硫菌灵的含量加戊唑醇的含量。

产品特点 甲硫·戊唑醇是由甲基硫菌灵与戊唑醇按一定比例混配的一种广谱低毒复合杀菌剂，具有预防保护和内吸治疗双重活性。三种杀菌机理优势互补，防病范围更广，防病效果更好，且病菌不易产生耐药性。

使用技术 甲硫·戊唑醇在苹果树上既可用于发芽前喷雾清园，又可在生长期喷雾防控轮纹烂果病、炭疽病、套袋果斑点病、斑点落叶病、褐斑病、黑星病、白粉病等多种真菌性病害，还可涂刷枝干及涂抹病斑防控腐烂病等枝干病害。清园喷雾时，一般使用 41%悬浮剂 300～400 倍液、或 43%悬浮剂或 48%悬浮剂 400～600 倍液淋洗式喷洒枝干；生长期喷药时，一般使用 41%悬浮剂 700～800 倍液、或 43%悬浮剂或 48%悬浮剂 1000～1200 倍液、或 80%水分散粒剂 1000～1200 倍液，在病害发生初期或发生前均匀喷雾。涂刷枝干时，发芽前及生长期均可进行，一般使用 41%悬浮剂 100～150 倍液、或 43%悬浮剂或 48%悬浮剂 150～200 倍液定向喷干或涂刷。涂抹腐烂病斑时，一般使用 41%悬浮剂 50～80 倍液、或 43%悬浮剂或 48%悬浮剂 80～100 倍液，在刮治病斑的基础上涂药。

二十三、戊唑·多菌灵 (tebuconazole+carbendazim)

主要含量与剂型 30%（8%+22%）悬浮剂、40%（5%+35%）悬浮剂、42%（12%+30%）悬浮剂、60%（15%+45%）水分散粒剂等，括号内有效成分含量均为戊唑醇的含量加多菌灵的含量。

产品特点 戊唑·多菌灵是由戊唑醇与多菌灵按一定比例混配的一种广谱低毒复合杀菌剂，具有保护和治疗双重作用。两种有效成分优势互补，协同增效，防病范围更广，杀菌治病更彻底。双重杀菌机理，病菌极难产生耐药性。优质悬浮剂型颗粒微细，性能稳定，黏着性好，渗透性强，耐雨水冲刷，使用安全。

使用技术 戊唑·多菌灵在苹果树上既可用于清园喷药，又可用于生长期喷雾防控果实轮纹病、炭疽病、套袋果斑点病、褐斑病、斑点落叶病、锈病、白粉病、黑星病、花腐病等多种真菌性病害，还可涂刷枝干及涂抹病斑防控腐烂病等枝干病害。清园喷药时，一般使用 30%悬浮剂 400～500 倍液、或 42%悬浮剂 500～600 倍液淋洗式喷雾；生长期喷药时，一般使用 30%悬浮剂 800～1000 倍液、或 40%悬浮剂 600～800 倍液、或 42%悬浮剂 1000～1500 倍液、或 60%水分散粒剂 1500～2000 倍液，在病害发生初期或发生前均匀喷雾。涂刷枝干，发芽前及生长期均可进行，一般使用 30％悬浮剂 100～150 倍液、或 42％悬浮剂 150～200 倍液定向喷干或涂刷。涂抹腐烂病斑时，一般使用 30％悬浮剂 50～80 倍液、或 42％悬浮剂 80～100 倍液，在刮治病斑的基础上涂药。

二十四、锰锌·多菌灵（mancozeb＋carbendazim）

主要含量与剂型　35％（17.5％＋17.5％）、40％（20％＋20％）、50％（42％＋8％；30％＋20％）、60％（40％＋20％；35％＋25％）、70％（50％＋20％；60％＋10％）、80％（65％＋15％；60％＋20％；50％＋30％）可湿性粉剂等。括号内有效成分含量均为代森锰锌的含量加多菌灵的含量。

产品特点　锰锌·多菌灵又称多·锰锌，是由代森锰锌与多菌灵按一定比例混配的一种广谱低毒复合杀菌剂，具有保护和治疗双重作用。两种杀菌机制，优势互补，多重作用位点，病菌不宜产生抗药性。混剂耐雨水冲刷，持效期较长，使用方便。

使用技术　锰锌·多菌灵在苹果树上主要用于防控轮纹烂果病、炭疽病、套袋果斑点病、褐斑病、斑点落叶病、黑星病等多种高等真菌性病害。一般使用 35％可湿性粉剂 300～350 倍液、或 40％可湿性粉剂 400～500 倍液、或 50％可湿性粉剂 500～600 倍液、或 60％可湿性粉剂 600～700 倍液、或 70％可湿性粉剂 700～800 倍液、或 80％可湿性粉剂 800～1000 倍液均匀喷雾，连续喷药时注意与不同类型药剂交替使用。

二十五、锰锌·腈菌唑（mancozeb＋myclobutanil）

主要含量与剂型　40％（35％＋5％）、50％（48％＋2％）、60％（58％＋2％）、62.25％（60％＋2.25％）、62.5％（60％＋2.5％）可湿性粉剂。括号内有效成分含量均为代森锰锌的含量加腈菌唑的含量。

产品特点　锰锌·腈菌唑是由代森锰锌与腈菌唑按一定比例混配的一种广谱低毒复合杀菌剂，具有保护和治疗双重作用。两种杀菌机理，协同增效，多个作用位点，病菌不宜产生抗药性。制剂黏着性好，耐雨水冲刷，持效期较长，使用方便、安全。

使用技术　锰锌·腈菌唑在苹果树上主要用于防控白粉病、锈病、黑星病、褐斑病、斑点落叶病、轮纹烂果病、炭疽病等多种高等真菌性病害。一般使用 40％可湿性粉剂 800～1000 倍液、或 50％可湿性粉剂或 60％可湿性粉剂或 62.25％可湿性粉剂或 62.5％可湿性粉剂 500～700 倍液，在病害发生初期均匀周到喷雾。

二十六、乙铝·多菌灵（fosetyl-aluminium＋carbendazim）

主要含量与剂型　45％（20％＋25％；25％＋20％）、60％（20％＋40％；40％＋20％）、75％（50％＋25％；37.5％＋37.5％）可湿性粉剂。括号内有效成

分含量均为三乙膦酸铝的含量加多菌灵的含量。

产品特点　乙铝·多菌灵是由三乙膦酸铝与多菌灵按一定比例混配的一种广谱低毒复合杀菌剂，具有内吸治疗与预防保护双重作用。多重杀菌机理，病菌不宜产生抗药性。混剂内吸渗透性好，使用安全。

使用技术　乙铝·多菌灵在苹果树上主要用于防控轮纹烂果病、炭疽病、褐斑病、黑星病、斑点落叶病等多种高等真菌性病害。一般使用45%可湿性粉剂300～500倍液、或60%可湿性粉剂400～600倍液、或75%可湿性粉剂500～600倍液，在病害发生初期均匀周到喷雾。

二十七、乙铝·锰锌（fosetyl-aluminium＋mancozeb）

主要含量与剂型　50%（20%＋30%；22%＋28%；23%＋27%；25%＋25%；28%＋22%；30%＋20%）、61%（36%＋25%）、64%（24%＋40%）、70%（25%＋45%；30%＋40%；45%＋25%；46%＋24%）、81%（32.4%＋48.6%）可湿性粉剂。括号内有效成分含量均为三乙膦酸铝的含量加代森锰锌的含量。

产品特点　乙铝·锰锌是由三乙膦酸铝与代森锰锌按一定比例混配的一种广谱低毒复合杀菌剂，具有内吸治疗和预防保护双重作用，耐雨水冲刷，使用方便。两种作用机理，优势互补，多个杀菌位点，病菌不宜产生抗药性。

使用技术　乙铝·锰锌在苹果树上主要用于防控轮纹烂果病、炭疽病、斑点落叶病、褐斑病、黑星病、疫腐病等多种真菌性病害。一般使用50%可湿性粉剂400～600倍液、或61%可湿性粉剂400～600倍液、或64%可湿性粉剂400～500倍液、或70%可湿性粉剂500～700倍液、或81%可湿性粉剂600～800倍液，在病害发生初期均匀周到喷雾。

二十八、噁酮·锰锌（famoxadone＋mancozeb）

主要含量与剂型　68.75%（6.25%噁唑菌酮＋62.5%代森锰锌）水分散粒剂。

产品特点　噁酮·锰锌是由噁唑菌酮与代森锰锌按科学比例混配的一种广谱保护性低毒复合杀菌剂，耐雨水冲刷，持效期较长。两种杀菌机理，作用互补，防病范围更广，使用更加方便。

噁唑菌酮属噁唑烷酮类广谱保护性低毒杀菌成分，具有一定的渗透和细胞吸收活性，亲脂性很强，能与植物叶表蜡质层大量结合，耐雨水冲刷，持效期较长。其杀菌机理主要是通过抑制线粒体的呼吸作用，使病菌细胞丧失能量来源而死亡。

使用技术　噁酮·锰锌在苹果树上主要用于防控轮纹烂果病、炭疽病、褐斑病、斑点落叶病、黑星病、疫腐病等多种真菌性病害。一般使用68.75%水分散粒剂1000～1200倍液，在病害发生初期或发生前均匀周到喷雾。

二十九、波尔·甲霜灵 （bordeaux mixture＋metalaxyl）

主要含量与剂型　85%（77%波尔多液＋8%甲霜灵）可湿性粉剂。

产品特点　波尔·甲霜灵是由工业化生产的波尔多液与甲霜灵按科学比例混配的一种低毒复合杀菌剂，专用于防控低等真菌性病害，并能兼防多种高等真菌性病害。混剂既具有铜素杀菌剂杀菌谱广、作用位点多、病菌不易产生耐药性等特点，又具有甲霜灵内吸传导性好、杀菌迅速彻底的优势。喷施后在植物表面形成一层黏着力较强的保护药膜，耐雨水冲刷，持效期较长。

甲霜灵属酰苯胺类低毒杀菌成分，内吸渗透性好，具有保护和治疗双重杀菌活性，但连续使用易诱使病菌产生耐药性。其杀菌机理是通过影响病菌 RNA 的生物合成而抑制菌丝生长，最终导致病菌死亡。

使用技术　波尔·甲霜灵在苹果树上主要用于防控疫腐病。一般使用 85%可湿性粉剂 500～700 倍液，在病害发生初期或发生前均匀喷雾，重点喷洒树冠中下部。

三十、唑醚·代森联 （pyraclostrobin＋metiram）

主要含量与剂型　60%（5%＋55%）水分散粒剂、72%（6%＋66%）水分散粒剂，括号内有效成分含量均为吡唑醚菌酯的含量加代森联的含量。

产品特点　唑醚·代森联是由吡唑醚菌酯与代森联按一定比例混配的一种广谱低毒复合杀菌剂，以预防保护作用为主，耐雨水冲刷，持效期较长，使用安全。多重杀菌机理，病菌不易产生耐药性，并在一定程度上具有提高植物抗病性能的功效。

使用技术　唑醚·代森联在苹果树上主要用于防控轮纹烂果病、炭疽病、套袋果斑点病、褐斑病、斑点落叶病、黑星病、霉心病等多种真菌性病害。花序分离期和落花 80%左右时各喷药 1 次，有效防控霉心病；然后从苹果落花后 7～10 天开始喷药，10 天左右 1 次，连喷 3 次药后套袋，有效防控套袋苹果的轮纹烂果病、炭疽病及套袋果斑点病，兼防春梢期斑点落叶病和褐斑病、黑星病；苹果套袋后（不套袋苹果连续喷药即可）继续喷药 4～5 次，10～15 天 1 次，注意与不同类型药剂交替使用，有效防控褐斑病、秋梢期斑点落叶病及不套袋苹果的轮纹烂果病、炭疽病，兼防黑星病。一般使用 60%水分散粒剂 1000～1500 倍液、或 72%水分散粒剂 1200～1800 倍液均匀喷雾。

三十一、苯甲·吡唑酯 （difenoconazole＋pyraclostrobin）

主要含量与剂型　30%（20%＋10%）乳油、30%（15%＋15%）悬浮剂、40%（15%＋25%）悬浮剂等。括号内有效成分含量均为苯醚甲环唑的含量加吡唑醚菌酯的含量。

产品特点 苯甲·吡唑酯是由苯醚甲环唑与吡唑醚菌酯按一定比例混配的一种广谱低毒复合杀菌剂，具有预防保护和内吸治疗双重作用，并能在一定程度上提高树体抗病性能。混剂耐雨水冲刷，持效期较长，使用安全，防控病害效果更好。

使用技术 苯甲·吡唑酯在苹果树上可用于防控轮纹烂果病、炭疽病、套袋果斑点病、褐斑病、斑点落叶病、黑星病、霉心病、白粉病等多种真菌性病害。花序分离期和落花80%左右时各喷药1次，有效防控霉心病，兼防白粉病；然后从苹果落花后7~10天开始喷药，10天左右1次，连喷3次药后套袋，有效防控套袋苹果的轮纹烂果病、炭疽病及套袋果斑点病，兼防白粉病、春梢期斑点落叶病和褐斑病、黑星病；苹果套袋后（不套袋苹果连续喷药即可）继续喷药4~5次，10~15天1次，注意与不同类型药剂交替使用，有效防控褐斑病、秋梢期斑点落叶病及不套袋苹果的轮纹烂果病、炭疽病，兼防黑星病、白粉病。一般使用30%乳油2000~3000倍液、或30%悬浮剂1500~2000倍液、或40%悬浮剂2000~2500倍液均匀喷雾。

第二节　苹果害虫防控常用杀虫剂

一、石硫合剂（lime sulfur）

主要含量与剂型 45%固体（结晶体）、29%水剂、石硫合剂原液等。

产品特点 石硫合剂是一种矿物源广谱低毒杀虫、杀螨剂，兼有一定的杀菌作用，有效成分为多硫化钙。喷施于植物表面遇空气后发生一系列化学反应，形成微细的单体硫和少量硫化氢而发挥药效。该药为碱性，具有腐蚀昆虫表皮蜡质层的作用，对具有较厚蜡质层的介壳虫和一些螨类的卵都有很好的杀灭效果。

石硫合剂既有工业化生产的商品制剂，也可自己熬制。工业化产品分为水剂和结晶两种，结晶体易溶于水。自己熬制的是用生石灰和硫黄粉为原料加水熬制而成，原料配比为生石灰1份、硫黄粉2份、水12~15份。熬制时先将生石灰放入铁锅中加少量水将其化开，制成石灰乳，再加入足量的水煮开，然后加入事先用少量水调成糊状的硫黄粉浆，边加入边搅拌，同时记下水位线。加完后用大火烧沸40~60分钟，并不断搅拌、及时补足水量（最好是沸水），等药液呈红褐色、残渣呈黄绿色时停火，冷却后滤去沉渣，即为石硫合剂原液。原液为深红褐色透明液体，有强烈的臭鸡蛋味，呈碱性，遇酸、二氧化碳易分解，遇空气易被氧化，对人的皮肤有强烈的腐蚀性，对眼睛有刺激作用。

使用技术 石硫合剂在苹果树上主要应用于发芽前清园，杀灭在枝干上越冬的各种害虫及病菌。一般使用3~5波美度石硫合剂、或45%石硫合剂晶体50~70

倍液、或 29％水剂 30～40 倍液，在苹果萌芽初期淋洗式喷雾。

二、吡虫啉（imidacloprid）

主要含量与剂型　10％可湿性粉剂、20％可溶液剂、25％可湿性粉剂、350 克/升悬浮剂、50％可湿性粉剂、600 克/升悬浮剂、70％可湿性粉剂、70％水分散粒剂、80％水分散粒剂等。

产品特点　吡虫啉是一种吡啶类低毒专性杀虫剂，专用于防控刺吸式口器害虫，具有内吸、胃毒、触杀、拒食及驱避作用，药效高、速效性好、持效期长，可与多种药剂混用，使用安全。其杀虫机理是作用于昆虫的烟酸乙酰胆碱酯酶受体，通过干扰害虫运动神经系统，使其麻痹而死亡。施药后 1 天即有较高的防效，且药效和温度呈正相关，温度高、杀虫效果好，但该药对蜜蜂高毒。

使用技术　吡虫啉在苹果树上主要用于防控绣线菊蚜、苹果棉蚜、苹果瘤蚜、绿盲蝽、介壳虫类等刺吸式口器害虫。一般使用 10％可湿性粉剂 1200～1500 倍液、或 20％可溶液剂 2500～3000 倍液、或 25％可湿性粉剂 3000～3500 倍液、或 350 克/升悬浮剂 4000～5000 倍液、或 50％可湿性粉剂 6000～7000 倍液、或 600 克/升悬浮剂 7000～8000 倍液、或 70％可湿性粉剂或 70％水分散粒剂 8000～10000 倍液、或 80％水分散粒剂 10000～12000 倍液，在害虫发生初期及时均匀喷雾。

三、啶虫脒（acetamiprid）

主要含量与剂型　5％乳油、5％可湿性粉剂、10％乳油、10％微乳剂、10％可湿性粉剂、20％可溶粉剂、20％可溶液剂、20％可湿性粉剂、25％乳油、40％可溶粉剂、40％水分散粒剂、70％水分散粒剂等。

产品特点　啶虫脒是一种氯代烟碱类低毒杀虫剂，专用于防控刺吸式口器害虫，以触杀和胃毒作用为主，兼有卓越的内吸活性，杀虫活性高、用量少、持效期长，可混用性好。其杀虫机理为主要作用于昆虫神经接合部后膜，通过与乙酰受体结合使昆虫异常兴奋，全身痉挛、麻痹而死亡。对有机磷类、氨基甲酸酯类及拟除虫菊酯类有抗药性的害虫也具有很好的防控效果，特别对半翅目害虫效果优异。其药效和温度呈正相关，温度高杀虫活性强。

使用技术　啶虫脒在苹果树上主要用于防控绣线菊蚜、苹果棉蚜、苹果瘤蚜、绿盲蝽、介壳虫类等刺吸式口器害虫。一般使用 5％乳油或 5％可湿性粉剂 1500～2000 倍液、或 10％乳油或 10％微乳剂或 10％可湿性粉剂 3000～4000 倍液、或 20％可溶粉剂或 20％可溶液剂或 20％可湿性粉剂 6000～8000 倍液、或 25％乳油 8000～10000 倍液、或 40％可溶粉剂或 40％水分散粒剂 12000～15000 倍液、或 70％水分散粒剂 20000～25000 倍液，在害虫发生初期或若虫期及时均匀周到喷雾。

四、吡蚜酮（pymetrozine）

主要含量与剂型　25％悬浮剂，25％、30％、40％、50％、70％可湿性粉剂，50％、60％、70％、75％水分散粒剂等。

产品特点　吡蚜酮是一种吡啶三嗪酮类低毒专性杀虫剂，专用于防治刺吸式口器害虫，具有触杀作用和内吸活性，在植物体内既能于木质部输导，也能于韧皮部输导，具有良好的输导特性，茎叶喷雾后新长出的枝叶也能得到有效保护。该药对刺吸式口器害虫表现出优异的防控效果，并有良好的阻断昆虫传毒功能，防效高，选择性强，对环境及生态安全。

使用技术　吡蚜酮在苹果树上主要用于防控绣线菊蚜、苹果棉蚜、苹果瘤蚜、绿盲蝽、介壳虫类等刺吸式口器害虫。一般使用25％悬浮剂或25％可湿性粉剂1500～2000倍液、或30％可湿性粉剂2000～2500倍液、或40％可湿性粉剂2500～3000倍液、或50％可湿性粉剂或50％水分散粒剂3000～4000倍液、或60％水分散粒剂4000～5000倍液、或70％可湿性粉剂或70％水分散粒剂或75％水分散粒剂5000～6000倍液，在害虫发生为害初期均匀周到喷雾。

五、噻嗪酮（buprofezin）

主要含量与剂型　25％可湿性粉剂、25％悬浮剂、37％悬浮剂、40％悬浮剂、50％可湿性粉剂、50％悬浮剂、65％可湿性粉剂等。

产品特点　噻嗪酮是一种噻二嗪类昆虫生长调节剂型低毒仿生杀虫剂，属昆虫蜕皮抑制剂，以触杀作用为主，兼有一定的胃毒作用，具有杀虫活性高、选择性强、持效期长等特点。通过抑制壳多糖合成和干扰新陈代谢，使害虫不能正常蜕皮和变态而逐渐死亡。该药作用较慢，一般施药后3～7天才能看出效果。对若虫表现为直接作用，对成虫没有直接杀伤力，但可以缩短成虫寿命，减少产卵量，且所产卵多为不育卵，即使孵化出若虫也很快死亡。

使用技术　噻嗪酮在苹果树上主要用于防控介壳虫类害虫。一般使用25％可湿性粉剂或25％悬浮剂800～1000倍液、或37％悬浮剂1200～1500倍液、或40％悬浮剂1300～1600倍液、或50％可湿性粉剂或50％悬浮剂1500～2000倍液、或65％可湿性粉剂2000～3000倍液，在若虫发生为害初期及时均匀周到喷药。

六、阿维菌素（abamectin）

主要含量与剂型　18克/升乳油、1.8％乳油、1.8％水乳剂、1.8％微乳剂、3％微乳剂、3％水乳剂、3.2％乳油、5％乳油、5％水乳剂、5％微乳剂、5％悬浮剂等。

产品特点　阿维菌素是一种农用抗生素类广谱杀虫、杀螨剂，属昆虫神经毒剂，原药高毒，制剂低毒或中毒。对昆虫和螨类以触杀和胃毒作用为主，并有微弱的熏蒸作用，无内吸作用，但对叶片有很强的渗透性，并能在植物体内横向传导，持效期较长。其作用机理是干扰害虫神经生理活动，刺激释放 γ-氨基丁酸，抑制害虫神经传导，导致害虫在几小时内迅速麻痹、拒食、缓动或不动，2～4 天后死亡。阿维菌素使用安全，可混用性好，对益虫及天敌较友好。

使用技术 阿维菌素在苹果树上可用于防控叶螨类（山楂叶螨、苹果全爪螨、二斑叶螨）、食心虫类、卷叶蛾类、刺蛾类、食叶毛虫类及金纹细蛾、苹果蠹蛾等多种害虫。一般使用 18 克/升乳油或 1.8％乳油或 1.8％水乳剂或 1.8％微乳剂 2000～2500 倍液、或 3％微乳剂或 3％水乳剂 3000～4000 倍液、或 3.2％乳油 3000～4000 倍液、或 5％乳油或 5％水乳剂或 5％微乳剂或 5％悬浮剂 5000～6000 倍液，在害虫（螨）发生为害初期及时均匀喷雾。

七、甲氨基阿维菌素苯甲酸盐（emamectin benzoate）

主要含量与剂型 0.5％、1％、2％、5％乳油，1％、2％、2.5％、3％、5％微乳剂，2％水乳剂，2.5％、3％、5％水分散粒剂，5％可溶粒剂。

产品特点 甲氨基阿维菌素苯甲酸盐是以阿维菌素 B_1 为基础，合成的一种半合成抗生素类高效低毒杀虫剂，以胃毒作用为主，兼有触杀活性，对作物无内吸性能，但能有效渗入施用作物的表皮组织，持效期较长。其作用机理是通过阻碍害虫运动神经信息传递，使虫体麻痹而死亡。幼虫接触药剂后很快停止取食，发生不可逆转的麻痹，在 3～4 天内达到死亡高峰。该药对鳞翅目昆虫的幼虫和其他许多害虫害螨具有极高活性，与其他杀虫剂无交互抗性，使用安全。

使用技术 甲氨基阿维菌素苯甲酸盐在苹果树上主要用于防控多种鳞翅目害虫，如金纹细蛾、美国白蛾、天幕毛虫、棉铃虫、苹果蠹蛾、卷叶蛾类、刺蛾类、食心虫类等。一般使用 0.5％乳油 800～1000 倍液、或 1％乳油或 1％微乳剂 1500～2000 倍液、或 2％乳油或 2％微乳剂或 2％水乳剂 3000～4000 倍液、或 2.5％微乳剂或 2.5％水分散粒剂 4000～5000 倍液、或 3％微乳剂或 3％水分散粒剂 5000～6000 倍液、或 5％乳油或 5％微乳剂或 5％可溶粒剂或 5％水分散粒剂 8000～10000 倍液，在害虫发生初期均匀周到喷雾。

八、灭幼脲（chlorbenzuron）

主要含量与剂型 20％悬浮剂、25％悬浮剂等。

产品特点 灭幼脲是一种苯甲酰脲类特异性低毒杀虫剂，属昆虫生长调节剂类，以胃毒作用为主，兼有触杀作用，无内吸传导作用，但有一定渗透性。通过抑制昆虫壳多糖合成，阻碍幼虫蜕皮，使虫体发育不正常而死亡。该药耐雨水冲刷，降解速度慢，持效期 15～20 天，药效较慢，一般施药后 3～4 天开始见效。对有益昆虫和有益生物安全，对蜜蜂安全，但对蚕高毒。

使用技术 灭幼脲在苹果树上主要用于防控金纹细蛾、卷叶蛾类、刺蛾类、食叶毛虫类等鳞翅目害虫。一般使用 20％悬浮剂 1000～1200 倍液、或 25％悬浮剂 1200～1500 倍液，在害虫发生初期或低龄幼虫期及时均匀喷雾。

九、虱螨脲（lufenuron）

主要含量与剂型　5％乳油、50 克/升乳油、5％悬浮剂、10％悬浮剂。

产品特点　虱螨脲是一种抑制昆虫蜕皮的高效广谱低毒杀虫剂，以胃毒作用为主，兼有一定的触杀作用，没有内吸性，但有良好的杀卵效果。其杀虫机理是通过抑制幼虫几丁质合成酶的形成而发生作用，干扰几丁质在表皮的沉积，导致昆虫不能正常蜕皮变态而死亡。虱螨脲对低龄幼虫效果优异，害虫取食药剂后，2 小时停止取食，2～3 天进入死虫高峰。该药药效作用缓慢，持效期长，对多种天敌安全。

使用技术　虱螨脲在苹果树上主要用于防控多种鳞翅目害虫，如卷叶蛾类、刺蛾类、食叶毛虫类等。一般使用 5％乳油或 50 克/升乳油或 5％悬浮剂 1000～1500 倍液、或 10％悬浮剂 2000～2500 倍液，在害虫发生初期或低龄幼虫期均匀喷雾。

十、甲氧虫酰肼（methoxyfenozide）

主要含量与剂型　24％悬浮剂、240 克/升悬浮剂。

产品特点　甲氧虫酰肼是一种二芳酰肼类低毒杀虫剂，属昆虫生长调节剂促蜕皮激素类，为虫酰肼的高效结构，具有触杀作用和内吸性，通过干扰昆虫的正常生长发育而发挥作用。幼虫取食药剂后，促使其在非蜕皮期进入蜕皮状态，由于蜕皮不完全而导致幼虫脱水、饥饿而死亡。该药选择性强，只对鳞翅目幼虫有效，即使大龄幼虫也具有很好的杀灭效果，对益虫、益螨安全，对环境友好，但对家蚕高毒。

使用技术　甲氧虫酰肼在苹果树上主要用于防控鳞翅目害虫，如金纹细蛾、卷叶蛾类、刺蛾类、食叶毛虫类等。一般使用 24％悬浮剂或 240 克/升悬浮剂 2500～3000 倍液，在害虫发生为害初期或初见虫斑时（金纹细蛾）及时均匀喷药。

十一、甲氰菊酯（fenpropathrin）

主要含量与剂型　20％乳油、20％水乳剂等。

产品特点　甲氰菊酯是一种拟除虫菊酯类高效广谱中毒杀虫、杀螨剂，具有触杀、胃毒和一定的驱避作用，无内吸、熏蒸作用。其杀虫机理是作用于昆虫的神经系统，害虫取食或接触药剂后过度兴奋、麻痹而死亡。该药对鳞翅目幼虫高效，对双翅目和半翅目害虫也有很好的防控效果，并对螨类具有较好的防效，即具有虫螨兼防的优点，但对鱼类、蜜蜂、家蚕高毒。

使用技术　甲氰菊酯在苹果树上可用于防控蚜虫类、食心虫类、卷叶蛾类、刺蛾类、食叶毛虫类、金龟子类、绿盲蝽等多种害虫，并对叶螨类具有一定的兼防效果。一般使用20%乳油或20%水乳剂1500～2000倍液，在害虫发生为害初期均匀喷药。

十二、联苯菊酯（bifenthrin）

主要含量与剂型 25克/升乳油、2.5%水乳剂、4.5%微乳剂、5%悬浮剂、10%水乳剂、10%微乳剂、100克/升乳油、100克/升水乳剂等。

产品特点 联苯菊酯是一种拟除虫菊酯类高效广谱中毒杀虫、杀螨剂，以触杀和胃毒作用为主，无内吸作用，具有击倒作用强、速效性好、持效期长等特点。其杀虫机理是作用于昆虫的神经系统，使昆虫过度兴奋、麻痹而死亡。本剂既具有良好的杀虫活性，又具有一定的杀螨效果，在气温较低条件下更能发挥药效，使用安全，但对蜜蜂、家蚕、部分天敌及水生生物高毒。

使用技术 联苯菊酯在苹果树上可用于防控蚜虫类、食心虫类、卷叶蛾类、刺蛾类、食叶毛虫类、金龟子类、绿盲蝽等多种害虫。一般使用25克/升乳油或2.5%水乳剂800～1000倍液、或4.5%微乳剂1500～1800倍液、或5%悬浮剂1500～2000倍液、或10%水乳剂或10%微乳剂或100克/升乳油或100克/升水乳剂3000～4000倍液，在害虫发生为害初期及时均匀喷药。

十三、高效氯氰菊酯（beta-cypermethrin）

主要含量与剂型 4.5%乳油、4.5%微乳剂、4.5%水乳剂、10%乳油、10%微乳剂、10%水乳剂、100克/升乳油等。

产品特点 高效氯氰菊酯是一种拟除虫菊酯类高效广谱中毒杀虫剂，属氯氰菊酯的高效异构体，具有良好的触杀和胃毒作用，无内吸性，杀虫谱广，击倒速率快，生物活性高，可混用性好。其杀虫机理是通过与害虫神经系统中的钠离子通道相互作用，破坏其功能，使害虫过度兴奋、麻痹而死亡。该药使用安全，但对水生生物、蜜蜂、家蚕有毒。

使用技术 高效氯氰菊酯在苹果树上可用于防控蚜虫类、食心虫类、卷叶蛾类、刺蛾类、食叶毛虫类、金龟子类、绿盲蝽等多种害虫。一般使用4.5%乳油或4.5%微乳剂或4.5%水乳剂1500～2000倍液、或10%乳油或10%微乳剂或10%水乳剂或100克/升乳油3000～4000倍液，在害虫发生为害初期及时均匀喷药。

十四、高效氯氟氰菊酯（lambda-cyhalothrin）

主要含量与剂型 2.5%乳油、2.5%微乳剂、2.5%水乳剂、2.5%悬浮剂、2.5%微囊悬浮剂、25克/升乳油、25克/升微乳剂、25克/升水乳剂、5%水乳剂、5%微乳剂、50克/升乳油、10%水乳剂、20%水乳剂等。

产品特点 高效氯氟氰菊酯是一种拟除虫菊酯类高效广谱中毒杀虫剂，对害虫具有强烈的触杀和胃毒作用，并有一定的驱避作用，无内吸性。其杀虫机理是作用于昆虫的神经系统，使昆虫过度兴奋、麻痹而死亡。与其他拟除虫菊酯类药剂相比，该药杀虫谱更广、杀虫活性更高、药效更迅速、并具有强烈的渗透作用、耐雨水冲刷能力更强，具有用量少、药效快、击倒力强、害虫产生抗药性缓慢、残留低、使用安全、可混用性好等特点，但对蜜蜂、家蚕、鱼类及水生生物高毒。

使用技术 高效氯氟氰菊酯在苹果树上可用于防控蚜虫类、食心虫类、卷叶蛾类、刺蛾类、食叶毛虫类、金龟子类、绿盲蝽等多种害虫。一般使用 2.5％乳油或 2.5％微乳剂或 2.5％水乳剂或 2.5％悬浮剂或 2.5％微囊悬浮剂或 25 克/升乳油或 25 克/升微乳剂或 25 克/升水乳剂 1200～1500 倍液、或 5％水乳剂或 5％微乳剂或 50 克/升乳油 2500～3000 倍液、或 10％水乳剂 5000～6000 倍液、或 20％水乳剂 10000～12000 倍液，在害虫发生为害初期及时均匀喷药。

十五、氯虫苯甲酰胺（chlorantraniliprole）

主要含量与剂型 5％悬浮剂、200 克/升悬浮剂、35％水分散粒剂。

产品特点 氯虫苯甲酰胺是一种苯甲酰胺类高效微毒杀虫剂，专用于防控鳞翅目害虫，以胃毒作用为主，兼有触杀作用，并有很强的渗透性和内吸传导性，药剂喷施后易被内吸，均匀分布在植物体内，害虫食取药剂后很快停止取食，慢慢死亡。其杀虫机理是通过激活昆虫体内鱼尼丁受体，使钙离子通道持续非正常开放，导致钙离子无限制释放，引起肌肉调节衰弱、麻痹，最后致使害虫死亡。该药持效性好，耐雨水冲刷，使用安全。

使用技术 氯虫苯甲酰胺在苹果树上主要用于防控金纹细蛾、食心虫类、卷叶蛾类、刺蛾类、食叶毛虫类等鳞翅目害虫。一般使用 5％悬浮剂 1000～1500 倍液、或 200 克/升悬浮剂 4000～5000 倍液、或 35％水分散粒剂 8000～10000 倍液，在害虫发生为害初期及时均匀喷药。

十六、氟苯虫酰胺（flubendiamide）

主要含量与剂型 10％悬浮剂、20％悬浮剂、20％水分散粒剂。

产品特点 氟苯虫酰胺是一种邻苯二甲酰胺类高效低毒杀虫剂，属鱼尼丁受体激活剂，以胃毒作用为主，兼有触杀作用，耐雨水冲刷。其杀虫机理主要是通过激活依赖兰尼碱受体的细胞内钙释放通道，使细胞内钙离子呈失控性释放，导致害虫身体逐渐萎缩、活动放缓、不能取食、最终饥饿而死亡。该药作用速度快、持效期长，对鳞翅目害虫的幼虫具有非常突出的防效，但没有杀卵作用，使用安全。

使用技术 氟苯虫酰胺在苹果树上主要用于防控卷叶蛾类、刺蛾类、食叶毛虫类等鳞翅目害虫。一般使用 10％悬浮剂 1500～2000 倍液、或 20％悬浮剂或 20％

水分散粒剂 3000～4000 倍液，在害虫发生为害初期及时均匀喷药。

十七、氟啶虫胺腈（sulfoxaflor）

主要含量与剂型　22％悬浮剂、50％水分散粒剂等。

产品特点　氟啶虫胺腈是一种磺酰亚胺类新型高效低毒杀虫剂，具有内吸传导性、高效、快速、持效期长、残留低，能有效防控对烟碱类、菊酯类、有机磷类和氨基甲酸酯类农药产生抗性的介壳虫类、蚜虫类、粉虱类、蝽蟓类等刺吸式口器害虫。其杀虫机理是作用于昆虫的神经系统，具有全新独特的作用机制，通过作用于烟碱类乙酰胆碱受体（nAChR）内独特的结合位点而发挥杀虫功能。该药使用安全，不污染环境。

使用技术　氟啶虫胺腈在苹果树上主要用于防控苹果棉蚜、绣线菊蚜、苹果瘤蚜、绿盲蝽及介壳虫类害虫。一般使用 22％悬浮剂 4000～6000 倍液、或 50％水分散粒剂 10000～12000 倍液，在害虫发生为害初期及时均匀喷雾。

十八、螺虫乙酯（spirotetramat）

主要含量与剂型　22.4％悬浮剂。

产品特点　螺虫乙酯是一种新型季酮酸类内吸性广谱低毒杀虫剂，以内吸胃毒作用为主，触杀效果较差，作用速度慢，但持效期长。其杀虫机理是通过抑制害虫体内脂肪合成过程中乙酰辅酶 A 羧化酶的活性，进而抑制脂肪的合成，阻断害虫正常的能量代谢，而导致害虫死亡。害虫幼虫或若虫取食药剂后不能正常蜕皮，2～5 天内死亡。同时，还能降低雌成虫的繁殖能力和幼、若虫存活率，进而有效降低害虫种群数量。

使用技术　螺虫乙酯在苹果树上主要用于防控苹果棉蚜、苹果瘤蚜、绣线菊蚜及介壳虫类害虫。一般使用 22.4％悬浮剂 4000～5000 倍液，在害虫发生为害初期或低龄若虫期（介壳虫类）及时均匀喷雾。

十九、哒螨灵（pyridaben）

主要含量与剂型　15％、20％乳油，15％微乳剂，15％水乳剂，20％、40％可湿性粉剂，30％、40％、45％悬浮剂。

产品特点　哒螨灵是一种哒嗪类广谱速效杀螨剂，低毒至中等毒性，触杀性强，无内吸、传导和熏蒸作用，对螨卵、幼螨、若螨、成螨都有很好的杀灭效果，对活动态螨作用迅速，持效期长，一般可达 1～2 月。药效受温度影响小，无论早春或秋季使用均可获得满意效果。与苯丁锡、噻螨酮等常用杀螨剂无交互抗性，对瓢虫、草蛉、寄生蜂等生敌较安全。

使用技术　哒螨灵在苹果树上主要用于防控叶螨类（山楂叶螨、苹果全爪螨、二斑叶螨等）。一般使用 15％乳油或 15％微乳剂或 15％水乳剂 1000～1500 倍液、或 20％乳油或 20％可湿性粉剂 1500～2000 倍液、或 30％悬浮剂 2000～3000 倍液、或 40％悬浮剂或 40％可湿性粉剂 3000～4000 倍液、或 45％悬浮剂 3500～4500 倍液，在害螨发生为害初期及时均匀喷雾。

二十、四螨嗪 （clofentezine）

主要含量与剂型　20％悬浮剂、50％悬浮剂、500 克/升悬浮剂等。

产品特点　四螨嗪是一种四嗪有机氯类低毒杀螨剂，属胚胎发育抑制剂，主要为触杀作用，对螨卵杀灭效果好（冬卵、夏卵都能毒杀），对幼螨、若螨也有一定效果，对成螨无效；但接触药液后的成螨，可导致产卵量下降，所产卵大都不能孵化，个别孵化出的幼螨也很快死亡。其药效发挥较慢，施药后 7～10 天才能达到最高杀螨效果，但持效期较长，达 50～60 天。

使用技术　四螨嗪在苹果树上主要用于防控叶螨类。一般使用 20％悬浮剂 1000～1500 倍液、或 50％悬浮剂或 500 克/升悬浮剂 2500～3000 倍液，在害螨发生为害初期及时均匀喷雾。

二十一、三唑锡 （azocyclotin）

主要含量与剂型　20％、30％、40％悬浮剂，20％、25％、70％可湿性粉剂，50％、80％水分散粒剂等。

产品特点　三唑锡是一种有机锡类中毒杀螨剂，具有较好的触杀作用，可杀灭若螨、成螨和夏卵，对冬卵无效。该药抗光解，耐雨水冲刷，持效期较长；温度越高杀螨、杀卵效果越强，是高温季节对害螨控制期较长的杀螨剂。常用浓度对作物安全，对人皮肤和眼黏膜有刺激性，对蜜蜂毒性极低，但对鱼类高毒。

使用技术　三唑锡在苹果树上主要用于防控叶螨类。一般使用 20％悬浮剂或 20％可湿性粉剂 800～1000 倍液、或 25％可湿性粉剂 1000～1200 倍液、或 30％悬浮剂 1200～1500 倍液、或 40％悬浮剂 1500～2000 倍液、或 50％水分散粒剂 2000～2500 倍液、或 70％可湿性粉剂 3000～3500 倍液、或 80％水分散粒剂 3000～4000 倍液，在害螨发生为害初期及时均匀喷雾。

二十二、螺螨酯 （spirodiclofen）

主要含量与剂型　24％悬浮剂、240 克/升悬浮剂、29％悬浮剂、34％悬浮剂、40％悬浮剂等。

产品特点　螺螨酯是一种季酮酸类广谱低毒杀螨剂，以触杀和胃毒作用为主，无内吸性，对螨卵、幼螨、若螨、成螨均有效；虽然不能较快杀死雌成螨，但对雌成螨有很好的绝育作用，雌成螨接触药剂后所产的卵大部分不能孵化，死于胚胎后期。其作用机理是通过抑制害螨体内的脂肪合成，阻止能量代谢，而导致害螨死亡。该药持效期长，一般可达 40～50 天；使用安全，对蜜蜂低毒，适合于无公害生产。

使用技术　螺螨酯在苹果树上主要用于防控叶螨类的为害。一般使用 24％悬浮剂或 240 克/升悬浮剂 4000～5000 倍液、或 29％悬浮剂 5000～6000 倍液、或 34％悬浮剂 6000～7000 倍液、或 40％悬浮剂 7000～8000 倍液，在害螨发生为害初期及时均匀喷雾。

二十三、乙螨唑（etoxazole）

主要含量与剂型　110 克/升悬浮剂、20％悬浮剂、30％悬浮剂等。

产品特点　乙螨唑是一种二苯基噁唑衍生物类选择性杀螨剂，属几丁质合成抑制剂，以触杀和胃毒作用为主。其作用机理主要是抑制螨卵的胚胎形成和从若螨、幼螨到成螨的蜕皮过程，所以对螨卵、幼螨、若螨均具有很好的杀灭效果，而对成螨的防效较差。

使用技术　乙螨唑在苹果树上主要用于防控叶螨类的为害。一般使用 110 克/升悬浮剂 3000～4000 倍液、或 20％悬浮剂 6000～7000 倍液、或 30％悬浮剂 10000～12000 倍液，在害螨发生为害初期及时均匀喷雾。

二十四、阿维·吡虫啉（abamectin＋imidacloprid）

主要含量与剂型　1.8％（0.1％＋1.7％）、2％（0.2％＋1.8％）、2.2％（0.2％＋2％）、2.5％（0.1％＋2.4％）、3％（0.27％＋2.73％）、3.15％（0.15％＋3％）、5％（0.5％＋4.5％）乳油，1.8％（0.1％＋1.7％）、4.5％（0.5％＋4％）、18％（1％＋17％）、27％（1.5％＋25.5％）可湿性粉剂，5％（0.5％＋4.5％）、8％（0.5％＋7.5％）、29％（2.5％＋26.5％）悬浮剂，36％（0.3％＋35.7％）水分散粒剂等。括号内有效成分含量均为阿维菌素的含量加吡虫啉的含量。

产品特点　阿维·吡虫啉是由阿维菌素与吡虫啉按一定比例混配的一种高效广谱低毒复合杀虫剂，以触杀和胃毒作用为主，兼有一定的内吸、渗透作用，耐雨水冲刷。两种有效成分作用机理优势互补、协同增效，既能作用于害虫乙酰胆碱酯酶受体，又能刺激害虫释放 γ-氨基丁酸，进而抑制害虫神经传导。混剂显著延缓害虫产生抗药性，是害虫抗性治理的优势组合之一。

使用技术　阿维·吡虫啉在苹果树上主要适用于叶螨类与蚜虫类（苹果棉蚜、绣线菊蚜等）混合发生时及蚜虫类与为害叶片的鳞翅目害虫混合发生时。一般使用 1.8％乳油或 1.8％可湿性粉剂 600～800 倍液、或 2％乳油 800～1000 倍液、或 2.2％乳油 1000～1200 倍液、或 3％乳油 1200～1500 倍液、或 5％乳油或 5％悬浮剂 1500～2000 倍液、或 8％悬浮剂 1200～1500 倍液、或 27％可湿性粉剂 4000～5000 倍液、或 29％悬浮剂 5000～6000 倍液、或 36％水分散粒剂 5000～6000 倍液，在害虫（螨）发生为害初期及时均匀喷雾。

二十五、阿维·啶虫脒（abamectin+acetaniprid）

主要含量与剂型　1.8%（0.3%+1.5%）、4%（0.5%+3.5%）、5%（0.5%+4.5%）、12.5%（2.5%+10%）微乳剂，6%（0.6%+5.4%）水乳剂，4%（1%+3%）、8.8%（0.4%+8.4%）乳油，10%（2%+8%）、30%（2%+28%）水分散粒剂等。括号内有效成分含量均为阿维菌素的含量加啶虫脒的含量。

产品特点　阿维·啶虫脒是由阿维菌素与啶虫脒按一定比例混配的一种高效广谱低毒复合杀虫剂，以触杀和胃毒作用为主，兼有一定的内吸、渗透作用，耐雨水冲刷，使用安全。两种成分优势互补、协同增效，对抗性害虫具有很好的防控效果，并能显著延缓害虫产生抗药性，是害虫抗性综合治理的优势组合之一。

使用技术　阿维·啶虫脒在苹果树上主要适用于叶螨类与蚜虫类（苹果棉蚜、绣线菊蚜等）混合发生时及蚜虫类与为害叶片的鳞翅目害虫混合发生时。一般使用1.8%微乳剂600～800倍液、或4%乳油或4%微乳剂1500～2000倍液、或5%微乳剂2000～2500倍液、或6%水乳剂2500～3000倍液、或8.8%乳油3000～4000倍液、或10%水分散粒剂4000～5000倍液、或12.5%微乳剂5000～6000倍液、或30%水分散粒剂8000～10000倍液，在害虫（螨）发生为害初期及时均匀喷雾。

二十六、阿维·高氯（abamectin+beta-cypermethrin）

主要含量与剂型　1.8%（0.3%+1.5%）、2%（0.2%+1.8%）、2.5%（0.2%+2.3%）、2.8%（0.3%+2.5%）、3%（0.2%+2.8%）、3.3%（0.8%+2.5%）、4.2%（0.3%+3.9%）、5%（0.5%+4.5%）、5.4%（0.9%+4.5%）、6%（0.4%+5.6%）、9%（0.6%+8.4%）乳油，1.8%（0.3%+1.5%）水乳剂，1.8%（0.6%+1.2%）、2%（0.2%+1.8%）、3%（0.6%+2.4%）、7%（1%+6%）微乳剂，3%（0.2%+2.8%）、6.3%（0.7%+5.6%）可湿性粉剂等。括号内有效成分含量均为阿维菌素的含量加高效氯氰菊酯的含量。

产品特点　阿维·高氯是由阿维菌素与高效氯氰菊酯混配的一种高效广谱杀虫剂，低毒至中等毒性，以触杀和胃毒作用为主，渗透性较强，药效较迅速，使用安全，但对鸟类、鱼类、蜜蜂高毒。两种有效成分，双重作用机理，杀虫效果更好，并能显著延缓害虫产生耐药性。

使用技术　阿维·高氯在苹果树上主要适用于叶螨类与蚜虫类（苹果棉蚜、绣线菊蚜等）混合发生时及蚜虫类与为害叶片的鳞翅目害虫混合发生时。一般使用1.8%乳油或1.8%水乳剂或1.8%微乳剂800～1000倍液、或2%乳油或2%微乳剂800～1000倍液、或2.5%乳油1000～1200倍液、或2.8%乳油1200～1500倍液、或3%乳油或3%可湿性粉剂1000～1500倍液、或5%乳油或5.4%乳油2000～2500倍液、或6%乳油2000～2500倍液、或7%微乳剂2500～3000倍液、或9%乳油3000～4000倍液，在害虫（螨）发生为害初期及时均匀喷雾。

二十七、阿维·螺螨酯（abamectin＋spirodiclofen）

主要含量与剂型　13%（1%＋12%）水乳剂，18%（3%＋15%）、20%（2%＋18%；1%＋19%）、21%（1%＋20%）、22%（2%＋20%）、24%（3%＋21%）、25%（1%＋24%）、27%（2%＋25%）、28%（4%＋24%）、30%（3%＋27%）、33%（3%＋30%）、35%（5%＋30%）悬浮剂。括号内有效成分含量均为阿维菌素的含量加螺螨酯的含量。

产品特点　阿维·螺螨酯是由阿维菌素与螺螨酯按一定比例混配的一种高效广谱低毒复合杀螨剂，具有触杀、胃毒和熏蒸作用，及一定的渗透作用，可杀灭成螨、若螨、幼螨和夏卵，黏附性好，持效期长，使用安全。两种有效成分，双重作用机理，优势互补，协同增效，防控效果更好。

使用技术　阿维·螺螨酯在苹果树上主要适用于叶螨类与为害叶片的鳞翅目害虫混合发生时、或叶螨类发生为害较重时。一般使用13%水乳剂1500～2000倍液、或18%悬浮剂3000～4000倍液、或20%悬浮剂或21%悬浮剂3000～3500倍液、或22%悬浮剂3500～4000倍液、或24%悬浮剂4000～5000倍液、或25%悬浮剂3500～4000倍液、或27%悬浮剂4500～5000倍液、或28%悬浮剂或30%悬浮剂或33%悬浮剂5000～6000倍液、或35%悬浮剂6000～7000倍液，在害虫（螨）发生为害初期及时均匀喷雾。

二十八、阿维·乙螨唑（abamectin＋etoxazole）

主要含量与剂型　15%（3%＋12%；5%＋10%）悬浮剂、20%（4%＋16%；5%＋15%）悬浮剂、23%（3%＋20%）悬浮剂、25%（5%＋20%）悬浮剂、40%（5%＋35%）悬浮剂。括号内有效成分含量均为阿维菌素的含量加乙螨唑的含量。

产品特点　阿维·乙螨唑是由阿维菌素与乙螨唑按一定比例混配的一种高效广谱复合杀螨剂，低毒至中等毒性，以触杀和胃毒作用为主，使用方便、安全，持效期较长。两种有效成分，协同增效，双重作用机理，杀螨效果更好，并能显著延缓害螨产生抗药性，适用于抗性害螨的综合治理。

使用技术　阿维·乙螨唑在苹果树上主要适用于叶螨类与为害叶片的鳞翅目害虫混合发生时、或叶螨类发生为害较重时。一般使用15%悬浮剂5000～6000倍液、或20%悬浮剂6000～8000倍液、或23%悬浮剂或25%悬浮剂8000～10000倍液、或40%悬浮剂12000～15000倍液，在害虫（螨）发生为害初期及时均匀喷雾。

二十九、高氯·吡虫啉（beta-cypermethrin＋imidacloprid）

主要含量与剂型　3%（1.5%＋1.5%）、4%（2.2%＋1.8%）、5%（4%＋

1％；3％＋2％；2.5％＋2.5％）、7.5％（5％＋2.5％）乳油，30％（10％＋20％）悬浮剂。括号内有效成分含量均为高效氯氰菊酯的含量加吡虫啉的含量。

产品特点　高氯·吡虫啉是由高效氯氰菊酯与吡虫啉按一定比例混配的一种高效广谱复合杀虫剂，低毒至中等毒性，以触杀和胃毒作用为主，兼有一定的内吸性，速效性较好，使用安全，耐雨水冲刷，对刺吸式口器害虫具有较好的防控效果。两种有效成分，双重作用机理，优势互补，协同增效，能显著延缓害虫产生抗药性，是害虫抗性治理的优势组合之一。

使用技术　高氯·吡虫啉在苹果树上主要适用于蚜虫类（苹果棉蚜、绣线菊蚜等）发生为害较重时及蚜虫类与为害叶片的鳞翅目害虫混合发生时。一般使用3％乳油500～600倍液、或4％乳油800～1000倍液、或5％乳油1500～2000倍液、或7.5％乳油2000～2500倍液、或30％悬浮剂4000～5000倍液，在害虫（螨）发生为害初期及时均匀喷雾。

三十、高氯·甲维盐（beta-cypermethrin＋emamectin benzoate）

主要含量与剂型　2％（1.8％＋0.2％；1.9％＋0.1％）、3％（2.5％＋0.5％）、3.8％（3.7％＋0.1％）、4.2％（4％＋0.2％）乳油，2％（1.9％＋0.1％）、3％（2.5％＋0.5％；2.7％＋0.3％）、3.2％（3％＋0.2％）、3.5％（3％＋0.5％）、4％（3.7％＋0.3％）、4.2％（4％＋0.2％）、4.5％（4.3％＋0.2％）、4.8％（4.5％＋0.3％）、5％（4％＋1％；4.5％＋0.5％；4.8％＋0.2％）、5.5％（5％＋0.5％）微乳剂，4.2％（4％＋0.2％）、5％（4％＋1％）水乳剂。括号内有效成分含量均为高效氯氰菊酯的含量加甲氨基阿维菌素苯甲酸盐的含量。

产品特点　高氯·甲维盐是由高效氯氰菊酯与甲氨基阿维菌素苯甲酸盐按一定比例混配的一种高效广谱复合杀虫剂，低毒至中等毒性，以触杀和胃毒作用为主，渗透性强，耐雨水冲刷，使用安全。两种有效成分，双重杀虫机理，优势互补，协同增效，能显著延缓害虫产生抗药性，是害虫抗性治理的优势组合之一。

使用技术　高氯·甲维盐在苹果树上主要适用于鳞翅目害虫（卷叶蛾类、刺蛾类、食叶毛虫类等）发生为害较重时、及蚜虫类与鳞翅目害虫混合发生时。一般使用2％乳油或2％微乳剂800～1000倍液、或3％乳油或3％微乳剂或3.2％微乳剂1000～1200倍液、或3.5％微乳剂或3.8％乳油或4％微乳剂1200～1500倍液、或4.2％乳油或4.2％微乳剂或4.2％水乳剂1500～1800倍液、或4.5％微乳剂或4.8％微乳剂1800～2000倍液、或5％微乳剂或5％水乳剂2500～3000倍液、或5.5％微乳剂2000～2500倍液，在害虫（螨）发生为害初期及时均匀喷雾。

参 考 文 献

[1] 张玉星. 果树栽培学各论: 北方本. 第3版. 北京: 中国农业出版社, 2005.

[2] 马宝焜, 徐继忠. 苹果精细管理十二个月. 北京: 中国农业出版社, 2009.

[3] 马宝焜. 红富士苹果优质果品生产技术. 北京: 中国农业出版社, 1993.

[4] 解金斗. 苹果高效栽培教材. 北京: 金盾出版社, 2005.

[5] 浙江农业大学, 四川农业大学, 河北农业大学, 山东农业大学. 果树病理学. 北京: 中国农业出版社, 1992.

[6] 河北省粮油食品进出口公司. 梨·苹果病虫害防治. 石家庄: 河北科学技术出版社, 1989.

[7] 王金友. 苹果病虫害防治. 北京: 金盾出版社, 1992.

[8] 王江柱, 侯保林. 苹果病害原色图说. 北京: 中国农业出版社, 2001.

[9] 吕佩珂等. 中国果树病虫原色图谱. 北京: 华夏出版社, 1993.

[10] 王兆毅. 果树盆栽与盆景技艺. 北京: 中国林业出版社, 1994.

[11] 解金斗. 果树盆栽与盆景制作技术问答. 北京: 金盾出版社, 2010.

[12] 王江柱. 农民欢迎的200种农药. 第2版. 北京: 中国农业出版社, 2015.

[13] 王江柱, 徐扩, 齐明星. 果树病虫草害管控优质农药158种. 北京: 化学工业出版社, 2016.